Peterson
25
DUNLOP
25

SYLVAIN REISSER / ROLAND LÖWISCH

BMW M

50 JAHRE DER STÄRKSTE BUCHSTABE DER WELT

HEEL

IMPRESSUM

HEEL Verlag GmbH
Gut Pottscheidt
53639 Königswinter
Telefon 0 22 23 / 92 30-0
Telefax 0 22 23 / 92 30 26
Mail: info@heel-verlag.de
Internet: www.heel-verlag.de

Verantwortlich für den Inhalt: Sylvain Reisser, Roland Löwisch

Der Originaltitel „BMW Motorsport"
(ISBN-Nr.: 979-10-283-0456-0) ist erschienen bei:
Sophia Éditions (E.T.A.I.), 5 avenue de la République, 75011 Paris, Frankreich
© Sophia Éditions (E.T.A.I.), 2020

Deutsche Übersetzung: TTS Veil und Partner, Stephan Veil, Stuttgart

Lektorat: Sven Wedemeyer, www.wheelsofstil.de

Titelfoto: BMW AG

Fotonachweis: © BMW AG/BMW Group Archiv; außerdem: Alpina (S.26 oben, 38 oben); ACO (S. 141 Mitte und unten, 142); Bernard Asset (S.59 Mitte, 75, 80, 81 unten, 82 oben, 86 oben links, 154 oben und Mitte); Karl Attenberger/BMW AG/BMW Group Archiv (S.19 Mitte, 25, 29, 30 oben, 33 unten, 44); Friedemann Bock/BMW AG/BMW Group Archiv (S. 117 oben rechts); Paul Bracq (S. 63 oben, 64); Erik Chmil/BMW AG/BMW Group Archiv (S. 105 Mitte); DPPI (S. 41 oben, 54, 73 oben links und unten links, 79 Mitte, 81 oben, 83, 86 unten, 89, 90 oben links, 91, 93, 101, 117 unten rechts, 147 oben, 150, 151, 154 unten); Jutta Fausel/BMW AG/BMW Group Archiv (S. 88 oben); Wilfried Göbel/BMW AG/BMW Group Archiv (S. 47 unten, 49); Ellen Griesedieck/BMW AG/BMW Group Archiv (S.50 oben); Siegfried Hofmann/BMW AG/BMW Group Archiv (S. 143 unten, 144, 145 oben); Max Kirchbauer/BMW AG/BMW Group Archiv (S. 86 oben rechts); Ferdi Kräling/BMW AG/BMW Group (S. 32 oben links, 39, 46, 52 unten, 95); Robert Kröschel/BMW AG/BMW Group Archiv (S. 31 oben, 32 unten, 36 unten, 37, 38 unten, 40 unten, 42, 51 oben, 56 oben links, 58, 59 oben und unten, 60, 61, 65 oben rechts, unten rechts, 67 unten, 70 unten, 72 oben, 76, 78, 82 unten, 94 oben rechts, 98, 99, 100 oben rechts, 102, 103 unten, 105 oben, 121 unten, 143 oben); McKlein (S. 41 unten); McLaren Press (S. 140 unten); Gudrun Muschalla/BMW AG/BMW Group Archiv (S. 94 unten rechts); H. Poulain (S. 50 unten, 53, 73 rechts); Archiv Sylvain Reisser (S. 65 Mitte rechts, 66, 79 oben und unten, 96, 98, 105 unten, 124, 140 oben, 141 oben, 148, 149 unten); Rainer Schlegelmilch/BMW AG/BMW Group Archiv (S. 67 oben rechts); Ullrich Schwab/BMW AG/BMW Group Archiv (S. 84, 85); H. P. Seufert/BMW AG/BMW Group Archiv (S. 32 oben, 33, 40 oben); Sven Simon/BMW AG/BMW Group Archiv (S. 48); Touring (S. 16, 17); Jon Townsend/BMW AG/BMW Group Archiv (S. 88 unten); Sven Wedemeyer/Wheels of Stil (S. 15 oben); Kurt Wörner/BMW AG/BMW Group Archiv (S. 31 unten); Zehra/BMW AG/BMW Group Archiv (S. 115)

Satz und Gestaltung der deutschen Ausgabe: Astrid Kalandrik, Bonn, www.akalandrik-design.com

Printed in Slovakia

ISBN: 978-3-96664-367-2

SYLVAIN REISSER / ROLAND LÖWISCH

BMW M

50 JAHRE DER STÄRKSTE BUCHSTABE DER WELT

HEEL

EDITORIAL

M wie Motorsport – aber auch wie Motorenbauer, Moderne, Mechanik, Melodie und Magie. Was wäre BMW ohne das M? Die Münchener würden heute jedenfalls kaum einen solchen Ruf wie Donnerhall genießen. Eine Modellpalette, die sportliche Akzente setzt, ist zweifellos das probateste Mittel, um dem Markenimage nicht nur Profil, sondern vor allem eine jugendliche Note zu verschaffen. Und der Rennsport – vielerorts nach wie vor das Versuchslabor für die Serie – veredelt bekanntermaßen die Gene einer Marke. BMW war obendrein der erste Großserienhersteller im Limousinensektor, der erkannte, wie wichtig es ist, für die Rennsportabteilung und seine Hochleistungsfahrzeuge einen eigenen Unternehmensbereich zu etablieren. So entstand eine Marke innerhalb der Marke, mit unverwechselbarem Flair. Eine Signatur, die unter Tausenden hervorsticht. Eine Signatur im Zeichen der drei Farben: Himmelblau, Violett (seit 1993 Marineblau) und Rot.

Diese drei Farben haben bereits meine Kindheit geprägt. Auf einem Poster in meinem Jugendzimmer prangte ein 3-Liter-Coupé, das beim Sprung über eine Bodenwelle auf der Nürburgring-Nordschleife förmlich zum Flug ansetzte. Natürlich war das Coupé weiß mit Akzenten in Himmelbau, Violett und Rot lackiert. Nach meiner ersten Begegnung mit dem M1, den der Oreca-Rennstall für die 24 Stunden von Le Mans vorbereitete, und nach den Fahreindrücken, die ich wenig später als Copilot von Bernard Darniche in einem M1 sammeln konnte, war mir klar, warum derart viele Autofans für die Wagen mit den drei unverwechselbaren Farbstreifen schwärmten. Dieses Emblem verkörpert die oft imitierte, aber nie erreichte Philosophie des „M" – für „Motorsport". Liebhabern technischer Spitzenleistung und attraktiver Automobile ist dieses Emblem seit 1972 ein treuer Wegbegleiter.

Und so haben diese drei Farben auch für mich seit dem Beginn meiner beruflichen Laufbahn eine besondere Bedeutung. Meine erste Chronik war dem M1 gewidmet. Wie man sieht, ließ mich der M1 einfach nicht los ... Gegenstand meiner ersten Fahrberichte waren dann die ersten M5 und M3 – jeder für sich ein Erlebnis. Im Jahr 2017 fand ich mich dann bei einer Etappe der Retrospektive zur Tour Auto im Cockpit eines M1 wieder. Auch dies ein Tag, der unvergesslich blieb. Inzwischen habe ich zwar noch mit vielen anderen Modellen und Marken eingehend Bekanntschaft schließen können, doch das M von BMW Motorsport hat für mich nach wie vor einen eigenen Reiz. Ich hoffe, die folgenden Seiten vermitteln auch Ihnen etwas von diesem besonderen Zauber.

Sylvain Reisser

Haben Sie schon mal darüber nachgedacht, was für ein wunderbares Konstrukt das M ist? Es ist der mystische 13. Buchstabe unseres Alphabets, und groß geschrieben sieht es aus wie ein Portal mit Säulen. Es steht für schönsten Genuss („mmmh") und kreative Nachdenklichkeit („hmmm"). Und es gibt wohl keinen besseren Buchstaben, den man so vergnüglich und zufrieden summen kann. Grandiose Wörter fangen mit M an – zum Beispiel „mutig" und „miteinander", aber auch „Männer", „Muskeln" und „Motoren". Letzteres stammt aus dem Lateinischen, kommt von „mōtor", übersetzt „Beweger". Wie passend, dass sich 1972 einige Motorsportbegeisterte der Firma BMW zusammenfanden und beschlossen, mehr aus dem bislang Erreichten zu machen. Das ist jetzt 50 Jahre her – 50 Jahre voller Power und Action.

Wie mögen wohl die nächsten 50 Jahre aussehen? Die Elektromobilität macht auch vor dem M nicht Halt, wie die jüngsten Produkte beweisen. Aber können synthetisch erzeugte Sounds das Blubbern eines V8 ersetzen? Werden künftig Strom-Nerds in M-Clubs über Elektronik diskutieren und damit Benzingespräche ablösen? Schwer vorstellbar. So wünsche ich der M Gmbh für die Zukunft, dass sie das richtige Händchen für den Technik-Übergang haben, ihre Verbrenner-Fans nicht vergessen und sich immer an ihre Wurzeln erinnern – Motorsport und Macher. Eben „M"...

Roland Löwisch

VORWORT

Die Geschichte der BMW Motorsport GmbH beginnt eigentlich im Januar 1972. Ich war damals bei Ford in Köln für den Motorsport verantwortlich und wir hatten mit dem Ford Capri 2600 RS einen siegfähigen Tourenwagen homologiert. Mit diesem Auto konnten wir den BMW Coupés auf der Rennstrecke nicht nur das Leben schwer machen, sondern wir konnten 1971 auch alle wichtigen Meisterschaften im Tourenwagen-Rennsport gewinnen. Wir waren mitten in den Vorbereitungen für die Saison 1972, alles lief planmäßig, sowohl von technischer Seite, als auch von der Fahrerbesetzung, wir waren also gut aufgestellt, und dann kam eines Abends Ende Januar 1972 ein Anruf bei mir zu Hause in Krefeld an: Bob Lutz!

Es war kein Geheimnis, dass Bob Lutz ein ausgeprägtes Verhältnis zu den positiven Auswirkungen eines Motorsportengagements auf die Attraktivität einer Automobilmarke hatte. Er war von General Motors zu BMW nach München gewechselt und war seit wenigen Monaten amtierender Vertriebsvorstand bei BMW. Der Tourenwagensport bei BMW wurde zur damaligen Zeit relativ unkoordiniert an die Teams Alpina, GS Tuning, Koepchen und Schnitzer delegiert, wobei die BMW Teams auch untereinander im technischen und experimentellen Wettbewerb standen. Eine Situation, die Bob Lutz nicht gefallen konnte und die er ändern wollte. Er kam in unserem Telefongespräch schnell zur Sache und eröffnete mir, dass er die BMW Motorsportaktivitäten intensivieren und neu ordnen wolle. Ob ich Interesse hätte, hier eine Führungsposition einzunehmen. Nach meinen Erfahrungen, die ich bei Ford, sowohl in meiner Rennfahrerlaufbahn, als auch in meiner Zeit als Rennleiter in Köln gemacht habe: „Win on Sunday, sell on Monday" war für mich sofort klar, wir müssen in München eine eigene Motorsportgesellschaft gründen, die sowohl den Werkssport, den Kunden-Motorsport, als auch den High Performance-Sektor umfasst. Ich bin dann umgehend zu einem sehr vertraulichen Gespräch mit Bob Lutz und im Anschluss mit Eberhard von Kuenheim nach München gefahren. Wir haben sehr intensiv unser Konzept einer eigenen Motorsport-Gesellschaft besprochen, wobei zunächst der Motorsport-Renneinsatz Priorität hatte und die Produktion von 1000 BMW 3.0 CSL Coupés für die Motorsport-Homologation beschlossen wurde. Am 24. Mai 1972, im Jahr der Olympischen Spiele in München und der Einweihung des BMW Vierzylinder-Gebäudes wurde dann die BMW Motorsport GmbH als Dienstleistungsunternehmen für die Muttergesellschaft, die BMW AG gegründet. 1972 war unser Aufbaujahr. Wir mussten die Produktion und die Homologation des BMW 3.0 CSL begleiten und parallel die Entwicklung und Produktion der Renneinsatzfahrzeuge vorantreiben. Nachdem die FIA für die Saison 1973 F2-Motoren mit speziellen Zylinderköpfen ausgeschrieben hatte, haben wir bereits 1972 mit der Entwicklung und Produktion der F2-Motoren begonnen. 1973 war dann das erste Renneinsatz-Jahr der neu gegründeten Gesellschaft. Unser System hat sich auf der ganzen Linie bewährt. Sowohl mit dem 3.0 CSL als auch in der F2 konnten wir Rennerfolge vorweisen und die entscheidenden Meisterschaften bereits im ersten Einsatzjahr gewinnen – nicht zuletzt durch ein durchdachtes und ausgefeiltes Corporate Identity-System Sympathien gewinnen. In der Folge haben wir dann mit unserer BMW Motorsport GmbH immer wieder neue Rennerfolge gefeiert, aber auch kreative Schwerpunkte setzen können, die über den Sport hinaus großes Interesse erwecken konnten. Ich denke da z.B. an das BMW Junior Team, wo junge Talente eine gezielte Ausbildung erfahren haben. Oder an die Fahrlehrgänge, wo wir die Erfahrungen unserer Rennfahrer an unsere Kunden weiter geben konnten. An den frühen Handel mit Motorsport-Accessoires durch die BMW Händlerorganisation. An die ART CARS, die eine langfristige Verankerung des Rennsports in elitäre Kreise ermöglichte. Und nicht zuletzt an die Entwicklung und Produktion eines eigenen M-Fahrzeugs, ein Rennfahrzeug mit Strassenzulassung, den BMW M1. Und an die PROCAR-Serie, ausgeschrieben für den M1, an dem die damals führenden F1-Fahrer sich mit den erfolgreichsten GT und Tourenwagen-Fahrern messen konnten. Wenn ich heute, nach nahezu 50 Jahren auf die Gründungsjahre der Motorsport GmbH zurückblicke, dann kann ich mit Stolz sagen: Die Gründung einer eigenen BMW Gesellschaft mit der Zielsetzung den Motorsport mit dem High-Performance-Sektor in direktem Zusammenhang zu bringen, war mit entscheidend für den überragenden Erfolg der heutigen M GmbH.

Jochen Neerpasch

BMW

INNOVATION UND WETTBE-WERBSGEIST ALS MARKENKERN VON BMW

Karl Rapp, einer der Gründer von BMW, posiert vor einem Flugbootmotor, flankiert von Mitarbeitern seiner Abteilung und dem Bankier Camillo Castiglioni, einem der Finanziers des bayerischen Motorenproduzenten.

DER MÄRZ 1916 IST KEIN ZEITPUNKT WOHLIGER ERINNERUNGEN. DER WELTKRIEG MACHT ALLEN MENSCHEN ZU SCHAFFEN. AUCH DIE DEUTSCHEN DARBEN. SIE BEKOMMEN GERADE MAL 125 GRAMM BUTTER PRO WOCHE ZUGETEILT. WER BENZIN BRAUCHT, MUSS UNGLAUBLICHE ZWEI MARK PRO LITER ZAHLEN. WER GELD VERDIENEN WILL, MUSS ZUM BEISPIEL WAFFEN PRODUZIEREN. ODER FLUGZEUGE.

Einer der ersten lizenzierten Flugzeugführer Deutschlands heißt Gustav Otto – der Sohn von Nicolaus August Otto, dem Erfinder des Viertaktmotors. Mit fünf weiteren Geschäftsmännern gründet er in den Iden des März eine Firma zum Bau von Flugmaschinen. Otto bringt seine – allerdings bankrotten – „Flugmaschinenfabrik Gustav Otto" ein. Am Rand des Oberwiesenfeldes entsteht am 7. März 1916 in der Münchener Neulerchenfeldstraße die „Bayerische Flugzeugwerke AG" (BFW). Letztlich wird diese Firma die eine Hälfte von BMW. Austro-Daimler, einst als Niederlassung des Daimler-Werks in Österreich gegründet, beauftragt die BFW mit der Lizenzfertigung von 280 Flugmotoren. Maßgeblichen Anteil am Zustandekommen dieses Fertigungsauftrags hat der Wiener Finanzier Camillo Castiglioni, der nicht nur Aufsichtsratsmitglied und Anteilseigner bei Austro-Daimler ist, sondern auch die notwendigen Sicherheiten für den Großauftrag stellt.

Im Juli 1917 entsteht in der Unterschleißheimer Straße 288 aus der „Rapp Motorenwerke GmbH" die „Bayerische Motoren Werke GmbH". Der Flugmotorenhersteller meldet am 5. Oktober 1917 sein neues Firmenzeichen an, den „Propellerkreis". Noch im selben Jahr entsteht der erste Motor, der den Namen „BMW" trägt: Der BMW IIIa ist ein Sechszylinder-Reihenmotor für Flugzeuge, mit 185 PS. Der in Lizenz gefertigte Antrieb gilt noch heute als der Beste seiner Zeit. Und so ein BMW-Motor ist es, der im Jahr 1919 das Flugzeug des Piloten Franz Zeno Diemer auf eine Flughöhe von fast 10.000 Meter und damit zu einem Höhenweltrekord schraubt.

In der Frühzeit der Marke haben BMW-Motoren ihren Anteil an zahlreichen Flugrekorden, unter anderem im ersten Flugzeug, das eine Flughöhe von annähernd 10.000 Metern erreicht.

Castiglioni übernimmt bald darauf einen Großteil der Aktien von Rapp und leitet eine Kapitalerhöhung ein. Im Zuge dieses innerbetrieblichen Umbruchs holt der Finanzjongleur – auf Veranlassung des kaiserlich-österreichischen Kriegsministeriums – außerdem den Leutnant der Reserve, Franz Josef Popp, sowie den Motorenkonstrukteur Max Friz an Bord, der im Streit bei seinem bisherigen Arbeitgeber Daimler ausgeschieden ist. Da bleibt für Otto und Rapp wenig Platz. Rapp zieht sich Mitte 1917 aus seiner Funktion zurück. Auch Gustav Otto gibt auf. Dadurch wird Popp neuer Technischen Direktor.

REKORDE WIE AM FLIESSBAND

Der verlorene Weltkrieg im November 1918 bricht sowohl der BMW AG als auch der inzwischen zur Aktiengesellschaft erkorenen „Bayerische Flugzeugwerke AG" fast das Genick. Beide Firmen existieren bis 1922 nebeneinander. Franz Josef Popp steht vor der vordringlichen Aufgabe, den Fortbestand des Werks durch Diversifizierung der Produktion zu sichern. 1922 kauft BMW die örtlich benachbarten Flugzeugwerke. Damit ist die „Bayerische Motoren Werke AG", wie sie heute existiert, erst am 6. Juni 1922 fertig geformt. Als erste Neukonstruktion entsteht ein Vierzylindermotor mit acht Litern Hubraum – der so genannte „Bayernmotor", dem die zeitgenössische Werbung besondere Vielseitigkeit attestiert. Ob Boote, Schiffe, Schienenfahrzeuge oder Zugmaschinen – der BMW-Motor bietet sich fast überall als Antriebsmaschine an. Mit dem einsetzenden wirtschaftlichen und gesellschaftlichen Aufschwung in den 1920er Jahren und der aufkommenden Individualmobilität eröffnen sich zusätzlich denkbar günstige Voraussetzungen für den Einstieg in den Motorradbau.

Erstes BMW-Produkt in dieser Sparte ist ein quergestellter Zweizylinder-Boxermotor in Leichtmetallbauweise (Baumuster M2 B15) – als Einbaumotor wie geschaffen für die damals zahlreichen Zweiradkonfektionäre. Angesichts seiner modernen Grundkonzeption ist es für BMW nur noch ein kleiner Schritt, ihn auch in einem eigenen Rahmen zu montieren. Bei der Berliner IAA im September 1923 präsentiert das Werk die R32, das erste unter der Marke BMW vertriebene Motorrad, das sich schnell als hervorragende Basis für sportliche Zweirad-Ableger entpuppt. In der Luft und auf der Piste purzeln in der Folgezeit die Rekorde für BMW. Auf einer 750er-Kompressormaschine stellt Ernst Jakob Henne im September 1929 auf der Strecke München-Ingolstadt einen Geschwindigkeitsrekord von 216,75 km/h auf. Für BMW erweisen sich die Rekordfahrten bereits in diesen Gründerjahren als wirksames Werbeinstrument für die herausragende technische Qualität. Nach der Umbenennung in „Bayerische Motoren Werke" am 21. Juli 1917 erhält das Flugmotorenwerk ein neues Logo, das zwei stilisierte Flugmotorenpropeller vor weiß-blauem Hintergrund in den bayerischen Landesfarben zeigt.

Aus der Fusion des auf dem Oberwiesenfeld am nördlichen Stadtrand von München ansässigen Flugmotorenbauers Otto mit dem Unternehmen von Karl Rapp ...

... ging am 7. März 1916 die Bayerischen Flugzeugwerke AG hervor.

Die technische Ausstattung der Konstruktionsabteilung von BMW gehört Anfang der 1920er Jahre bereits zu den modernsten ihrer Art.

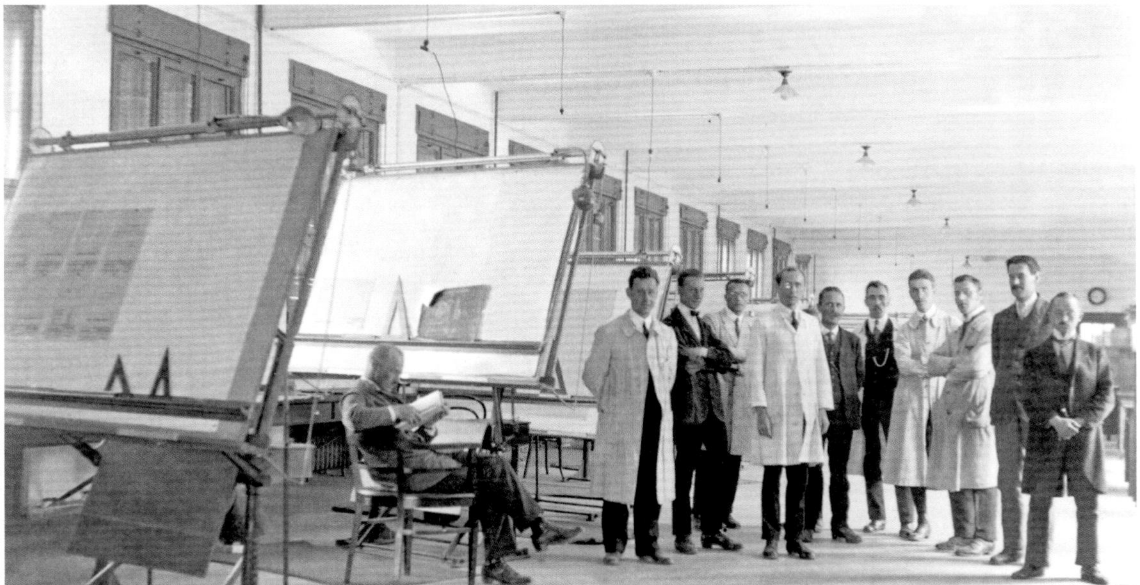

In der Frühzeit der Marke haben BMW-Motoren ihren Anteil an zahlreichen Flugrekorden, unter anderem im ersten Flugzeug, das eine Flughöhe von annähernd 10.000 Metern erreicht.

AUTOMOBILE – ABER MIT SPORTLICHER NOTE

Die üppige Rekordausbeute ist wunderbar, aber die Finanzen müssen trotzdem in Ordnung gebracht werden. Im Zuge einer Kapitalerhöhung des Werks tritt ein gewisser Dr. Emil Georg von Stauß in den Aufsichtsrat der Deutschen Bank ein. Stauß ist bereits seit 1926 Aufsichtsratsvorsitzender bei den Bayerischen Motoren Werken – eine Konstellation, die Camillo Castiglioni überhaupt nicht behagt. Doch bei allen Spannungen, die zwischen den beiden Finanziers herrschen, sind sie sich einig darin, die Marke breiter aufzustellen. Und zwar durch den Einstieg in den Automobilbau. Das sei am schnellsten durch externe Zukäufe erreichbar. Stauß schwebt sogar der Zusammenschluss mit Daimler und Benz, die kurz zuvor fusioniert hatten, vor. Kein simples Hirngespinst, ist Stauß doch auch dort noch Aufsichtsratsvorsitzender.

Im Zuge der angedachten Annäherung kommt es immerhin zum Abschluss einer Absichtserklärung von Dr. Wilhelm Kissel, dem Vorstandsvorsitzenden von Daimler-Benz, und Franz Josef Popp als Vertreter von BMW über die Gründung einer „Interessengemeinschaft" beider Unternehmen. Ver-

Nach Flugmotoren und Motorrädern steigt BMW ab 1928 in den Automobilbau ein. Bereits im Folgejahr holt sich ein Dixi-Team den Klassensieg bei der Internationalen Alpenfahrt.

1931 erstrecken sich die Werkshallen von BMW über ein riesiges Areal in München. Ein eindrucksvolles Zeugnis für den Aufschwung des Unternehmens. Im Hintergrund die hauseigene Teststrecke mit der Steilwandkurve.

Das 1933 präsentierte, von der 303er Limousine abgeleitete Vierfenster-Cabriolet wartet als eines der ersten Modelle mit dem charakteristischen Nierengrill und einem Sechszylindermotor in Reihe auf.

BMW-Modelle sind immer häufiger an den Startlinien der Rennpisten zu finden. Hier ein 315/1 Roadster bei der Balkanrallye.

tragsgemäß sollten in Stuttgart die Flugmotorenfertigung sowie – unter der Marke Mercedes – der Pkw-Bau konzentriert werden. Parallel dazu soll München weiter den Bau eigener Flugmotoren betreiben, sich im Übrigen aber auch der Motorradfertigung, die um die Produktion eines Kleinwagens ergänzt werden sollte, widmen. Der erste BMW wird somit der Dixi, ein seit Dezember 1927 produzierter Austin-Lizenzbau der Eisenacher Fahrzeugfabrik, die von BMW im Rahmen der eigenen Expansionsbestrebungen im Oktober 1928 übernommen worden ist. Im Jahresverlauf 1929 verdüstert sich allerdings die wirtschaftliche Lage bei BMW, nicht zuletzt wegen den Gewinnentnahmen Castiglionis. Um die drohende Zahlungsunfähigkeit abzuwenden, sieht sich Castiglioni im Oktober 1929 gezwungen, seine BMW-Anteile an ein Bankenkonsortium abzutreten. Damit nicht genug – auch die Wirtschaftskrise infolge des Börsencrash vom 24. Oktober 1929 an der Wall Street geht an BMW nicht spurlos vorbei. Immerhin gelingt es BMW trotz eines schmerzhaften Personalabbaus, die Folgen der Krise ohne allzu große Verwerfungen zu überstehen – auch dank seiner breiten Produktpalette und der Technologieführerschaft. Diese Stellung ist im Motorsport bereits vor den Krisenjahren deutlich geworden. Auf den Klassensieg des BMW Dixi bei der Internationalen Alpenfahrt 1929 folgt bereits im Jahr darauf der Klassensieg bei der Rallye Monte Carlo.

NIERENGRILL UND REIHENSECHSZYLINDER

Für BMW besteht kein Zweifel: Investitionen in den technischen Fortschritt sind probates Mittel zur Überwindung der Krise. Die Entwicklung neuer Flugzeugmotoren mutet unter den gegebenen Bedingungen allerdings allzu einseitig an. Und so beginnt mit dem Debüt des Mittelklasse-Pkw 303 schon bald ein neues Kapitel in der Automobilsparte des Werks. An diesem 1933 vorgestellten Modell wird der Kühlergrill erstmals in Nierenform designt, die noch heute jeder BMW-Front – wenn auch mächtig gewachsen – ihre unverwechselbare Optik verleiht. Dazu kommt ein sahniger Reihensechszylindermotor. Der 303 ist auch der Grund, warum Daimler und BMW doch getrennte Wege gehen. Denn in Stuttgart ist man wenig erbaut über den Vorstoß des Partners ins eigene Marktsegment. Der Hubraum des BMW-Reihensechszylinders, der zunächst nur 1173 Kubikzentimeter beträgt, wächst bereits 1935 unter der Haube des 319 auf zwei Liter. Mit jedem weiteren Entwicklungsschritt kultiviert BMW konsequent sein sportliches Image. So entsteht 1934 der erste, dezidiert für den Rennsport entwickelte BMW. Das nackte Fahrgestell mit der Nummer 46534 wird in Eisenach für einen Zoller-Kompressor vorbereitet, den sein Besitzer Eugen Stösser schon bald im Wettbewerb mit anderen Rennern aufheulen lässt. Die Väter aller BMWs dieser Ära, die Ingenieure Fritz Fiedler und Rudolf Schleicher, scheuen auch vor bahnbrechenden Lösungen nicht zurück. In Vollendung zeigt sich dies beim 328 Roadster, der sich rasch einen Spitzenplatz unter den renntauglichen Sportwagen der letzten Vorkriegsjahre sichert. Dank geringem Gewicht, hoher Standfestigkeit und einer schlüssigen Gesamtkonzeption findet der 328 großen Anklang bei unzähligen Amateurfahrern und alten Hasen. Sein Leichtmetall-Sechszylindermotor mit drei Fallstromvergasern leistet 80 PS bei 5000/min und sitzt in einem Rohrrahmenchassis, das sich unter einer zeitlos-eleganten Karosserie verbirgt.

Das Tragen eines Helms kann auch die Aerodynamik verbessern: Ernst Jakob Henne macht sich bereit, um 1929 auf der Autobahn, die München mit Ingolstadt verbindet, einen Geschwindigkeitsrekord aufzustellen.

Zeitzeuge: Bei dem von Rennfahrer Eugen Stösser in Auftrag gegebenen Kompressor-Rennwagen von 1934 handelt es sich – nach heutigem Kenntnisstand – um das wohl erste von BMW überhaupt für den Motorsport gebaute Fahrzeug. Das rote Unikat weist den BMW-typischen Rundrohr-Rahmen auf.

Während sich Mercedes und Auto Union mit Autobahn-Rekordfahrten ein heißes Duell liefern, widmet sich BMW bewusst Zuverlässigkeitsfahrten und Rallyes. Man kassiert zahllose Siege. Zusätzlich experimentieren die Münchener mit strömungsgünstigen Karosserien. Der Ritterschlag für diese aerodynamisch ausgeklügelten Ableger lässt im Motorsport nicht lange auf sich warten. Nach einem ersten, wenig verheißungsvollen Auftritt 1937 ist BMW zwei Jahre später bei den 24 Stunden von Le Mans erneut zur Stelle, diesmal mit einem Stromliniencoupé mit Superleggera-Aluminiumaufbau aus dem Hause Touring. Das Spezialcoupé mit Prinz Max von Schaumburg-Lippe und Fritz Wencher am Steuer erringt den fünften Platz im Gesamtklassement und den ersten Platz in der Klasse bis zwei Liter Hubraum. Parallel dazu widmet sich BMW intensiven Aerodynamikversuchen in Kooperation mit dem Strömungstechniker Wunibald Kamm, dem Leiter des Forschungsinstituts für Kraftfahrwesen und Fahrzeugmotoren Stuttgart (FKFS), das 1930 für die institutionelle Bündelung der Aerodynamikversuche gegründet worden ist. Zur Mille Miglia 1940, die aufgrund der Kriegssituation in Mitteleuropa auf einem verkürzten Parcours von 165 Kilometern im Dreieck Brescia-Cremona-Mantua-Brescia stattfindet und neun Mal zu durchfahren ist, meldet BMW eine von Kamm auf die Räder gestellte Rennlimousine. Diese Nummer 73 erregt immenses Aufsehen, muss allerdings nach einem Defekt der Kraftstoffanlage aufgeben. Stattdessen triumphiert das bereits in Le Mans erfolgreiche Touring-Coupé des Teams von Hanstein/Bäumer. Drei Roadster aus der Versuchsabteilung von BMW runden mit einem dritten, fünften und sechsten Platz die Glanzleistung der Münchener ab. Im Mai 1941 muss die Pkw- und Motorradfertigung allerdings eingestellt werden. Kriegsproduktion ist gefordert.

Ab 1936 gilt der BMW 328 als der Allround-Sportwagen par excellence. Auch im Starterfeld der 2-Liter-Sportwagenklasse beim Großen Preis von Deutschland 1938 auf dem Nürburgring dominieren die 328er. Paul Greifzu geht mit der Nummer 10 als Erster ins Ziel, Zweiter wird Huschke von Hanstein.

Start zu den 24 Stunden von Le Mans 1939. Prinz Max von Schaumburg-Lippe und Fritz Wencher pilotieren das Coupé auf den fünften Platz der Gesamtwertung.

Beim 328 konzentrieren sich die leistungssteigernden Maßnahmen auf die Strömungsoptimierung der Karosserie, von der mehrere Exemplare als Stromliniencoupé entstehen. Das nach den Erkenntnissen des Aerodynamikpioniers Wunibald Kamm gestaltete Exemplar unterscheidet sich deutlich in der Linienführung vom Touring-Coupé (siehe unten).

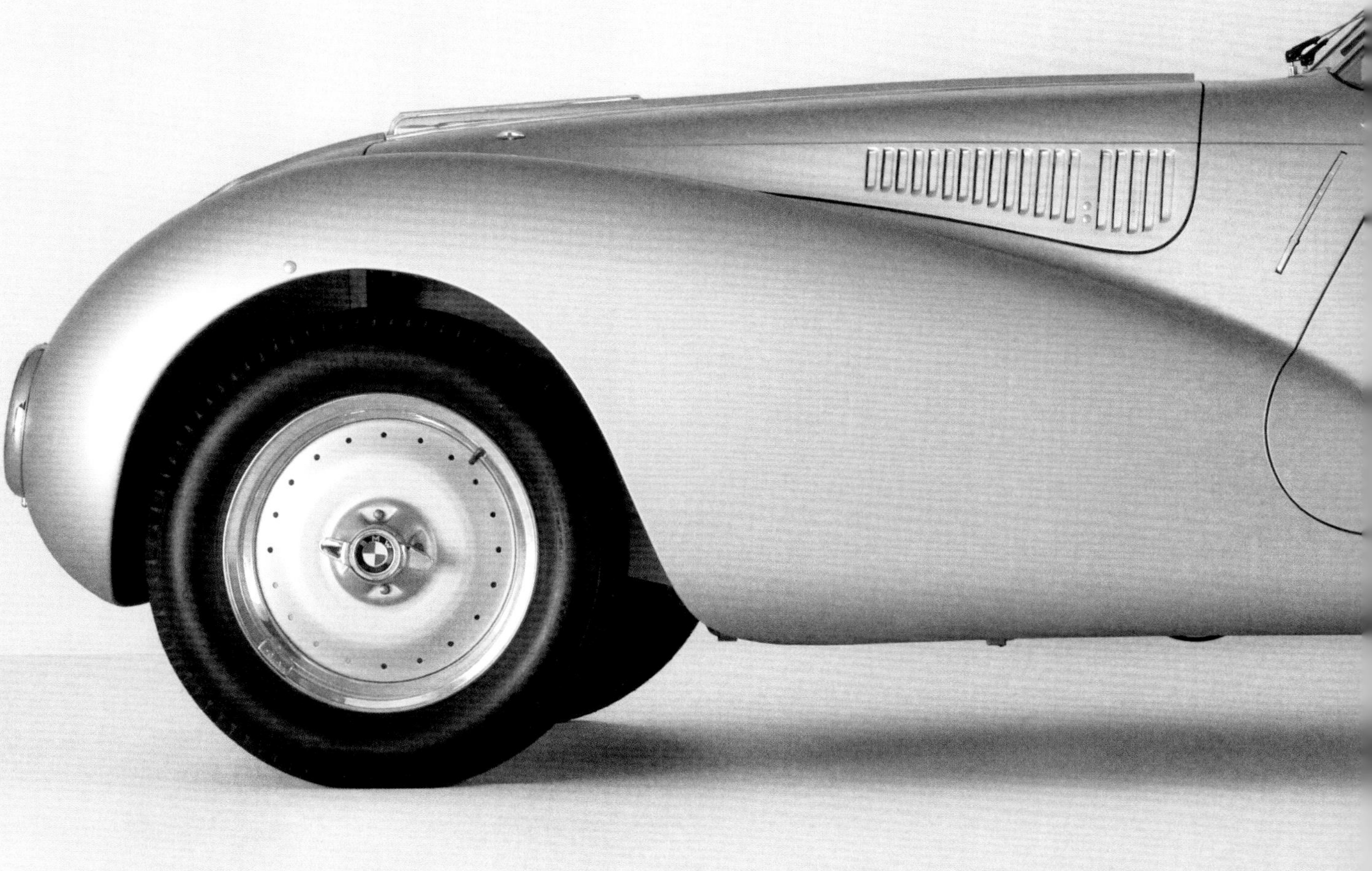

Als in einem Großteil Europas bereits Krieg herrscht, tritt BMW im April 1940 mit einer Werks-Armada von 328ern bei der Mille Miglia an, die allen Widrigkeiten zum Trotz ausgetragen wird. Von Hanstein/Bäumer siegen vor einem Alfa Romeo, Roese und Brudes werden mit einem 328 Roadster Dritte.

Neben dem Coupé entstehen bei Touring auch verschiedene Roadsterversionen des 328. Auffallend ist die glattflächige Linienführung mit verkleideten Radausschnitten.

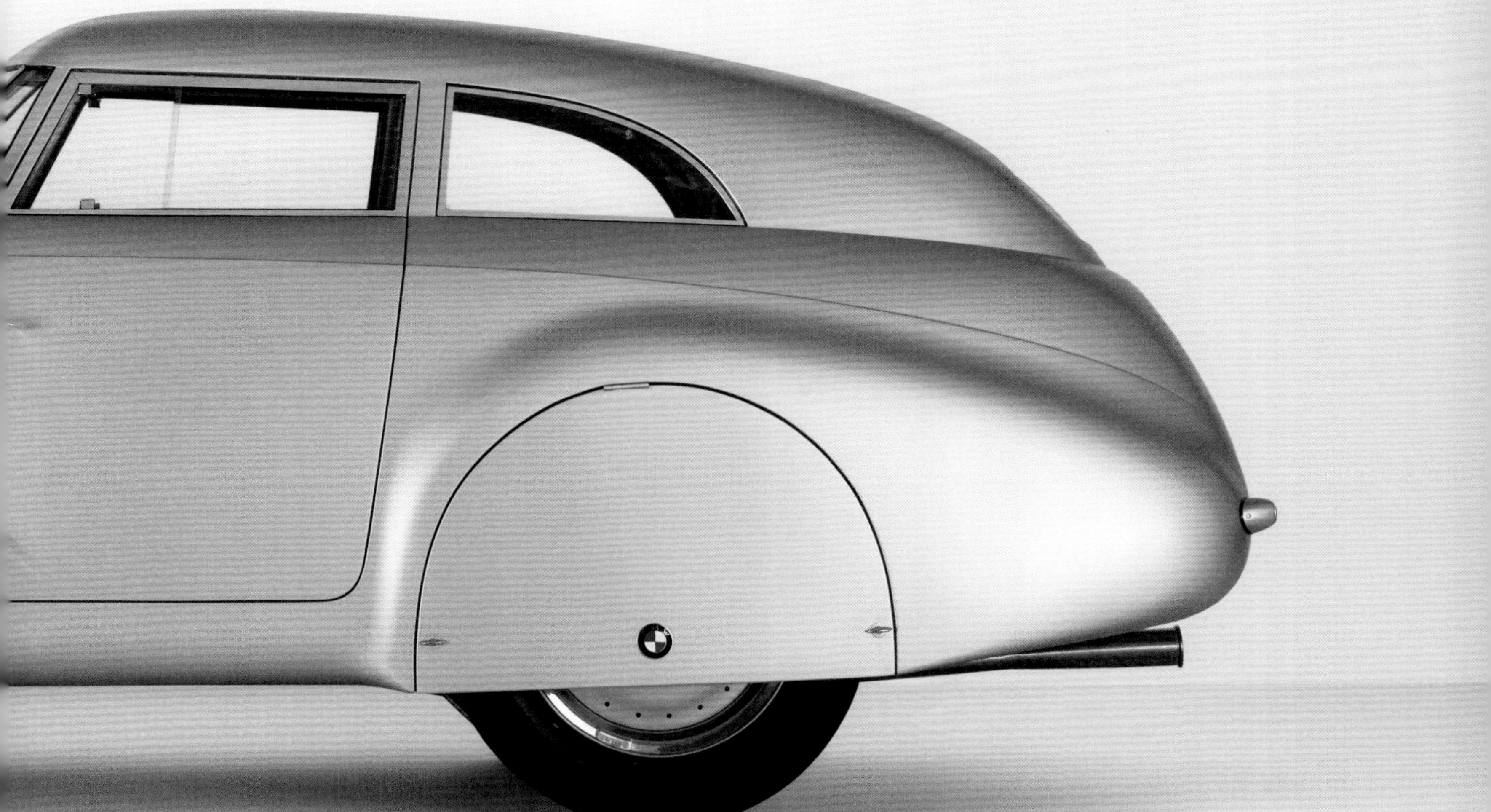

DER KAMPF UM DIE OBERKLASSE

Ab Frühsommer 1943 fallen immer wieder alliierte Bomben auf das BMW-Werk – kein Wunder, dass es bei Kriegsende 1945 weitgehend in Trümmern liegt. Zwar erteilt der US-Militärkommandant von München, Eugene Keller, am 1. Oktober 1945 den Befehl zur Demontage, zum Abtransport des gesamten Maschinenparks und zum anschließenden Abriss des Werkes. Doch dazu kommt es zum Glück nicht. Allerdings fasst BMW auf dem Nachkriegsmarkt nur mühsam wieder Tritt. Erst 1948 läuft der Motorradbau wieder an, und mit der endgültigen deutschen Teilung 1949 verschwindet das Werk Eisenach unerreichbar in der sowjetischen Zone. Statt BMW bauen dort nun die Eisenacher Motoren Werke (EMW) Autos. Nicht nur der Name, auch das Markenzeichen bleibt ähnlich. Das bayerische Blau auf dem Rautenfeld weicht einem leuchtenden Rot.

In England entsteht bei Bristol mit dem 400 eine eng an den 327 angelehnte Neuauflage, während in München erst 1952 wieder die Pkw-Fertigung in Gang kommt. Nach langwierigen Beratungen und erregtem Hin und Her in der Chefetage entscheidet sich BMW schlussendlich dafür, an die traditionellen Reihensechszylinder-Oberklassemodelle früherer Jahre anzuknüpfen. Ausschlaggebend dürften Prestigeaspekte gewesen sein. Denn BMW will dem Erzrivalen mit dem Stern das Segment der Luxuslimousinen nicht tatenlos überlassen. Vor allem, weil in Stuttgart gerade Gedankenspiele zur Übernahme des Werks in München kursieren, um dort den Unimog-Traktor zu produzieren. Die BMW-Modellpalette umfasst deshalb schon bald die Limousine 501, deren barocke Linienführung ihr den Spitznamen „Barockengel" einträgt, sowie den Ableger 502 mit V8-Motor und ab 1956 das Coupé 503. Mit dem V8-Triebwerk präsentiert BMW als weltweit erster Hersteller einen komplett aus Leichtmetall gefertigten Achtzylinder. Auch die Übernahme dieses Aggregats für den hinreißend eleganten Roadster 507 aus der Feder von Albrecht Graf Goertz ändert freilich nichts an der zunehmend prekären finanziellen Lage von BMW. Die Luxusmodelle sind zwar ähnlich elitär, dafür aber deutlich weniger wirtschaftlich als die Modelle aus dem Hause Mercedes. Dem Otto Normalverbraucher, der gerade erst die Kriegsfolgen überwunden hat, steht der Sinn eher nach profanen Dingen des Alltags. Für den Konsum von Luxusprodukten bleibt da vorläufig wenig Platz.

In aller Eile setzt München daher auf das Kleinwagensegment, mit einem Lizenzbau der Isetta. Dieses eiförmige Mobil von 2,28 Metern Länge ist von der italienischen Marke Iso unter der Ägide von Renzo Rivolta entwickelt worden. Doch auch mit diesem „Frontlader" lässt sich nicht genug Geld verdienen. Somit geht das Siechtum der Marke BMW weiter. Allein im Jahr 1958 beläuft sich der Verlust auf 12 Millionen

Vom BMW 507, dem Star der Münchener Produktion der 1950er Jahre, entstehen zwischen 1957 und 1959 lediglich 252 Exemplare.

Mark. Und selbst das mit vielen Vorschusslorbeeren bedachte Zweitürermodell BMW 700, dessen Serienproduktion im August 1959 anläuft, kann nicht schnell genug die notwendigen Erträge erwirtschaften. So häufen sich die Verluste weiter an, die finanzielle Lage wird immer prekärer. Letztlich scheint der Konkurs unabwendbar, sofern nicht eine massive Kapitalaufstockung gelingt. Und so schlägt die Stunde der Brüder Herbert und Harald Quandt, die von ihrem Vater Günther ein wahres Unternehmenskonglomerat mit Anteilen an fast allen Bereichen der deutschen Wirtschaft – Banken, Versicherungen, Textilindustrie, Elektrizität, Batterien und Automobilbau – geerbt haben.

EIGENSTÄNDIGKEIT ALS OBERSTE MAXIME

Pikanterweise halten die steinreichen Quandt-Brüder sowohl Anteile an der Daimler AG als auch an BMW. Selbstverständlich setzt sich Herbert Quandt daher zunächst dafür ein, dass der Daimler-Konzern den Konkurrenten aus München im Wege einer Kapitalerhöhung übernimmt. Am 9. Dezember 1959 legt der BMW-Vorstand das Kaufangebot der Daimler AG bei einer außerordentlichen Hauptversammlung den BMW-Aktionären vor. Womit niemand gerechnet hat: Die Beschäftigten, die Händler und die Kleinaktionäre laufen Sturm gegen dieses Vorhaben. Und zwar so intensiv, dass eine Entscheidung vertagt wird. Beeindruckt vom Kampfgeist der Belegschaft und der Kleinaktionäre denkt nun auch Herbert Quandt noch einmal über den Deal nach.

Er spricht mit Unternehmensvertretern und dem Betriebsrat, berät sich mit Ingenieuren und studiert genau die Bilanzen. Letztlich kommt Quandt als gewiefter Geschäftsmann zu der Erkenntnis, dass die Sanierung des Unternehmens in Eigenregie durchaus machbar wäre. Im Vertrauen auf die Fähigkeit des Unternehmens, seine Eigenständigkeit zu wahren, übernimmt daraufhin die Familie das größte Paket der Unternehmensanteile. Herbert Quandt schaltet sich persönlich in den Neubeginn der Marke ein. Der operative Rahmen des Unternehmens wird neu abgesteckt und die Geschäftsleitung komplett neu besetzt. Die Entwicklung zeitgemäßer Modelle erhält oberste Priorität.

Am 9. November 1959 wäre BMW beinahe vom Markt verschwunden. Zum Ende einer tumultartigen Hauptversammlung beschließt die Familie Quandt, einen Großteil der Unternehmensaktien zu übernehmen.

Das Mantra der Quandt-Familie bildet seither die oberste Maxime für die Arbeit der Geschäftsleitung. Das beste Rüstzeug gegen Angriffe von außen und die Wahrung der Eigenständigkeit sichert nur die eigene, innere Stärke. Leicht gesagt, freilich weniger leicht umzusetzen. Anders ausgedrückt: Die Geschäftsleitung muss fortan jederzeit so agieren, dass durch ihre Entscheidungen die autarke Entwicklung des Unternehmens keinesfalls gebremst – geschweige denn geschwächt – wird.

Ein entscheidendes Argument für das Engagement von Herbert Quandt ist die Entwicklung der „Neuen Klasse". Die viertürige Limousine soll das Aushängeschild für die aufgefrischte Modellstrategie der weiß-blauen Marke werden. Mit ihr vollzieht BMW Anfang der 1960er Jahre gezielt den Schwenk zu Mittelklassemodellen, die mit besonderer Fertigungsqualität und sportlichen Fahrleistungen punkten sollen.

Gerhard Wilcke, der im April 1965 zum Vorstandsvorsitzenden vom BMW berufen wird, mit Herbert Quandt (Mitte), dem Aufsichtsratsvorsitzenden von BMW, und dessen Bruder Harald Quandt.

Genfer Salon 1954: BMW präsentiert sich mit einer neuen Modellpalette. Mit den Sechszylinder- und V8-„Barockengeln" 501 sowie 502 versucht man – allerdings ohne durchschlagenden Erfolg – den Einstieg in die Produktion von Oberklassemodellen.

Dank kundiger Vorbereitung durch das Werk verhilft der Motorradmotor unter der Haube des BMW 700 dem kleinen Sportcoupé zu beachtlicher Leistung. Bei der Rallye Monte Carlo 1961 fährt der bestplatzierte 700 auf den fünften Rang.

Mit dem bei der IAA im Herbst 1961 vorgestellten 1500 besetzt BMW das Marktsegment der sportlichen Mittelklasselimousinen.

Mitte der 1960er Jahre ersinnt die BMW-Werbeabteilung den Slogan „Aus Freude am Fahren". Bis heute halten die Münchener an dieser Aussage fest.

DAS LEITMOTIV: FREUDE AM FAHREN

Das Modell, das sowohl den Neuanfang verkörpert als auch die Basis für ein künftig gesundes Unternehmen legt, debütiert 1961 auf der Frankfurter IAA als BMW 1500. Es sind noch nicht einmal zwei Jahre vergangen, nachdem in München um ein Haar alle Lichter ausgegangen wären. Die Neue Klasse beeindruckt durch ihre moderne, von Michelotti inspirierte Karosserie und wartet mit einem von Motorkonstrukteur Alexander von Falkenhausen entwickelten überquadratischen Vierzylinder mit 1,5 Litern Hubraum, obenliegender Nockenwelle und einer Leistung von 80 PS auf. Besonderes Merkmal dieses Motors sind seine immensen Hubraumreserven, so dass bald darauf 1600er- und 1800er-Versionen folgen. 1964 ändert sich die Charakteristik der Neuen Klasse mit dem Einbau einer Zweivergaseranlage nachhaltig. Der 1800 TI kommt damit auf die für damalige Zeiten sagenhafte Leistung von 110 PS.

Pünktlich zum Debüt dieser neuen Sportlimousine taucht in den Medien ein neuer Werbeslogan auf. Die Werbeagentur Dorland hat den genialen Einfall, die „Freude am Fahren" in sämtlichen Werbeauftritten der Marke in den Mittelpunkt zu stellen. In der Werbung sind anfangs unterschiedlich verpackte Varianten zu lesen, zum Beispiel: „Von Männern und Frauen wird dieser Wagen deshalb gleichermaßen mit Begeisterung gefahren. Einerseits aus Liebe zum Komfort, andererseits aus Freude am Fahren." 1965 erhebt BMW das Motto zum offiziellen Slogan. Eine Aussage, die durchaus ihre Bestätigung in neuen Modellen wie dem 1800 TISA findet. Mit dieser Sportversion zementiert BMW zugleich seinen Ruf als dynamischer, sportlicher Hersteller und Motorenbauer der Extraklasse. Sporterfolge adeln ein Produkt bekanntlich erst richtig.

Zur Förderung des Absatzes der 1500er Limousine auf dem US-Markt setzt BMW in der Werbung verstärkt auf Sporterfolge in Spa oder in der Tourenwagenklasse bei den 24 Stunden von Le Mans.

SPA-FRANCORCHAMPS, DAS IDEALE MOTORSPORTTERRAIN

Die Rennversion des 1800 mit dem Namenszusatz TISA macht schon bald im Tourenwagen-Rennsport auf sich aufmerksam. Auf den Einstandserfolg von BMW bei den 24 Stunden von Spa-Francorchamps im Jahr 1965 mit dem Team Pascal Ickx und Gérard Langlois von Ophem folgt im nächsten Jahr der Titel des Tourenwagen-Europameisters für Hubert Hahne. Auch den Klassiker in den belgischen Ardennen entscheidet Hahne in der Saison 1966 gemeinsam mit Jacky Ickx am Steuer eines 2000 TI für sich. Sogar die Verkäufer sind zufrieden. Die Zulassungszahlen legen um 30 Prozent zu und der Umsatz steigt gegenüber 1965 um 27 Prozent. Bei BMW kann man sich kaum ein schöneres Geschenk in diesem Jubiläumsjahr zum 50-jährigen Bestehen der Marke vorstellen. Beflügelt vom Aufschwung, der die Krise fast vergessen lässt, tüfteln die Münchener bereits an einer neuen Strategie, die

Der kleine BMW 700 heimst Mitte der 1960er Jahre in einer auf 70 PS gebrachten RS-Roadsterversion mit alten Kämpen wie Alex von Falkenhausen zahlreiche Erfolge bei Bergrennen ein.

Die 24 Stunden von Spa-Francorchamps 1965: Der BMW 1800 TISA von Hahne und Mairesse führt vor dem Alfa Romeo Giulia Ti von Pinto und Galimberti und dem zweiten TISA von Glemser und Ickx.

auf die Ausweitung der Modellpalette abzielt – das sicherste Rezept zur Risikominimierung und geeignet, die allzu große Abhängigkeit von einem einzigen Modell zu beenden. Verkaufsdirektor Paul Hahnemann hat daher bereits grünes Licht für die Entwicklung eines zweitürigen Ablegers der 1500er Limousine erhalten. Erschwinglicher, sparsamer und natürlich noch sportbetonter soll er sein.

Die neue Generation der 2,5- und 2,8-Liter-Reihensechszylinder für die Coupés und Oberklasselimousinen gilt als technischer Meilenstein.

Das neue Modell, das von Designer Wilhelm Hofmeister verantwortet wird, debütiert beim Genfer Salon 1966. Präsentator ist der neue Vorstandsvorsitzende Gerhard Wilcke, der den seit 1962 amtierenden Karl-Heinz Sonne abgelöst hat. Dieser 1600-2 (ab 1971 als 1602 bekannt) ist gegenüber der 1500er Limousine 27 Zentimeter kürzer und rund 130 Kilo leichter. Schon bald gilt diese „02-Serie" als eigenständige Modellreihe und nicht mehr als Ableger des Viertürers. Die Strategie des Aufwärtstrends innerhalb der Markenpalette macht auch vor den 02er-Modellen nicht halt. Bei BMW entsteht in jenen Jahren eine neue Fahrzeugkategorie, in der sich Sportlichkeit und Luxusflair mit einer technologischen Vorreiterrolle vereinen. Konkreter Ausdruck des unerschütterlichen Glaubens der Münchener in die eigene Technikkompetenz ist dabei nicht zuletzt das unbeirrbare Festhalten am Heckantrieb, mit dem sich BMW vom zeitgenössischen Trend der Fronttriebler distanziert.

DIE SPORTLICHE NOTE ALS MARKENKERN

1965 wird die BMW-Modellpalette mit dem eleganten 2000 CS Coupé nach oben abgerundet. Unter der Haube sitzt allerdings nur ein Vierzylinder. Das Ziel – Präsenz im Marktsegment der Oberklasse – ist in München nicht in Vergessenheit geraten, nur noch nicht realisiert. Jetzt aber entsteht in der Konstruktionsabteilung unter Federführung von Motorenkonstrukteur Bernhard Osswald, der von Ford zu BMW wechselte, auf Basis des Vierzylinders ein technisch wegweisender Sechszylinder. 1968 geht er in Serie. Diese neue Motorenge-

Der 1970 zum Vorstandsvorsitzenden von BMW berufene Eberhard von Kuenheim festigt das sportliche Renommee der Marke.

Werbung aus dem Jahr 1973: Auch in Anzeigenmotiven betont BMW die Vorzüge der neuen Triebwerksgeneration.

neration (M30) leistet in der 2,5-Liter-Version 150 PS, mit 2,8 Litern gar 170 PS. Die von Osswald entwickelten Lösungen sichern den BMW-Motoren schon bald einen Spitzenplatz im internationalen Automobilbau.

Der siebenfach gelagerte Reihensechszylinder der neuen Generation imponiert durch besondere Elastizität und Drehfreudigkeit. Die beiden Varianten finden sich zunächst in den großen Limousinenmodellen 2500 und 2800 (E3), der 2,8-Liter-Sechser auch unter der Haube des eleganten 2800 CS Coupé (E9), in dem das Stylingkonzept des 2000 CS seine Fortführung findet. Der sportliche Charakter der BMW-Modellpalette kommt dabei nicht von ungefähr, denn die Wettbewerbstauglichkeit des 2800 CS als auch der 02er-Serie ist unübersehbar. Bereits seit 1967 verwandeln zahlreiche Tuning-Schmieden, allen vorweg Alpina und Schnitzer, den 02 in gefürchtete Rennsportgeräte. Der vormalige vierfache Außenbord-Europameister Dieter Quester holt sich am Steuer eines 2002 ti im Jahr 1968 sogar den Titel des Tourenwagen-Europameisters.

Zum 1. Januar 1970 übergibt der gesundheitlich angeschlagene BMW-Chef Gerhard Wilcke, der nach einem Sturz bei einem Badeurlaub im Sommer 1969 unter Rückenbeschwerden leidet, die Unternehmensführung an Eberhard von Kuenheim. Der junge Manager ist bereits seit 1965 bei der Quandt-Gruppe tätig. Von Kuenheim – an der TH Stuttgart zum Diplom-Maschinenbauingenieur ausgebildet – ist bis dato nicht als ausgewiesener Experte für Automobiltechnik aufgefallen. Allerdings spricht er die Sprache seiner Ingenieurskollegen. Die von Herbert Quandt an ihn vorgegebenen Direktiven sind eindeutig: Weiterer Ausbau des Unternehmens bei gleichzeitiger Wahrung der Unabhängigkeit. Von Kuenheim setzt dazu auf langfristige Strategien und eine Typensystematik, die noch heute aktuell ist. Konjunkturelle Schwankungen erfordern immer wieder operative Anpassungen, doch seine Grundsätze der Unternehmenspolitik bleiben über Jahrzehnte gültig.

Ab 1966 bricht mit dem 1600-2 eine neue Ära an, denn die 02er-Serie bietet ideale Voraussetzungen für die Entwicklung noch sportlicherer Varianten.

Der 1972 fertiggestellte Neubau der BMW-Zentrale, dessen vier zylindrische Türme dem Hochhaus schon bald den Spitznamen „Vierzylinder" eintragen, ist nicht nur ein imposantes Beispiel zeitlos-moderner Architektur, sondern durch seine Beleuchtung auch bei Nacht von weitem zu sehen.

EINE NEUE FORMENSPRACHE

Eingedenk des eisernen Grundsatzes, die Unabhängigkeit des Unternehmens zu bewahren, um nie wieder in ähnliche Schieflage wie die der 1950er Jahre zu geraten, legt von Kuenheim das Augenmerk auf eine weitergehende Risikostreuung, den Ausbau der Markenpräsenz in Wachstumsmärkten sowie konsequente Internationalisierung. Das bedingt wiederum eine solide Positionierung in der Oberklasse – dem einzigen Marktsegment, das nennenswerte Margen für die notwendigen Investitionen in neue Modelle verspricht. BMW-Produkte stehen dabei für Qualität, wie sie bei noch keinem anderen Hersteller zu finden ist. Denn ein BMW setzt Maßstäbe im Fahrkomfort und wartet zugleich mit einer sportlich und technisch wegweisenden Konzeption auf. Von Kuenheim erkennt in dieser Strategie den Königsweg für ein prosperierendes Unternehmen, um stetige Erträge zu generieren und gar nicht erst Angriffsfläche für Übernahmeversuche zu bieten. Übergeordnetes Kriterium für Herbert Quandt ist, in einer Art Aufwärtsspirale Gewinne zu erwirtschaften, die in Neuinvestitionen fließen, welche ihrerseits die Grundlage für die Gewinne von morgen bilden. Denn BMW will um jeden Preis Herr im eigenen Hause bleiben.

Ende der 1960er Jahre betreibt BMW eine breit angelegte Überarbeitung der Modellpalette. Die vier neuen Modellfamilien sollen für jeden etwas bieten. Auf dem Reißbrett des Stylisten Wilhelm Hofmeister sowie ab 1970 des Franzosen Paul Bracq entsteht mit dem neuen Typenprogramm eine moderne Formensprache. Bracq zeichnet harmonische, athletische Proportionen mit kurzem Überhang, langen Motorhauben und einer ausgeprägt profilierten Gürtellinie auf Höhe der Türgriffe. Der Nieren-Kühlergrill, das eigentliche Erkennungsmerkmal der Marke, wird von seitlichen „Nüstern" und Rundscheinwerfern flankiert. Diese optischen Bezugspunkte erfahren über die Jahre immer wieder neue Interpretationen, bleiben im Kern aber unangetastet.

Beim Amtsantritt von Eberhard von Kuenheim stehen die Grundzüge der Strategie für die 1970er Jahre bereits fest. Eigene Akzente von Kuenheims lassen aber nicht lange auf sich warten. Zuallererst wird die Führungsetage verjüngt. Den Vertrieb leitet ab 1. Januar 1972 Robert A. „Bob" Lutz, der den nach internen Differenzen zurückgetretenen Paul Georg Hahnemann ablöst. Der 38 Jahre alte, gebürtige Schweizer, der nach dem Examen an der University of Berkeley (Kalifornien) die Karriereleiter bei der General-Motors-Tochter Opel erklommen hatte, kann profunde Praxiserfahrungen vorweisen. Bereits seit Anfang 1970 war Lutz als Vertriebsdirektor Teil des obersten Managements bei Opel.

AM ANFANG WAR DER TURBO

Noch bevor es die BMW M GmbH und den Vorläufer BMW Motorsport GmbH gibt, trauen sich die Bayern was. Und das müssen sie auch, denn der US-Verbraucheranwalt Ralph Nader hat mit seinem Bestseller „Unsafe at any Speed" von 1965 die Kundschaft verunsichert. Zusätzlich erhöhen die Versicherer Anfang der 1970er Jahre massiv die Prämien, weil billige Muscle Cars den Markt überschwemmen und für viele Unfälle verantwortlich sind. Sicherheit ist plötzlich Trumpf, niedrige Reparaturkosten auch. Passend dazu bringt BMW einen

Prototypen auf die Straße, der einfach nur BMW Turbo heißt und mit Radar-Abstandswarngerät sowie einer Front- und Heckpartie aus deformierbarem Polyurethanschaum mit integrierten Seitenleuchten ausgerüstet ist. Sie ersetzen die herkömmlichen Stoßstangen. Angetrieben wird der sehr sportlich gezeichnete Keil von einem 280 PS starken Zweiliter-Vierzylinder-Turbomotor aus dem BMW 2002, die für eine Spitze von 250 km/h und einen Sprint von 0 auf 100 km/h in 6,6 Sekunden sorgen soll.

Verantwortlich für das rasante Design – auf einem BMW 2002-Chassis aufgebaut – ist Paul Bracq, dessen Styling später in Teilen zumindest beim BMW M1 wiederzufinden ist. Die Flügeltüren sind reine Show, doch das fahrerorientierte Armaturenbrett findet Eingang in die Serie künftiger BMW-Modelle wie zum Beispiel auch der Vorgänger des adaptiven Tempomaten. Auch ABS besitzt der Sportwagen. Die Klappscheinwerfer findet man später bei der 8er-Serie wieder. Weil das Auto so gut ankommt, wird noch ein zweites Exemplar gebaut. Heute sind die beiden Originale in München und Spartanburg ausgestellt. Der unverwechselbare Nachfolger des BMW Turbo ist natürlich der BMW M1, das erste Auto der BMW Motorsport GmbH.

MOTORSPORT ALS IMAGE-FAKTOR

Von Kuenheim und Lutz sind sich in ihren Visionen einig: Inmitten der Erneuerung und Ausweitung der Modellpalette bietet das Medienereignis der Olympischen Spiele im August 1972 in München die ideale Plattform für BMW, um die eigene Zukunftsfähigkeit unter Beweis zu stellen. Das manifestiert sich unter anderem unweit des Olympiageländes in einem spektakulären Neubau der BMW-Verwaltungszentrale. Die vier 100 Meter hohen Türme bilden schon bald einen weithin sichtbaren Blickfang. Neben diesem im Volksmund schnell „Vierzylinder" genannten Haus prangt auf dem Dach des Nachbargebäudes, welches das BMW-Werksmuseum beherbergt, ein gigantisches BMW-Logo.

Als Nachfolger für den 2000 tilux wird die 5er-Serie – der erste Vertreter der neuen Modellrechnung – pünktlich zur Eröffnung der Olympischen Spiele der Öffentlichkeit präsentiert. Bei aller Dynamik der neuen Modelle kommt die Chefetage allerdings rasch zu der Erkenntnis, dass der sportliche Aspekt noch nicht genügend ausgeschöpft ist. Und dabei liegt gerade hier das größte Potenzial, um sich von der Konkurrenz abzuheben. Der Motorsport gilt gemeinhin als optimale Plattform, um Qualität und Alleinstellungsmerkmale der eigenen Produkte zu unterstreichen. Was liegt also näher, als den Motorsport als festen Teil des Produktmarketings aufzubauen? Seit einigen Jahren fahren die sportlicheren Varianten der 02er-Baureihe Sieg um Sieg ein, allerdings weitgehend ohne Werkspräsenz. Aufbau, Einsatz und Vertrieb der Fahrzeuge liegen vielmehr in den Händen unabhängiger Tuningschmieden. Bereits 1970 triumphiert zum dritten Mal ein BMW bei den 24 Stunden von Spa-Francorchamps, dem renommiertesten Tourenwagenrennen überhaupt. Das siegreiche 2800 CS Coupé des Teams von Günther Huber und Helmut Kelleners ist indes nicht im Werk, sondern von Alpina präpariert worden.

Im Führungsgremium von BMW fällt die Entscheidung rasch. BMW muss seine motorsportlichen Geschicke selbst in die Hand nehmen. Bis eine eigene Motorsportabteilung aufgebaut ist, geht BMW dazu über, den Alpina- und Schnitzer-Teams einstweilen technische Unterstützung bei der Vorbereitung der 3.0 CS Coupés für die Europäische Tourenwagenmeisterschaft zu leisten.

Denn um den bärenstarken Ford Capri Paroli bieten zu können, die die Tourenwagenrennen zunehmend dominieren, reichen die sportlichen 2002 ti und 2002 tii inzwischen längst nicht mehr. Immerhin hat BMW mit dem E9-Sechszylinder-Coupé ein Ass im Ärmel, dessen Hubraum immer weiter wächst. Das 3.0 CS Coupé, das beim Genfer Salon 1971 debütiert, leistet mit dem auf drei Liter vergrößerten Hubraum in der Vergaserversion 180 PS. Doch trotz der beachtlichen Kraft bedeutet das Gewicht von 1400 Kilo ein gewaltiges Manko für das Oberklassecoupé. Mit den echten Sportwagen jener Jahre – vor allem dem Porsche 911 und dem Ford Capri RS – kann es nicht mithalten. Keine ideale Basis ...

Bei der Weiterentwicklung des Unternehmens setzt Eberhard von Kuenheim auf die besten Fachkräfte der Branche. Dazu zählt unter anderem Vertriebsleiter Bob Lutz (rechts neben von Kuenheim).

Den von Tuningschmieden wie Alpina präparierten 2800 CS gelingen spektakuläre Rennerfolge, so 1970 mit dem Triumph des Teams Huber/Kelleners bei den 24 Stunden von Spa – dem dritten BMW-Sieg innerhalb von fünf Jahren.

Für den internen Einsatz als Service-Begleitfahrzeuge lässt die Motorsportabteilung einige 2500/2800er Limousinen zu Kombis umbauen.

DIE VERWANDLUNG DES GROSSBÜRGERLICHEN COUPÉS AUS MÜNCHEN

Der nächste und naheliegende Entwicklungsschritt ist, auf Basis des 3.0 CS eine Leichtbauversion zu entwickeln und für den Motorsporteinsatz zu homologieren. Äußerlich hebt sich dieser 3.0 CSL (L = Leichtbau) durch seinen mattschwarzen Kühlergrill vom 3.0 CS sowie durch die schlankeren Stoßstangen und schwarzen Seitenstreifen über die gesamte Fahrzeuglänge ab. Die Leistung des Sechszylinders beträgt noch immer 180 PS bei 6000/min. Prägendes Merkmal der technischen Umgestaltung durch die Renningenieure des Werks ist jedoch die konsequente Gewichtsverringerung. Bei den Türen und Hauben setzt man auf Aluminium, was prompt 200 Kilo einspart und das Gewicht des 3.0 CSL auf 1160 Kilo drückt. Auch die Innenausstattung fällt spartanischer aus. Das Holzarmaturenbrett wird zwar beibehalten, die Insassen finden sich aber in minimalistischen Schalensitzen wieder und sind aufgrund fehlender Geräuschdämmung herrlichem Renn-Lärm ausgesetzt. Die Fensterheber funktionieren nicht mehr elektrisch, sondern mechanisch. Der Fahrer sitzt hinter einem kleineren Dreispeichen-Sportlenkrad. Die Leichtmetallfelgen werden mit Michelin XWX-Reifen der Größe 195/70 VR 14 bestückt – eine Maßnahme, die den Einbau von Kotflügelverbreiterungen erfordert, die leicht an ihrer Chromeinfassung zu erkennen sind. Im Mai 1971 werden die ersten Exemplare des 3.0 CSL ausgeliefert. Vorerst bleibt der CSL allerdings eine extrem exklusive Angelegenheit. Von der ersten Serie entstehen gerade einmal 169 Stück. An frischen Ideen mangelt es der Entwicklungsabteilung von BMW freilich nicht. Beim Pariser Salon im Oktober 1971 ist schon eine weiterentwickelte Version des CSL mit 3-Liter-Sechszylinder zu bewundern, der dank einer indirekten elektronischen Bosch-Einspritzanlage auf 200 PS kommt.

FORD DEMÜTIGT BMW

Auf den Rennstrecken zeigt sich allerdings, dass das Engagement von BMW und seinen Tunern immer noch nicht ausreicht, um die von Jochen Neerpasch dirigierten Gruppe-2-Ford Capri im Zaum zu halten. Die Rennversionen des Capri, die aus dem 2600 RS mit seinem 150 PS starken V6-Motor entstanden waren, erreichen mit 286 PS zwar nicht ganz die 300 Pferde von BMW, haben aber einen entscheidenden Gewichtsvorteil von 250 Kilo. Im Oktober 1971 tritt beim vorletzten Meisterschaftslauf ein Starterfeld in Traumbesetzung auf dem südfranzösischen Circuit Paul Ricard an. Neben den führenden Tourenwagenpiloten sind vier Formel-1-Asse (Beltoise, Ickx, Hill und Surtees) erschienen, nicht zuletzt unter dem Anreiz des üppigen Preisgeldtopfes von 37 Millionen Francs. Jedoch bleiben die BMW-Teams gegen die Capri und ihre von Sportdirektor Jochen Neerpasch perfekt aufgestellte Rennorganisation chancenlos. Neerpasch, der während seiner Rennfahrer-

Ab 1971 entwickelt BMW das 3.0 CSL Coupé als Titelaspirant für die Tourenwagen-Europameisterschaft. Die Leichtbau-Serienversion kommt in ihrer ersten Ausführung auf 180 PS.

laufbahn Boliden wie die Cobra Daytona von Carroll Shelby und den Ford GT40 bewegt hatte, war von Juli 1966 bis Ende 1968 Teil des Porsche-Werksteams und hatte 1968 am Volant eines 907-Prototyps die 24 Stunden von Daytona gewonnen. Anfang der 1970er Jahre hängte er den Rennfahrerhelm an den Nagel und widmete sich dem Rennprogramm von Ford.

Der Auftritt auf dem Circuit Paul Ricard gerät zu einer Spazierfahrt für die Kölner. Sie sorgt in der Chefetage von BMW folgerichtig für hochrote Köpfe. Eine derartige Demütigung darf nicht ohne Antwort bleiben. Nachdem Ford mit sechs Siegen in acht Rennen den Titel 1971 mit Dieter Glemser und seinem Capri souverän nach Hause fährt und Anfang 1972 mit dem Sieg des Capri RS von Jochen Mass und Gérard Larrousse beim Meisterschafts-Auftakt in Monza nachlegt, ist Jochen Neerpasch zum Angstgegner der Bayern geworden. Die beste Antwort besteht folgerichtig darin, den Top-Mann bei Ford abzuwerben.

Mit dieser Aufgabe wird Robert A. Lutz beauftragt. Er ruft Neerpasch zuhause an und lädt ihn zu einer Unterredung nach München ein. Das dabei unterbreitete Angebot fällt für den ambitionierten Chefdirigenten des Ford-Rennstalls geradezu unwiderstehlich aus. Denn immerhin gilt es nicht nur, eine Maschine zu entwickeln, die der Siegesserie des Capri Einhalt gebieten kann. Es soll gleich noch eine vollwertige Motorsportabteilung aus dem Nichts aufgebaut werden. Vollzogen wird Neerpaschs Wechsel nach dem zweiten Tourenwagen-Europameisterschaftslauf am 16. April 1972 auf dem Salzburgring in Österreich.

DIE ERSTEN SCHRITTE VON BMW MOTORSPORT

Der bei Ford abgeworbene Jochen Neerpasch übernimmt ab 1972 die Leitung der BMW Rennsportabteilung.

BEI BMW VERLIERT MAN KEINE ZEIT. AM 1. MAI 1972 SCHLÄGT DIE GEBURTSSTUNDE DER VON JOCHEN NEERPASCH GELEITETEN RENNABTEILUNG UNTER DER BEZEICHNUNG BMW MOTORSPORT GMBH. ZUM STAB ZÄHLEN ANFANGS 35 HOCHKARÄTIGE SPEZIALISTEN SOWIE ZWEI EXTERNE BERATER DER TECHNISCHEN ABTEILUNG, NÄMLICH ALEXANDER FREIHERR VON FALKENHAUSEN UND MOTORENKONSTRUKTEUR PAUL ROSCHE.

LIMOUSINEN UND MONOPOSTI

Alex von Falkenhausen kann auf eine bewegte Karriere unter dem weiß-blauen Markenzeichen zurückblicken. Nach seinem Eintritt als Werksfahrer in der Motorradabteilung 1934 spielt er schon bald eine Schlüsselrolle in der Motorradentwicklung und fällt durch sein Talent nicht nur als Motorrad-, sondern auch als Autorennfahrer auf. Bei zahlreichen Wettbewerben pilotiert er einen BMW 328. Nach dem Krieg und einem Intermezzo mit eigenen AFM-Konstruktionen kehrt von Falkenhausen 1954 zu BMW zurück. Drei Jahre später wird er – ergänzend zu seinen fahrerischen Aktivitäten – zum Leiter der Motorenentwicklung. Mit dem Debüt des 1500 kommen für von Falkenhausen weitere Aufgaben als Leiter des Rennstalls hinzu. Einsatz und Erfolge der 1800 TI/SA (SA = Sonderausführung) im Tourenwagenrennsport sind maßgeblich seiner Initiative zu verdanken. Daneben treibt Alex von Falkenhausen aktiv den Auftritt von BMW in der Formel-2-Europameisterschaft mit Monoposti aus eigener Konstruktion und einem 1,6-Liter-Vierzylindermotor voran. Bei diesem Triebwerk des Österreichers Ludwig Apfelbeck sind alle vier Ventile auf die Kolbenmitte ausgerichtet, für jedes Ein- und Auslassventil ist ein eigener Kanal vorhanden.

Unglücklicherweise fällt die Leistungskennlinie allzu scharf aus, weshalb BMW 1968 mit einer zweiten Version des Motors nachzieht, der noch immer 16 Ventile und 16 Kanäle besitzt, allerdings in konventioneller Anordnung. Dafür erhält nun jeder Zylinder drei Zündkerzen. Trotz des Aufwands bleiben die Ergebnisse hinter den Erwartungen zurück. Der tödliche Unfall von Gerhard Mitter im August 1969 beim Training zum Großen Preis von Deutschland am Steuer eines Formel 2-BMW bedeutet dann den Todesstoß für das werkseigene Rennengagement, das zuletzt immer weniger überzeugt hatte. Wenigstens kann die Saison 1970 in letzter Minute noch gerettet werden. Mit Jacky Ickx, Jo Siffert, Hubert Hahne und Dieter

EIN MANN MIT BENZIN IM BLUT: ROBERT LUTZ

Für Robert „Bob" Lutz, Sohn eines Schweizer Bankiers und in seiner Freizeit nicht nur am Steuer schneller Wagen, sondern auch im Cockpit eines ausgemusterten Jagdflugzeugs der Sowjetarmee zuhause, sind reinrassige Sportmodelle schon immer Imageträger einer Automarke. Lutz ist einer der Hauptinitiatoren von BMW Motorsport.

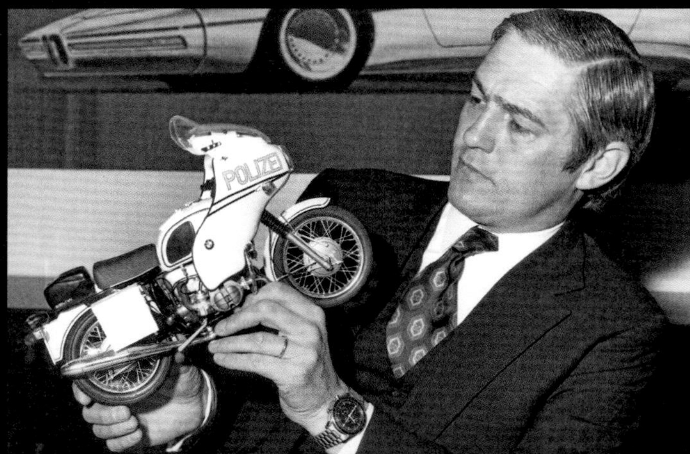

Der motorsportbegeisterte Bob Lutz setzt sich beharrlich für seinen Plan einer eigenen Motorsportabteilung und für die Verpflichtung von Jochen Neerpasch ein.

Quester ist das BMW-Team kompetent besetzt und schafft es vor dem Abgang noch sechs Mal auf das Podium.

Als Motorenkonstrukteur geht Alex von Falkenhausen mit einem Elan sondergleichen immer wieder neue Aufgaben an, so dass seine Kollegen kaum hinterherkommen. Im Winter 1968 beginnt die Ära der Turboaufladung. Sein geflügelter Versuchs-2002, von manchen Ingenieuren anfangs als „Schülerstreich" belächelt, legt einen Leistungssprung von 200 PS auf 280 PS hin. Der Erfolg lässt in Gestalt von vier Siegen und dem Europameistertitel am Jahresende 1969 nicht lange auf sich warten – und damit wird der charismatische Alex von Falkenhausen seinem Ruf als Visionär gerecht. 1973 bereichert der 2002 turbo als Vorreiter der Turbolader das 02er-Serienprogramm. Und im Rennsport läutet der Abgaslader für BMW eine neue Ära des Erfolgs ein.

Paul Rosche und Alexander von Falkenhausen, die beiden Stützen der Motorsportabteilung von BMW, und zwei Mitglieder des Rennservice.

MIT DEM COUPÉ IN DEN RENNSPORT

Sofort nach dem Bezug provisorischer Werkshallen erstellt das Team um Jochen Neerpasch eine Prioritätenliste, auf der drei Ziele ganz oben rangieren: Leistungssteigerung beim 3.0 CSL Coupé, eine stärkere Rallyepräsenz des 2002 und die Rückkehr in die Formel 2. Neerpasch, der mitten in der Rennsaison die Leitung des BMW-Rennstalls übernimmt, ist sich darüber im Klaren, dass er in der aktuellen Tourenwagen-Europameisterschaft keine Wunder mehr vollbringen kann. Immerhin hat er die neue Version des 3.0 CSL-Coupé „geerbt", das Bob Lutz im März beim Genfer Salon vorgestellt hatte. Optisch entspricht der Neuling der ersten Serie. Die Verbesserungen konzentrieren sich vor allem auf Antriebsstrang, Karosserie und Fahrgestell. Aus einem Hubraum von 3.003 Kubikzentimetern entwickelt der 3-Liter-Sechszylinder nun 200 PS bei 5500/min. Zur äußerlichen Aufwertung und zur Senkung von Gewicht und Massenschwerpunkt sind die umlaufenden Stoßstangen mit Gummihörnern durch mattschwarze, minimalistische Stoßfänger ersetzt, die eher an Spoiler erinnern. Gleichzeitig wird die Karosserie an allen neuralgischen Punkten versteift. Ein Sperrdifferenzial mit 25 Prozent Sperrgrad sowie innenbelüftete Scheibenbremsen vorne und hinten gehören zur Standardausstattung, ebenso eine straffere Federung. Der 3.0 CSL, der als Grundlage für die Homologation der Rennversion gedacht ist, welche die BMW-Fahne in der Gruppe 2 hochhalten soll, ist wahlweise mit Vergasern oder der Einspritzanlage des 3.0 CSi lieferbar. Seine Homologation fällt mit dem Amtsantritt von Jochen Neerpasch zusammen. Insgesamt entstehen 929 Exemplare dieses CSL.

Beim Formel-2-Rennen 1967 in Jarama muss Hubert Hahne wegen einer gebrochenen Ventilfeder aufgeben, nachdem sein Lola-BMW bis dahin in aussichtsreicher Position um den Sieg kämpfte.

Alex von Falkenhausen (hier 1967 in Hockenheim) ist maßgeblich für das Engagement von BMW mit einem Lola unter Hubert Hahne in der Formel 2 verantwortlich. Hinter dem Motor steht Rennleiter Klaus Steinmetz.

Walter Brun, der die Kontrolle über seinen Schnitzer 2800 CS verloren hat, driftet in die Botanik. Niki Lauda hält auf seinem Alpina-Coupé eisern Kurs.

DIE 3-LITER-COUPÉS SCHLAGEN SICH WACKER

Der Chef der BMW Motorsport GmbH, Jochen Neerpasch, gibt sich keinen Illusionen hin. Die Rennsaison 1972 ist nichts weiter als ein Übergangsjahr. Inmitten unzähliger unerledigter Baustellen findet die frisch aus der Taufe gehobene Rennabteilung dennoch Zeit für einen Umzug in neue Räumlichkeiten. Mit einer Gesamtfläche von 8000 Quadratmetern liegt der Bau in der Münchener Preußenstraße in unmittelbarer Nachbarschaft zum Stammwerk.

Das Werkstattpersonal ist derweil keineswegs untätig. Die Arbeiten laufen an allen Fronten auf Hochtouren – von der Einrichtung der Rennwerkstatt und des Rennmotorenbaus über den Werkzeugbau bis zum Aufbau der Motorenprüfstände und das Management laufender Rennsportaktivitäten. Parallel zur technischen Unterstützung der privaten Rennteams, die in der Tourenwagenmeisterschaft für BMW Flagge zeigen, laufen die Konzeption des Fahrzeugs für die Saison 1973 und die Ausarbeitung des Programms für die Rennsportsaison 1973 weiter, in der BMW mit einem Werksteam anzutreten gedenkt. Einstweilen kann BMW auch auf das Debüt des 3-Liter-Coupés zählen, das von dem britischen Broadspeed-Rennstall für den Fahrer John Fitzpatrick vorbereitet worden ist. Dessen Renneinsätze beschränken sich indes nur auf einen Start beim zweiten Lauf der Saison auf dem Salzburgring. Das Broadspeed-BMW-Coupé hat zwar das Zeug zum ebenbürtigen Rivalen der Ford Capri, doch schon bald streicht das Team angesichts nicht enden wollender Homologationsprobleme für den Rest der Saison die Segel. Trotz der intensivierten Unterstützung durch die Motorsportabteilung, dank der durch die Homologation gestiegenen Motorleistung und der verbissenen Gegenwehr vor allem der von Schnitzer getunten Coupés, lassen die inzwischen von Michael Kranefuss koordinierten Capri RS ihren Gegnern leider nur Krümel übrig.

Einige Rennauftritte unterstreichen allerdings, dass sich BMW auf dem richtigen Weg befindet. Am 9. Juli 1972 holt John Fitzpatrick im Team mit Rolf Stommelen und Hans Heyer auf einem Schnitzer-Coupé den Sieg beim 6-Stunden-Rennen auf dem Nürburgring und 20 Punkte für die Wertung. Zwar sind die Capri an diesem Tag von ausgesprochenem Pech verfolgt. Und Rolf Stommelen eilt ohnehin der Ruf der Unbesiegbarkeit auf dem Eifelparcours voraus. Doch dafür geht

Das Vierzylindertriebwerk von BMW bewährt sich auch in den Chevron-Sportprototypen. Dieter Quester sichert sich 1972 mit einem B2 auf dem Salzburgring den zweiten Platz.

JOCHEN NEERPASCH, DER VISIONÄR

Seine Name ist untrennbar mit BMW Motorsport verknüpft. Der für seine ausgeprägte Willensstärke bekannte Jochen Neerpasch ist erst 29 Jahre alt, als er seinen Rennfahrerhelm an den Nagel hängt und die Leitung der Rennabteilung bei Ford übernimmt. Sein Organisations- und Managertalent findet schon bald branchenweit Beachtung. Nach dem Bruch mit BMW und einem kurzen, aber intensiven Engagement bei Talbot ist Neerpasch als Vice President Motorsport beim Motorsportsponsor IMG engagiert und hat in den Folgejahren maßgeblichen Anteil an der Rückkehr von Mercedes in die Rennsportarena.

Das 6-Stunden-Rennen auf dem Nürburgring, einer der schlagzeilenträchtigsten Läufe der Saison, markiert einen der ersten Auftritte von Jochen Neerpasch in seiner Funktion als Rennleiter von BMW.

das Highlight der Saison, die 24 Stunden von Spa-Francorchamps, wieder an die weiß-blauen Boliden von Ford. Das Wirken von Jochen Neerpasch trägt jedoch allmählich Früchte. Für die 4 Stunden von Zandvoort am 20. August 1972 holt sich Alpina schlagkräftige Unterstützung durch die Formel-1-Piloten Jean-Pierre Beltoise und Niki Lauda. Lauda kommt als bester BMW-Pilot zwar nur auf Platz 3, es ist aber augenfällig, dass die Suche nach besseren Resultaten bei BMW über die Verpflichtung besserer Fahrer führen muss.

In der Schlussbilanz nach acht Monaten Rennengagement muss BMW die Überlegenheit von Ford eingestehen. Überraschungssieger wird allerdings Alfa Romeo. Dem GTA Junior 1300 ist der Grand Slam in Form von acht Klassensiegen (in der Division 1) bei ebenso vielen Starts gelungen – ein Paradoxon dieser Meisterschaft, dessen Wertungsmodus im Interesse der Chancengleichheit keine direkte Konfrontation am Start, sondern nach Klassen getrennte Einzelwertungen vorsieht. Ford darf sich mit dem Europameistertitel für Jochen Mass in der Fahrerwertung trösten.

Die Werkstatt von BMW Motorsport im Jahr 1972.

Nach dem Start des 6-Stunden-Rennens auf dem Nürburgring 1972 führt das 2800 CS Alpina-Coupé von Hezemans und van Lennep das Feld an. Im Ziel hat jedoch das grau-rote Schnitzer-Coupé von Stommelen, Heyer und Fitzpatrick die Nase vorn. (Siehe Bild unten.)

BEIM 2002 SPRÜHEN DIE FUNKEN

Im Rallyesektor forciert BMW seine Präsenz durch die Teilnahme an ausgewählten Weltmeisterschaftsläufen. Bei der Rallye Akropolis 1972 in Griechenland stehen drei 2002 ti unter Tony Fall/Mike Wood, Rauno Aaltonen/John Davenport sowie Achim Warmbold/Joachim Dörfler am Start. Pech für den unstrittig sehr schnellen Warmbold, dass er aufgrund eines Reifendefekts jede Siegchance einbüßt und sich mit dem dritten Platz begnügen muss. Bei der Internationalen Österreichischen Alpenfahrt, die Anfang September 1972 als sechster Wertungslauf der Rallyeweltmeisterschaft ausgetragen wird, überschlagen sich Warmbold und Willi Pitz auf der fünften Sonderprüfung in einer Spitzkehre – mitten vor den Kameras des österreichischen Fernsehens. Ihr 2002 ti wird rasch wieder auf die Räder gestellt, aber ohne Windschutzscheibe oder sonstige Verglasung ist eine Weiterfahrt zu gefährlich. Bei der portugiesischen Rallye TAP machen sich die Bemühungen von BMW und Warmbold dann endlich bezahlt. Nach dem Ausfall des Alpine von Jean-Pierre Nicolas und Jean Todt ist der Weg frei für den Sieg von Warmbold/Davenport auf ihrem 2002 ti – auch wenn das Auto zum Schluss auf der Beifahrerseite ohne Bodenblech auskommen muss, nachdem das Team ein Geröllstück auf der Fahrbahn getroffen hat.

STREIFENDEKOR IN HIMMELBAU, VIOLETT UND ROT

Das Team um Jochen Neerpasch wartet gar nicht erst das Saisonende und den Schneefall in München ab, um die Zukunftsaufgaben anzupacken und die für das Rennprogramm 1973 geplanten Boliden zu präparieren. Ohne Abstriche bei der laufenden Saison geht es bereits ab Juni 1972 hinter den Kulissen von BMW Motorsport an die Erprobung des neuen Fahrzeugs, das die bayerischen Farben in der kommenden Tourenwagen-Europameisterschaft verteidigen soll. Unter der Haube des Coupés sitzt nun erstmals ein Vierventil-Sechszylinderaggregat. Entsprechend imposant ist die Leistung, mit satten 400 PS.

Ebenfalls im Jahr 1972 hat Jochen Neerpasch um das Sponsoring finanzkräftiger Partner für den Auftritt der CSL-Coupés in der Gruppe 2 geworben. Eine Übereinkunft mit Texaco, deren Farben Rot und Weiß sind, ist bereits unterschriftsreif. „Wir überlegten, wie diese Farben sich mit dem Weiß-Blau von BMW kombinieren ließen," berichtet Neerpasch später. Und so entsteht das dreistreifige BMW Motorsport-Logo in den

Die 3.0 CSL Coupés und die Rallye-2002 ti in den Werkstätten von BMW Motorsport.

Voraussetzung für die Homologation technischer Weiterentwicklungen am 3.0 CSL ist die Auflage einer käuflichen Straßenversion. Diese umfassend überarbeitete Variante fällt äußerlich vor allem durch Spoiler und Luftleitschürzen auf.

Jochen Neerpasch im Kreis der Werkspiloten für die Saison 1973: Hans Stuck, Björn Waldegaard, Toine Hezemans, Dieter Quester, Achim Warmbold, Harald Menzel und Chris Amon.

Farben Himmelbau, Violett und Rot. Zum Vertragsabschluss mit Texaco kommt es dann allerdings doch nicht. Das von Alice Bracq gestaltete Dekor wird aber während jener Phase übernommen, in der ihr Ehemann Paul Bracq das Stylingbüro von BMW leitet. Die Streifen haben sich bis heute gehalten und symbolisieren nach wie vor den Auftritt von BMW Motorsport und deren Produkte.

UMSTRITTENE ANBAUTEN

Nach einer intensiven Aufwärmphase tritt BMW zur Saison 1973 offiziell im Hexenkessel der Tourenwagen-Europameisterschaft an. Grundlage für die Leistungssteigerung des für die Gruppe 2 gemeldeten Rennmodells ist die Homologation einer neuen Evolution des 3.0 CSL – und damit der Produktionsanlauf einer dritten Baureihe. In dem Anfang 1973 lancierten, neuen 3.0 CSL arbeitet ein abermals weiterentwickelter Sechszylinder. Dank einer Bohrungsvergrößerung von 80 auf 84 Millimeter und eines von 89 auf 89,25 Millimeter verlängerten Hubs beträgt dessen Volumen nun 3153 Kubikzentimeter, wodurch die Motorleistung um 6 PS auf 206 PS bei 5600/min klettert. Das Drehmoment steigt von 271 Nm auf nunmehr 286 Nm bei 4200/min. Ein Sperrdifferenzial ist Teil der Werksausstattung des Serien-CSL. Besonders markant fällt die Wagensilhouette aus. Das 3.0 CSL Coupé erhält ein Aerodynamikpaket, das vom Stylingbüro und dem Motorsport-Team gemeinsam entwickelt worden ist.

Von den ergonomisch ausgeklügelten Schalensitzen und dem Sportlenkrad abgesehen, ähnelt der Innenraum des straßentauglichen 3.0 CSL noch immer sehr dem des 3.0 CS.

Hauptkomponenten der strömungsoptimierten Maßnahmen sind ein ausladender Frontspoiler unter dem Kühlergrill, ein Leitblech über der Heckscheibe, ein Heckflügel mit senkrechten Leitflügeln sowie schlanke Kunststoff-Zusatzflügel beidseits der Motorhaube. Das Coupé wirkt damit noch rassiger. In Frankreich zum Beispiel zeigen sich die Zulassungsbehörden jedoch wenig beeindruckt und verweigern dem bald allerorten als „Batmobile" bespöttelten Aerodynamik-Rennpaket die Straßenzulassung mit dem Argument, dass der Heckflügel mit seinen Leitflügeln eine Gefährdung vor allem für Radfahrer bedeute und die Sicht nach hinten behindere. Eine umso unverständlichere Begründung, da Porsche seinen 911 Carrera 2,7 RS mit dem legendären „Entenbürzel" ohne Weiteres über die Zulassungshürde bringt. Auch in Deutschland werden die Straßen-3.0-CSL mangels Typengutachten mit im Kofferraum verpacktem Heckflügel ausgeliefert.

Allerdings, das Batmobile-Paket beschert dem 3.0 CSL spürbar veränderte Fahreigenschaften. Wie zeitgenössische Tests bestätigen, verschwinden mit den Aerodynamikzutaten die Kurvenstabilitätsprobleme, während sich Richtungsstabilität und Feinfühligkeit der Lenkung bei hohen Geschwindigkeiten entscheidend verbessern. Der Abtrieb der Karosserie nimmt dank des Aerodynamikpakets deutlich zu – ganz ohne negative Auswirkungen auf den Luftwiderstand. Zusätzlich bietet die Sonderausstattungsliste Bilstein-Gasdruckdämpfer mit gegenüber der Serie härterer Kennung an. Für die Karosserie greift man erneut auf Türen und Hauben aus Alublech und dünneren Stahlblechen zurück. Windschutzscheibe und die vorderen Seitenscheiben bestehen aus Verbundglas, die hinteren Seitenscheiben und die Heckscheibe aus Plexiglas. Am Heck sitzt ein Kunststoff-Stoßfänger, unter der Motorhaube eine leichtere Batterie.

Bei den Fahrleistungen zieht der BMW 3.0 CSL annähernd mit dem Porsche 911 S und dem Ferrari 365 GT4 gleich. Er kommt auf ein Höchsttempo von 220 km/h (5 km/h mehr als der 3.0 CSi) und legt 1000 Meter bei stehendem Start in 27,5 Sekunden zurück (der 3.0 CSi benötigte hierfür 29,1 Sekunden). Damit ist BMW zu einem ernstzunehmenden Konkurrenten unter den Herstellern reinrassiger Sport-Gran-Turismo geworden. Die ausgelieferten Fahrzeuge sind an den charakteristischen Motorsport-Seitenstreifen zu erkennen und tragen meistens eine Lackierung in Polaris-Graumetallic oder Chamonixweiß. Trotz der gestiegenen Leistungsausbeute verlassen zwischen Juli 1973 und November 1975 aber lediglich 167 Exemplare der dritten Serie des 3.0 CSL das Werk, darunter 110 in der Batmobile-Version.

Dem doch sehr speziellen 3.0 CSL ist somit nur ein begrenzter Verkaufserfolg beschieden. Großvolumige, rasante Sportmodelle treffen in der Phase der ersten Ölkrise eben nicht mehr so recht den Nerv der Zeit. Und in Ländern wie Frankreich

Die offizielle Rückkehr von BMW nach Le Mans wird zum Triumph. Verglichen mit heute mutet das BMW-Fahrerlager hinter den Boxen recht hemdsärmelig an, doch nicht zuletzt dank der tadellosen Organisation von Jochen Neerpasch holen sich Quester und Hezemans mit ihrem Coupé den Titel in der Touring-Spezial-Klasse.

Der Erfolg der Werks-3.0-CSL in Monza fällt spärlich aus. Die beiden weißen, noch weitgehend werbefreien Coupés haben mit thermischen Problemen zu kämpfen.

verderben aus Gründen der Verkehrssicherheit eingeführte allgemeine Geschwindigkeitsbeschränkungen den Fahrspaß zusätzlich.

DIE ORGANISATION ÜBERLÄSST NICHTS DEM ZUFALL

Trotz den minutiösen Rennvorbereitungen, die sich sogar auf das Erscheinungsbild des Teams und der Rennwagentransporter mit den charakteristischen drei BMW Motorsport-Streifen erstrecken, ist sich Jochen Neerpasch durchaus bewusst, dass noch ein weiter Weg vor dem Team liegt. Neerpasch, der mittlerweile von Martin Braungart, einem weiteren Neuzugang von Ford, unterstützt wird, hat ein klares Ziel: Mit den Ford-Werkswagen gleichziehen. Gar nicht so einfach, sind die Bayern-Coupés doch noch immer 145 Kilo schwerer.

Das erste Rennen der Saison, am 25. März in Monza, gibt einen exakten Eindruck der Kräfteverhältnisse. Neerpasch investiert massiv in das Marketing des Motorsportauftritts und überlässt auch sonst nichts dem Zufall. Mit Hans-Joachim Stuck, einem der ganz großen Nachwuchsfahrer, dem Neuseeländer Chris Amon, dem Niederländer Toine Hezemans und dem Österreicher Dieter Quester sind die besten Piloten jener Zeit für das Team rekrutiert worden.

Vor dem Saisonauftakt absolvieren diese vier Stützen des Teams im Wintersportmekka St. Moritz einen Vorbereitungslehrgang unter der Anleitung eines Sportlehrers sowie eines Sportpsychologen. Neerpasch zieht wirklich alle Register.

In Monza merken die Zuschauer schnell, dass die Rennwagen sich zunehmend von den Serienmodellen entfernen und mehr und mehr kompromisslosen Prototypkonstruktionen gleichen. Die Entscheider des Rennzirkus haben den Winter unterdessen für eine Reglementsänderung genutzt. Um die Widersprüchlichkeit des Vorjahres auszuräumen, werden nur noch zwei Klassen beibehalten – unter 2000 Kubikzentimeter sowie alle Hubräume darüber. BMW Motorsport tritt mit zwei nahezu werbefreien CSL-Coupés in Werksfarben und den Teams Stuck/Amon sowie Hezemans/Quester an. Mit einem Hubraum von mittlerweile 3340 Kubikzentimetern und indirekter Kugelfischer-Einspritzung kommen die Sechszylinder (Baumuster M 52.2) der Werks-Coupés auf die Kleinigkeit von 360 PS bei 7600/min. Für den Vortrieb sorgen eine Dreischeiben-Kupplung von Borg & Beck und ein Getrag-Fünfganggetriebe. Die Dreieckslenker werden durch massive Radnabenträger aus Magnesium und Metallaufnahmen anstelle der Silentblöcke der Serienversion verstärkt. Die Ate-Bremsanlage mit vier innenbelüfteten Bremsscheiben ist mit Doppelkolben-Bremssätteln vorne und Einzelkolben-Bremssätteln hinten bestückt. Schon die ersten Testläufe zeigen allerdings, dass die neuen BMW-Renner noch nicht ganz in Form sind. Neben der Überhitzungsneigung des Motors fällt vor allem das linke Hinterrad negativ auf, dessen Zentralverschlussmutter sich nach zwei bis drei Runden soweit lockert, dass die Felge am Radträger zu schleifen beginnt – mit fatalen Folgen für die Betriebssicherheit. Im Rennen müssen die beiden Werks-BMW aufgeben. Aber auch Ford verpasst den Sieg nach einem Reifenwechsel. Erster wird ein Alpina-BMW, pilotiert von Niki Lauda und Brian Muir.

KURS AUF LE MANS

Nachdem die Läufe auf dem Salzburgring wegen Schneefall und in Brünn wegen Sicherheitsmängeln der Rennstrecke abgesagt werden, verzichtet BMW seinerseits auf den Start in Mantorp Park (Schweden), um sich ganz auf die Vorbereitungen der 24 Stunden von Le Mans zu konzentrieren. Jochen Neerpasch weiß, dass er in Le Mans aufs Ganze gehen muss. Für die Stammbesetzungen werden zwei Coupés gemeldet. Die Qualifikationsläufe fallen allerdings enttäuschend aus. Die 3.3 CSL müssen aus der 15. Reihe starten, weit hinter den Werks-Capris. Aber so ein Rennen ist ja lang, wie besonders Amon und Neerpasch wissen. Amon hat 1966 in Le Mans gesiegt, Neerpasch war dort fünf Mal gestartet. Und letzten Endes behält BMW in dieser Materialschlacht dann doch die Oberhand.

Im Nachgang zum Sieg in Le Mans legen die 3.0 CSL Coupés auf dem Nürburgring mit ihrem neuen Aerodynamikpaket eine souveräne Leistung hin, nachdem der Alpina von Lauda und Joisten durch einen Boxenstopp zum Radlagerwechsel ausgebremst wurde. (siehe auch nächste Seite oben und Mitte)

Start zu den 24 Stunden von Spa-Francorchamps 1973.

Stuck muss mit einer ramponierten Vorderachse aufgeben, nachdem er in der Indianapolis-Kurve von der Piste abgekommen ist. Doch unterdessen spult die Nummer 51 von Quester und Hezemans ihr Pensum mit der Präzision eines Metronoms ab und findet sich um Mitternacht an der Klassen-Spitze wieder. Der Ausfall des letzten Capri macht dann den Weg zum Sieg frei. Quester/Hezemans gehen als Elfte der Gesamtwertung und Erste der Spezial-Tourenwagen-Klasse bis fünf Liter durchs Ziel. Damit ist der erste große Sieg des BMW-Coupés und von Jochen Neerpasch in einem international renommierten Lauf perfekt.

In München darf tief durchgeatmet werden, der Champagner fließt in Strömen. Denn ein Sieg in Le Mans kaum ein Jahr nach der Gründung der Motorsport-Abteilung ist eine ausgezeichnete Leistung. Und weil solche Glücksmomente selten allein kommen, kann BMW seine Bestform am 8. Juli beim „Heimspiel" auf dem Nürburgring abermals unter Beweis stellen. Vor mehr als 100.000 Zuschauern gelingt den Motorsport-Coupés gar das Doppel, wobei Amon und Stuck ihre Kollegen Hezemans, Quester und Menzel sogar um eine Runde distanzieren. Seit Mitte der Saison hat der Sechszylinder weiter an Elastizität und Leistung gewonnen. Nunmehr liegt der Hubraum bei 3498 Kubikzentimetern, die Leistung steigt auf 370 PS bei 8000/min. Erstmals kommt dieses Triebwerk im Alpina-BMW von Niki Lauda und Hans-Peter Joisten zum Einsatz. Besonders ausgeklügelt ist die Kugelfischer-Einspritzanlage dieser Weiterentwicklung. In ihr steuert ein Raumnocken die Gemischzusammensetzung und variiert diese je nach Gaspedalstellung, so dass der Verbrauch gedrosselt und damit auf bestimmten Strecken sogar ein Tankstopp eingespart werden kann.

Die nächste Eskalationsstufe im PS-Wettlauf folgt für BMW am 1. Juli, als die Homologation einer neuen Auflage des Reihensechszylinders mit zwei obenliegenden Nockenwellen und vier Ventilen pro Zylinder unter Dach und Fach ist. Voraussetzung für diese Freigabe ist die Fertigung von hundert Exemplaren dieser Spezialzylinderköpfe. In der Saison 1973 kommt diese Version jedoch nicht mehr zum Einsatz. Mit dem ab 1. Juli 1973 geltenden, neuen Homologationsblatt erhalten zugleich zahlreiche aerodynamische Optimierungen den offiziellen Segen – unter anderem eine ausladendere Frontschürze und zwei profilierte Stege auf den Kotflügeloberseiten, die die Luft zu einem Spoiler leiten sollen, der als Hecküberhang an den hinteren Seitenscheiben ansetzt. Mit diesem Aerodynamikpaket fahren sich die CSL deutlich weniger strapaziös, die Turbulenzen und die Blockierneigung der Hinterräder sind vergessen. Und dank der neuen Karosserie fallen die Rundenzeiten auf der Nordschleife des Nürburgrings um zehn Sekunden, also annähernd eine halbe Sekunde je Kilometer.

Die riskante Fahrweise der BMW-Piloten macht sich nicht immer bezahlt. Auf dem Salzburgring fallen Quester/Stuck aus und ein Ford Capri geht vor den Alpina- und Schnitzer-BMW als Erstplatzierter durchs Ziel.

UND WIEDER SPA-FRANCORCHAMPS

Vor Selbstvertrauen nur so strotzend tritt das BMW-Motorsport-Team Ende Juli 1973 bei den 24 Stunden von Spa-Francorchamps an, dem zweiten großen Rennen der Saison. Mittlerweile ist BMW vom Außenseiter zum Favoriten avanciert. Die Wagen der externen Tuningschmieden mitgezählt füllen die Münchener Coupés die ersten beiden Reihen des Starterfelds. 24 Stunden später ist allerdings nur noch ein einziger BMW im Rennen – das Coupé von Quester und Hezemans, das als Erster durchs Ziel geht. Auf dem Siegertreppchen der zehnten Auflage des Klassikers in den belgischen Ardennen geben sich die Gewinner allerdings betont zurückhaltend, denn niemandem ist nach Feiern zumute. Das Rennen ist von Unfällen überschattet, die drei Piloten das Leben kosten – unter ihnen Hans-Peter Joisten, eine wichtige Stütze des Alpina-Teams.

Trotz Einsatz von Spitzenpiloten wie Jackie Stewart und Emerson Fittipaldi in der Meisterschaft haben die Ford Capri während der gesamten Saison gegenüber BMW das Nachsehen. Sechs der acht Wertungsläufe für die Tourenwagen-Europameisterschaft gehen an die Münchener: Monza, Nürburgring, Spa-Francorchamps, Zandvoort, Le Castellet und Silverstone. In England, beim letzten Lauf der Saison, triumphiert der Alpina-BMW von Harald Ertl und Derek Bell, nachdem Quester mit leerem Tank liegenbleibt. Der Konstrukteurs-Titelgewinn für BMW ist also zu einem erheblichen Teil den beiden Erfolgen des Alpina-Teams zuzuschreiben. Bei den Fahrern sichert sich Toine Hezemans den Meistertitel dank der Punkte, die er sich in zwei Läufen (Salzburgring und Mantorp Park) errungen hat.

Als die 24 Stunden vorbei sind, liegt nur noch ein einziger BMW im Rennen, doch Quester und Hezemans machen – unterstützt von der perfekten Organisation durch Martin Braungart – den vierten Sieg in den Ardennen perfekt.

1973 dominiert der Franzose Jean-Pierre Jarier die Formel-2-Europameisterschaft am Steuer eines March BMW und sichert sich noch vor Saisonende den Meistertitel.

BMW – MEISTER DER FORMEL 2

BMW Motorsport nutzt in diesen Tagen fast jede Möglichkeit, um auf der Piste zu lernen und zu siegen. Denn mit der Tourenwagen-Europameisterschaft und dem Rallyeprogramm ist der Appetit der Münchener noch keineswegs gestillt. Mit dem für den Jahresverlauf 1972 angekündigten Debüt des 2-Liter-Motors ist nach Überzeugung von Jochen Neerpasch die Zeit für eine Rückkehr von BMW in die Formel-2-Europameisterschaft gekommen. Um dem Mangel beim Nachschub an Motoren – bei denen bislang nur Ford Flagge zeigt – abzuhelfen, entscheidet sich die Motorsportkommission für eine Lockerung der Vorgaben und genehmigt die Montage von Zylinderköpfen, für deren Homologation eine Produktion von 100 Stück – anstatt wie bisher 500 Stück – genügt. Das unter Federführung von Paul Rosche entwickelte BMW-Triebwerk gibt so rund 270 PS bei 8800/min ab, also etwas weniger als der Ford-Motor.

Zunächst sichert sich das von Max Mosley geleitete March-Team aus England die exklusive Belieferung mit dem neuen BMW-Langhubermotor mit 16 Ventilen, stirnradgetriebenen Nockenwellen und auf der rechten Motorseite angeordnetem Einlasstrakt. Die Schnitzer-Tuningschmiede aus Freilassing entwickelt ihrerseits Ableger dieses Baumusters für die Chassis anderer Kunden. Der Werksmotor findet Platz im kompakten March 732-Monoposto. March-Chef Mosley setzt dabei auf die Fahrkünste des Franzosen Jean-Pierre Jarier, überlässt gelegentlich aber auch andere Boliden, die unter der Flagge von STP laufen, den Herren Jean-Pierre Beltoise oder dem Neerpasch-Schützling Hans-Joachim Stuck. Jarier dominiert die Meisterschaft souverän, sichert sich bereits lange vor Saisonende den Titel und steht in sieben der 17 für die Meisterschaft gewerteten Läufe – in Mallory Park, Hockenheim, Nivelles, Rouen, Mantorp Park, Karlskoga und Pergusa – auf dem Podium. In Pau muss Jarier dem Franzosen François Cevert (Elf-Alpine) den Vortritt lassen, in Thruxton gerät er bereits kurz nach dem Start in einen Unfall, und auf dem Nürburgring kommt er von der Strecke ab.

1973 setzt BMW die Entwicklung des Rallye-2002 fort. Die Investitionen macht sich allerdings nicht immer bezahlt, obwohl sich Achim Warmbold – mit seinem Copiloten Jean Todt – als einer der besten Piloten dieser Renndisziplin erweist.

MEHR DAMPF FÜR DEN 2002

Auch im Rallyesport stellt BMW seine Kompetenz als Motorenbauer unter Beweis. Ungeachtet der immer lauter werdenden Kritik und Kontroversen rund um das Thema Straßenrennen, die in der öffentlichen Debatte zunehmend als eine Gefahr für die Zuschauer und eine Belastung für die Umwelt angesehen werden, hält man in München an der Weiterentwicklung des 2002 ti fest. Die Leistung ist bereits 1972 auf 240 PS geklettert, als der 2-Liter-Vierzylinder-Saugmotor einen Vierventil-Zylinderkopf erhält. Dank des vergleichsweise geringen Gewichts von 950 Kilogramm bietet der neue Hoffnungsträger von BMW für die Rallyeweltmeisterschaft ein ausgesprochen günstiges Leistungsgewicht. Für den Gesamtverlauf der Saison machen sich die Männer bei BMW Motorsport angesichts der Armada von Alpine- und Lancia Fulvia-Sportcoupés jedoch wenig Illusionen. Deshalb konzentriert sich das Team um Neerpasch auf ausgewählte Veranstaltungen, deren Streckenprofil den BMW besondere Erfolgschancen verspricht – so unter anderem die Rallye TAP in Portugal, die Achim Warmbold 1972 für sich entschieden hatte.

Doch 1973 kommt alles anders – die Alpine von Thérier und Nicolas landen einen Doppelsieg und das Team Warmbold/ Davenport erwischt einen rabenschwarzen Tag. Ihr 2002 ti fällt nach einem Riss des Hinterachskühlers aus. Als der Qualm in den Innenraum eindringt, legt die Crew, die einen Fahrzeugbrand vermutet, einen Panikstopp hin und verlässt fluchtartig das Fahrzeug, wobei Davenport sogar vergisst, das Audiosystem von seinem Helm abzustöpseln. Kaum ist die Schadensursache klar, springt Warmbold wieder in den in dichten Qualm gehüllten 2002, schreit seinem Copiloten zu, er solle mit seinen Gebetbuch fortfahren, und gibt schon wieder Gas. Davenport muss im Galopp hinter dem BMW hersprinten – unter anderem, weil er noch über das Kopfhörerkabel mit dem Wagen verbunden ist ...

Bei der Rallye Akropolis schaffen es aber weder Achim Warmbold noch Björn Waldegaard, in den Kampf um die Führung einzugreifen. Erst bei der Internationalen Österreichischen Alpenfahrt, dem vorletzten Lauf der Rallyemeisterschaft, findet sich BMW erneut auf einem maßgeschneiderten Parcours wieder. Achim Warmbold zeigt sich hier in perfekter Symbiose mit seinem Copiloten Jean Todt. Er ist einer der besten Rallyepiloten dieser Ära. Die beiden liegen souverän an der Spitze, werden jedoch disqualifiziert, nachdem sie in verkehrter Richtung einen Kontrollpunkt anfahren. Der zweite 2002 ti von Waldegaard beendet das Rennen als Dritter. Mit diesem Schlingerkurs auf dem Weg zum Saisonfinale zieht BMW einen Schlussstrich unter das Engagement im Rallyesport, um sich fortan ganz auf die Tourenwagen- und Formel-2-Europameisterschaften konzentrieren zu können.

DER TURBO – LEISTUNG IM ÜBERFLUSS

Das Team von BMW Motorsport ist mit ungebremstem Enthusiasmus bei der Sache. Jochen Neerpasch, ein Draufgänger, widmet sich einer Fülle parallel laufender Projekte. Die Entwicklungsarbeiten von Alex von Falkenhausen und Paul Rosche bilden dabei die Grundlage für unterschiedlichste Vorhaben. Bei BMW ist – wie auch in den Entwicklungsabteilungen anderer Hersteller und Zulieferer – mittlerweile der Turbolader in den Mittelpunkt der technischen Diskussionen gerückt. Von Falkenhausen hat das Potenzial dieser Technik erkannt, mit der sich reichlich zusätzliche PS kostengünstig mobilisieren lassen und ein braver Alltagsmotor zu einem adrenalinerfüllten Renntriebwerk mutieren kann. Auch sein privater 2002 ti ist aufgeladen. Bei Erprobungen im Renneinsatz stößt der 2-Liter-Vierzylinder des 2002 ti nach dem Einbau eines KKK-Laders in ganz neue Leistungssphären vor. Bei den Qualifikationsläufen beherrscht der 2002 ti die Konkurrenz. Nur lässt sich sein Potenzial aufgrund der einstweilen noch mangelhaften Standfestigkeit bislang nicht in Siege ummünzen. Nachdem diese Kinderkrankheiten behoben sind, stellen sich prompt auch Erfolge ein. Mit dem Turbo-Zweitürer sichert sich Dieter Quester bei mehreren Rennen der Europäischen Tourenwagenmeisterschaft 1969 sowie bei weiteren Veranstaltungen den Sieg, so in Belgrad, bei den 6 Stunden von Brands Hatch sowie auf dem Norisring in Nürnberg.

Die Turbotechnik trifft den Nerv der Zeit. Porsche hat seine 917-Rennmodelle, die in der US-Can-Am-Serie starten, bereits mit Turbos bestückt. Und in Stuttgart wird obendrein gemunkelt, dass Porsche mit turboaufgeladenen 911ern für den Motorsporteinsatz, aber auch für die Kleinserienfertigung

Alex von Falkenhausen, der wichtigste Fürsprecher der Turboladertechnik bei BMW, packt einen Verdichter unter die Haube eines 2002, mit dem Dieter Quester erste Rennerfolge einfährt.

Als erster europäischer Autobauer nimmt BMW eine Turboversion in seine Modellpalette auf. Der 2002 turbo sorgt bei der IAA 1973 für Furore.

experimentiert. Bei BMW findet sich der Turbo-Vierzylinder, den Alex von Falkenhausen in seinem eigenen Wagen auf Herz und Nieren erprobt hat, auch in einem von Paul Bracq für den Pariser Salon 1972 entworfenen Concept Car wieder. Diese Studie ist überall ein Gesprächsthema, so dass man in München beschließt, sie ein Jahr lang bei allen internationalen Automobilsalons zu präsentieren.

DER 2002 ALS BOTSCHAFTER DES TURBO

Nachdem der Turbomotor inzwischen standfester geworden ist und überall die Schlagzeilen beherrscht, rückt auch sein Einbau in einem Ultra-2002 tii in den Bereich des Machbaren. Und so dürfen die Besucher der Frankfurter IAA im September 1973 einen ganz besonderen 2002 im Motorsport-Gewand bestaunen. Der kraftstrotzende Serienableger scheint förmlich Feuer zu speien, denn schon vor Ausstellungseröffnung sorgt er für eine Protestwelle – nicht nur bei manchen Politikern, sondern auch bei Teilen der Presse. BMW hat es doch tatsächlich gewagt, mit dem in Spiegelschrift auf dem Frontspoiler prangenden Schriftzug 2002 turbo gewissermaßen den Fuchs im Hühnerstall loszulassen. Nach Ansicht mancher Zeitgenossen würde das vorausfahrende Automobilisten provozieren, wenn der Schriftzug in ihrem Rückspiegel auftaucht. Der Spiegel spricht von „Kriegsbemalung", die SPD stellt im Bundestag die Frage, was man gegen solche Auswüchse unternehmen könne. Kaum überraschend, dass sich am Vorabend der Eröffnung Designer Paul Bracq höchstselbst mit einem Topf blauer Farbe bemüht, den anrüchigen Schriftzug überzupinseln.

Auf den ab Januar 1974 ausgelieferten Serienexemplaren ist dieses Logo nicht mehr zu finden. Aber BMW hat sich wieder einmal an die Spitze des automobiltechnischen Fortschritts gesetzt. Zwar war der erste Serienturbo bereits 1962 nahezu zeitgleich im Oldsmobile F85 Jetfire und Chevrolet Corvair Monza zu finden. Aber der 2002 darf als erster Serien-Europäer mit Turboaufladung gelten. Für BMW bedeutet dieser Ableger des 2002 vorläufig nur einen Versuchsballon, mit dem sich das Werk als besonders engagierter Verfechter zukunftsweisender technischer Lösungen zu präsentieren gedenkt. Der Turbolader wird aber schon bald seinen Siegeszug in den verschiedensten Motorsportdisziplinen antreten und erobert schließlich auch in der Serie seinen Platz.

Übrigens: Im Flugzeugbau hatte BMW schon lange einen wesentlichen Vorteil von Turbomotoren erkannt – die Unabhängigkeit von Schwankungen des Luftdrucks. Sauerstoffmangel in größeren Höhen ist seit jeher fatal für die Motorleistung. Deshalb setzte BMW bereits 1942 bei seinem legendären Flugmotor Typ 801, der in der Junkers Ju 88 zum Einsatz kam, auf einen Turbolader. Dieser Vierzehnzylinder-Doppelsternmotor mit einem gigantischen Hubraum von 41,8 Litern erreichte für damalige Zeiten astronomische 2000 PS bei 2700/min.

Das Cockpit des 2002 turbo hebt sich vom Interieur der übrigen 02er Modelle durch das rot unterlegte Kombiinstrument und die Ladedruckanzeige ab.

Die Nachfrage übersteigt alle Erwartungen: Bis Ende 1974 laufen insgesamt 1672 Exemplare des 2002 turbo vom Band.

BMW gibt tatsächlich grünes Licht für die Fertigung einer Kleinserie von 1000 Exemplaren des 2002 turbo. Dieser neue Spross der 02er-Serie, der von Ingenieur Bernhard Osswald aus dem 2002 tii abgeleitet worden ist, wird von dem bekannten 2-Liter-Vierzylinder angetrieben, dessen Verdichtung auf 6,9:1 zurückgenommen wurde. Dank der Turboaufladung klettert die Leistung auf 170 PS bei 5800/min (gegenüber 130 PS beim Einspritzer-2002 tii). Das maximale Drehmoment liegt nun bei 240 Nm und 4600/min. Als die französische Zeitschrift *Sport Auto* im Oktober 1973 erstmals einen 2002 turbo zu einem Test in die Finger bekommt, vergleicht der rennerfahrene Motorjournalist José Rosinski dessen Charakteristik mit „Dr. Jekyll und Mr. Hyde". Der Turbolader tritt erst ab 3500/min in Aktion und erst ab 4500/min kommen die Pferdchen bis zur Höchstdrehzahl von 6400/min so richtig in Schwung. An den Motor ist ein Viergang-Schaltgetriebe gekoppelt, dessen Abstufung gegenüber dem 2002 tii verlängert wurde. Damit ist für ein ganz neues Fahrgefühl gesorgt, denn der Turbolader setzt brutal ein. Der 2002 turbo schafft eine Höchstgeschwindigkeit von 210 km/h und spurtet bei stehendem Start in 28,1 Sekunden über 1000 Meter. Demgegenüber erreicht der 2002 tii eine Spitze von 187 km/h und benötigt für den Kilometer aus dem Stand 31,2 Sekunden. Damit rangiert der von BMW optimierte Zweitürer in der Klasse echter Gts, vom Schlage eines Porsche 911 S, Ligier JS2 oder Ferrari 365 GT4. Basis für den 2002 turbo bildet die letzte stilistische Evolution der 02er-Baureihe, die bereits die Rechteck-Rückleuchten besitzt. Dank seiner Polyester-Kotflügelverbreitungen, des Frontspoilers und des ausladenden Heckspoilers fällt er auch im Straßenbild sofort auf.

Das erste Turbomodell von BMW erhält natürlich auch eine verstärkte Bremsanlage mit größeren innenbelüfteten Scheibenbremsen an der Vorderachse sowie Niederquerschnittsreifen der Größe 185/70 VR13. Selbstverständlich mangelt es auch im Innenraum nicht an sportlichem Flair. Der Durchmesser des Dreispeichenlenkrads ist kleiner, Schalensitze ersetzen das Seriengestühl. In seinem Fazit moniert ein Tester von *Sport Auto* die eher grenzwertige Bodenhaftung der „Familien-Sportlimousine" auf regennasser Fahrbahn und

Nur zwei Jahre nach der Gründung setzt BMW Motorsport mit einem ersten eigenen Zubehör- und Accessoire-Programm auf Individualisierung.

den enormen Benzindurst, der den Einbau eines auf 70 Liter vergrößerten Tanks bedingt. Für die Fachpresse bedeutet der 2002 turbo nichtsdestoweniger einen Lichtblick zu einer Zeit, als Bürokratie wie bleierne Schwere auf vielen Bereichen der Branche lastet.

IN DER KRISE SCHWINDET DER ELAN

Ungeachtet einer Konjunkturentwicklung, die unter anderem wegen der Energiekrise ganz und gar nicht für Sportwagen spricht und mit einer zunehmenden Autofeindlichkeit in ganz Europa und immer restriktiveren Tempolimits einhergeht, schraubt BMW die Produktionsstückzahl des 2002 turbo sogar nach oben. Als das Modell im November 1974 nach einjähriger Bauzeit vor dem nahenden Debüt der 3er-Baureihe abtritt, sind immerhin 1672 Exemplare produziert – in Deutschland zum Preis von anfangs 18.720 Mark, zum Schluss für 20.780 Mark.

Das rege Käuferinteresse an dieser Sportlimousine beeindruckt BMW nachhaltig. Es steht nämlich zu erwarten, dass viele Autokäufer wieder Geschmack an sportbetonten und leistungsstarken Modellen finden, sobald die Krise überwunden ist. In München wird also – im Hinblick auf ein erwartetes Wachstum – fleißig investiert. Die Begeisterung eines treuen Käuferkreises für die von Alpina getunten und vertriebenen BMW-Varianten bestärken auch Jochen Neerpasch und sein Team in der Überzeugung, dass es für Sportlimousinen auch weiterhin einen Markt gibt.

Zunächst stehen für den Chef von BMW Motorsport allerdings leistungssteigernde Maßnahmen für das CSL-Coupé und die Vorbereitung auf die Zukunft der Abteilung im Vordergrund. Dieser Blick nach vorn erfordert zugleich eine gehörige Dosis Krisenmanagement, denn die Zeit des leicht erwirtschafteten Wohlstands neigt sich ihrem Ende zu. Nach dem Ausbruch des Jom-Kippur-Kriegs am 6. Oktober 1973 sind die Öl- und Rohstoffpreise in die Höhe geschnellt. Die Autoindustrie steht damit vor der Aufgabe, sich in einem spürbar veränderten wirtschaftlichen Umfeld zurechtzufinden. Während manche Hersteller in der Ausdünnung der Modellpaletten eine Lösung erkennen, ringen bei BMW mehrere unterschiedliche Denkschulen um die Deutungshoheit. In dieser Ausnahmesituation wiegt der Abgang von Robert Lutz als Verkaufsdirektor, der zum 31. Juli 1974 ausscheidet und zu Opel zurückkehrt, schwer.

In der Chefetage des BMW-Turms macht sich mit der Energiekrise so mancher Zweifel an der optimalen Zukunftsstrategie breit. Lässt sich die bereits beschlossene Produktplanung in dem plötzlich instabil gewordenen wirtschaftlichen Umfeld ohne Kollateralschäden umsetzen? Haben die großen Oberklassemodelle, welche die Zugpferde der BMW-Modellpalette bilden, noch eine Zukunft? Sind die Marktverwerfungen nur vorübergehender oder aber dauerhafter Natur? BMW hält zwar unbeirrt am Serienanlauf der 3er-, 6er- und 7er-Baureihen fest. Bei den Investitionen wird jedoch der Rotstift angesetzt. Als erster Unternehmensbereich bekommt der Motorsport diese schmerzhaften Einschnitte zu spüren.

DIE ERNÜCHTERUNG NACH DER KRISE

Zu Beginn der Saison 1974 ist mit einem Mal alles anders. Jochen Neerpasch muss mit einem zusammengestrichenen Budget auskommen. Das Rallyeprogramm beschränkt sich auf einige wenige Einsätze. Und die Entwicklung der Leistungszahlen zeigt ohnehin, dass der 2002 ti nicht mehr wettbewerbsfähig genug ist. Auch in der Europäischen Tourenwagenmeisterschaft steht das Engagement von BMW Motorsport angesichts drastisch gekürzter Mittel auf dem

Im Saisonverlauf 1974 entpuppen sich die CSL-Coupés, die mittlerweile von Vierventil-Sechszylindermotoren angetrieben werden, immer mehr als nur notdürftig getarnte Prototypen.

Prüfstand. Die Teilnahme an den 24 Stunden von Le Mans wird gestrichen und die CSL-Coupés müssen sich im Winter 1973/1974 mit nur geringfügiger Evolution begnügen. Am auffälligsten ist noch der Wechsel der Wagenfarbe. Aus Weiß wird Marineblau. Die drei Farbstreifen ziehen sich aber nach wie vor um die gesamte Karosserie. Der Schmierölproduzent Castrol steigt als Sponsor ein. Unter der Haube sitzt nun der im Vorjahr entwickelte Vierventil-Sechszylinder in zwei Versionen. Die 3,3-Liter-Version bringt es auf 410 PS und der größere 3,5-Liter auf 420 PS.

Allerdings ist aufgrund des ausgedünnten Startkalenders für die Werks-BMW nicht mehr an eine Verteidigung des Titel aus dem Vorjahr zu denken. Bei den seltenen Auftritten der Werks-Coupés von BMW – aber auch der Ford Capri – merkt das interessierte Publikum rasch, dass Gruppe-2-Fahrzeuge den Originalen nur noch sehr entfernt ähneln und sich zu reinrassigen, oberflächlich getarnten Prototypen entwickelt haben. Treten die marineblauen Bajuwaren aber auf den Rennpisten an, beweisen sie ihre Dominanz. Jacky Ickx, der nun zum Fahrerteam zählt, gewinnt mit Hans-Joachim Stuck den zweiten Lauf der Saison am 14. April auf dem Salzburgring. Bei den 6 Stunden auf dem Nürburgring testen Stuck und Ronnie Peterson erstmals eine ABS-Anlage. In der Schlussbilanz fällt der Herstellertitel dank des Zakspeed-Escort-Einzelkämpfers in der Division 1 (bis 2 Liter) dann aber doch an Ford. Sein Fahrer Hans Heyer sichert sich den Fahrertitel.

Zur Saison 1974 treten die Werks-CSL in neuem Dekor an. Beim Tourenwagen-Europameisterschaftslauf auf dem Salzburgring entscheiden Hans-Joachim Stuck und Jacky Ickx den zweiten Lauf für sich.

Hans-Joachim Stuck und Patrick Depailler, die Werkspiloten des March-BMW-Teams, geben 1974 in der Formel 2 den Ton an. Am Ende wird Depailler mit 11 Punkten Vorsprung auf den gebürtigen Grainauer Meister.

IM VORZIMMER ZUR FORMEL 1: DAS REVIER VON BMW

Die Markenehre rettet BMW in der Saison 1974 zumindest in der Formel 2. Angesichts der wirtschaftlichen Lage haben die Münchener beschlossen, nicht mehr ausschließlich March mit ihren Motoren zu beliefern. Prompt verschwinden die Ford-Motoren fast völlig aus dem Starterfeld. Einziger Rivale des BMW-Werksmotors ist mit fast 70 ausgelieferten Exemplaren ein weiterer BMW – der aus der Tuningschmiede von Schnitzer stammt. Er arbeitet in sämtlichen Elf-Monoposti und soll dem Vernehmen nach sogar zehn PS mehr als das Aggregat des Neerpasch-Teams leisten. Trotz dieser Weiterentwicklungen beherrscht March aber nach wie vor die Disziplin. Der vom 732 abgeleitete Monoposto Typ 742 dominiert bereits ab Beginn der Rennsaison 1974 in Montjuich (Barcelona), wo alle March in den Genuss aerodynamischer Verbesserungen aus der Formel 1 kommen.

Die neue Karosserie ist für einen Zeitvorteil von fast einer halben Sekunde gut. Hans-Joachim Stuck und Patrick Depailler, die beiden March-Werksfahrer, geben in der Saison dann auch den Ton an. Nach einem furiosen Saisonauftakt scheint Stuck als Meister schon gesetzt, doch dann reißt die Erfolgsserie ab. Depailler holt seinerseits fünf Siege und sichert sich beim Rennen in Vallelunga den Europameistertitel in der Formel 2. Offenkundig entwickelt sich dieser „Wartesaal zur Formel 1" immer mehr zur Domäne der Franzosen. Denn mit

Der Reihensechszylinder hat sich zu einem PS-Monster entwickelt, der in der 3,5-Liter-Version nunmehr 420 PS entwickelt.

12 Punkten Rückstand schafft es Jacques Laffite mit dem March-BMW des BP-Martini-Teams in der Schlusswertung hinter Stuck auf den dritten Platz. In der anschließenden

Saison 1975 gelingt Laffite der Durchbruch als die Nummer 1 am Steuer seines von einem BMW-Motor angetriebenen und vom Team um Hugues de Chaunac präparierten Martini Mk16. Erstmals erweisen sich nun die vom Schnitzer-Rennstall aufgebauten Motoren als überlegen gegenüber den Motoren des Werksteams von Neerpasch. In der Meisterschaftswertung rangiert Laffite vor vier weiteren Fahrern aus Frankreich (Patrick Tambay, Michel Leclère, Gérard Larrousse und Jean-Pierre Jabouille), die allesamt auf BMW starten. Die Franzosen dürfen sich folglich freuen, dass bei 12 von 14 Rennen der Saison die Marseillaise für den Sieger erklingt.

DER LOCKRUF DER USA

Motorsport ist seit jeher ein Marketinginstrument. Den Rennabteilungen fällt daher auch eine unterstützende Funktion für die Vertriebsabteilungen zu. BMW ist bereits seit einigen Jahren bestrebt, seine Abhängigkeit vom europäischen Markt zu verringern und forciert eine internationale Ausrichtung. Besondere Priorität genießt dabei der US-Markt. Auch bei der Entwicklung der neuen BMW-Modellpalette spielen die Wünsche der US-Kunden eine wichtige Rolle. Neben der bereits angelaufenen 5er-Baureihe wird das Programm durch eine neue Kompaktlimousine als Nachfolger der 02er-Modelle sowie durch neue Oberklasse-Limousinen und -Coupés abgerundet. Zur Erschließung des dortigen Markts erhält Jochen Neerpasch die Order, seine Aktivitäten verstärkt auf die amerikanische IMSA-Rennserie zu konzentrieren, nachdem dort das Reglement überarbeitet wurden und die Prototypen verschwunden sind. Die IMSA-Meisterschaft steht nun Gran-Turismo-Fahrzeugen offen. Und der Publikumszuspruch ist ohnehin enorm. Für BMW also ein ideales Sprungbrett, denn bisher ist die Marke in den USA kaum präsent – für viele Amerikaner bedeuten die drei Buchstaben der Münchener noch immer „British Motor Works". Bereits bei den 24 Stunden von Daytona, dem Auftaktrennen der Saison 1975, bringt das Neerpasch-Team zwei 3.5-CSL-Coupés mit den allerletzten Modifikationen der Saison 1974 an den Start. Optisch präsentieren sich die brandneuen Coupékarosserien allerdings noch im Dekor der Saison 1973. Neerpasch hat das US-Engagement mit der gewohnten Gründlichkeit vorbereitet. Bereits im Januar dreht das Team seine Proberunden auf dem Kurs von Talladega, der mit seiner Kombination von Oval- und Straßenkursabschnitten der Charakteristik von Daytona nahekommt. Bei den Fahrern setzt BMW auf bekannte Größen: Stuck ist die Nummer 1, dazu gesellt sich Sam Posey, einer der vielseitigsten US-Piloten.

Bei den 6 Stunden von Riverside 1975 triumphieren Stuck und Quester am Steuer des Coupés mit der Nummer 25.

Zur Saison 1975 tritt das CSL-Werkscoupé wieder im Look von 1973 an, die Leistung ist indes weiter gestiegen.

Als Ergänzung zur Verkaufsoffensive in den USA konzentriert BMW sein Rennengagement auf die IMSA-Läufe in den USA, vor allem bei den 24 Stunden von Daytona.

Brian Redman, aktueller US-Meister der Formel 5000, teilt sich das zweite Fahrzeug mit Ronnie Peterson. Die Qualifikationsläufe lassen Hoffnung im Team mit dem charakteristischen Streifendekor aufkommen. Die CSL stehen auf Platz 2 und 3 des Starterfelds. Der Wagen von Stuck und Posey behauptet bis 1 Uhr morgens die Führung, muss dann aber mit Pleuellagerschaden aufgeben. Sieger wird der Porsche Carrera von Gregg und Haywood. Eine Revanche bietet sich BMW bei den 12 Stunden von Sebring, die allerdings nicht zur Meisterschaft zählen. Da Peterson Startverbot hat, muss ein Ersatzmann rekrutiert werden. Der Australier Allan Moffat, ein ausgewiesener Tourenwagenspezialist, springt als Teamkollege von Redman ein. Das Coupé von Stuck und Posey liegt abermals frühzeitig an der Spitze, nach dreieinhalb Stunden kommt aber wegen einer gebrochenen Ölleitung das Aus. Auch das Feld der Konkurrenten lichtet sich zusehends und schließlich fährt das zweite noch im Rennen verbliebene Coupé, an dessen Steuer sich alle vier Fahrer ablösen, einem souveränen Sieg entgegen – schrammt dabei allerdings haarscharf an einer Katastrophe vorbei. Im Ziel ist die Getriebeöltemperatur auf fast 100 Grad geklettert und die Mechaniker müssen feststellen, dass im Differenzial nicht einmal mehr ein Liter Öl ist. Eine weitere Runde hätte das Siegercoupé wohl nicht durchgehalten.

KUNST IN BEWEGUNG

Trotz des abgespeckten Rennengagements in Europa erklärt sich BMW bereit, mit einem Fahrzeug beim bedeutendsten Langstreckenrennen, den 24 Stunden von Le Mans, anzutreten. Ausschlaggebend für die Zusage ist die Initiative des renommierten Auktionators Hervé Poulain, eines Gentlemen-Drivers alten Schlags, der seit langem von einer Teilnahme in Le Mans träumt. Gewissermaßen als Eintrittskarte bei einem Profirennstall verfällt er der Idee, die Karosserie eines Renners von einem internationalen Künstler lackieren zu lassen. Ihm fehlt nur noch ein entsprechend aufgeschlossener Hersteller, der sich für diese ausgefallene Idee begeistern lässt.

Renault lehnt dankend ab. Maître Poulain klagt daraufhin Jean Todt sein Leid. Der spätere FIA-Präsident Todt, als erfahrener Copilot eine renommierte Größe, erkennt das imagefördernde Potenzial des Projekts und vermittelt den Kontakt zu Jochen Neerpasch, dem Chef von BMW Motorsport. Nach zusätzlicher Schützenhilfe von Dr. Avenarius, dem Kommunikationschef bei BMW, gibt die Firmendirektion im Februar 1975 schließlich grünes Licht für die hochtrabenden Pläne des Auktionators. Just in dem Moment, als bei BMW mit dem Serienanlauf der 3er-Baureihe ein Richtungswandel bevorsteht,

Auf Betreiben des französischen Auktionshausbesitzers Hervé Poulain bringt BMW ein CSL-Coupé mit einer vom Künstler Alexander Calder gestalteten Lackierung an den Start. Die Geburtsstunde der Art Cars.

Der spektakuläre Auftritt von Ronnie Peterson und Hans-Joachim Stuck bei den 200 Meilen auf dem Norisring 1975 zahlt sich nicht aus. Ihr Coupé muss wegen Bremsproblemen aufgeben.

bietet der Ausflug in die Welt der Kunst eine ideale Möglichkeit, die Marke zu profilieren. Die Beauftragung des Malers und Bildhauers Alexander Calder erweist sich als Glücksgriff, zumal der Amerikaner in München einen ausgezeichneten Ruf genießt. Damit schlägt die Geburtsstunde der „Art Cars". „Das Werk kümmerte sich um Fahrzeug, Wartung, Logistik und sicherte zu, dass der Wagen nach dem Rennen nicht weiterverkauft würde. Die Auswahl des Künstlers war meine Aufgabe, und ich startete unter eigenem Namen und in eigener Verantwortung", berichtet Hervé Poulain später. Was er da vorhat – die Autokarosserie als Leinwand des Malers – gab es so noch nie. Das damit entstandene Gemälde hängt nicht etwa über einem Kamin, sondern wird Teil der Dramaturgie des Rennens, des Motorenlärms, des Trubels um die Rennstrecke und des Geruchs von Benzin, Öl und Gummi.

Das Publikum, auf das diese ungewöhnliche Aktion nicht ohne Eindruck bleibt, kann die Dynamik der Farben hautnah miterleben. Beim Start findet sich der Calder-BMW in der fünften Reihe wieder. Als Assistenten stehen dem Rookie Poulain zwei erfahrene Piloten – Sam Posey und Jean Guichet, der 1964 an der Sarthe triumphierte – zur Seite. Der Auftritt findet zwar nach sieben Stunden infolge eines Kardanwellendefekts ein abruptes Ende. Das weltweite Medienecho ist für BMW aber Motivation genug, eine Wiederholung des Experiments ins Auge zu fassen.

ERFOLGE WIE AM FLIESSBAND

Bei den 6 Stunden von Watkins Glen am 12. Juli 1975 muss das Rennen nach zwei Stunden wegen eines Wolkenbruchs unterbrochen werden. Nach der Wiederaufnahme des Laufs liegt Stuck zunächst lange Zeit in Führung, muss dann aber nach einem Rempler, bei dem der Benzintank reißt, aufgeben. Das 3.5-CSL-Coupé von Redman und Posey erreicht den sechsten Platz – zu wenig, um Peter Gregg den erneuten Titelgewinn auf seinem Porsche 911 Carrera RSR streitig zu machen. Immerhin hat BMW aber die selbst gesteckten Ziele erreicht. Und in den USA spricht sich mittlerweile herum, dass BMW dann doch eine deutsche Marke ist.

In Europa räumen die für Alpina startenden Coupés unterdessen in der Markenweltmeisterschaft und der Tourenwagen-Europameisterschaft einen Klassensieg nach dem anderen ab. Erst bei den 1000 Kilometern von Spa, dann bei den 1000 Kilometern auf dem Nürburgring, holt sich das Duo Siegfried Müller/Alain Peltier aus dem Faltz-Racing-Rennstall den Klassensieg der Gruppe 2 (Spezial-Tourenwagen). Beim Ardennenklassiker, den 24 Stunden von Spa-Francorchamps, gehen die Lorbeeren erneut an BMW. Das von Xhenceval und de Fierlant pilotierte CSL-Coupe des Teams Luigi Racing ist am schnellsten unterwegs. Peltier kommt jedoch von der Piste, sonst wäre dem belgischen Team ein Doppelsieg sicher gewesen. Zum Saisonende ist den beiden Fahrern des Faltz-Rennstalls der Tourenwagen-Europameistertitel sicher. Und BMW darf sich über den Konstrukteurstitel freuen.

Das Saisonende markiert gleichzeitig den Abschied von Alex von Falkenhausen in den wohlverdienten Ruhestand. Seine Nachfolge in der Motorenabteilung des Rennstalls tritt Karl Lange an. Diese Zäsur fällt genau in die Zeit, als Jochen Neerpasch das gesamte Unternehmen für die neue Markenweltmeisterschaft der Gruppe 5 mobilisiert, deren Start unmittelbar bevorsteht. BMW hat dafür ein völlig neues Rennmodell in der Planung, von dem eine Straßenversion in einer Auflage von mindestens 400 Exemplaren abgeleitet werden soll, um das Fahrzeug für die Gruppe 5 homologieren zu können. Aber bis der neue Bolide fertig ist, geht die Entwicklung des 3.5-CSL-Coupés weiter.

Im Verlauf der Rennsaison vermarktet BMW auf Werbepostern die Dominanz seiner Coupés in den Läufen zur Tourenwagen-Europameisterschaft der Gruppe 2.

Bei den 1000 Kilometern auf dem Nürburgring 1976 muss das vom Alpina-Faltz-Rennstall gemeldete CSL-Coupé von Harald Grohs, Alain Peltier und Hugues de Fierlant aufgeben, nachdem es von der Piste abkommt. Sieger wird der 3,5-Liter-Schnitzer-CSL von Krebs und Quester.

SILHOUETTEN MIT MUSKELPAKETEN

Die neue Markenweltmeisterschaft der Gruppe 5, die den deutschen Herstellern regelrecht auf den Leib geschneidert ist, wird erstmals 1976 ausgetragen. In dieser auch als „Silhouettenformel" bezeichneten Kategorie (denn die Fahrzeugsilhouette ist das einzige Merkmal, das eine gewisse Ähnlichkeit mit den Serienmodellen erkennen lässt) stehen sich Porsche und BMW als Hauptkonkurrenten gegenüber. Doch während Zuffenhausen mit dem 935 Turbo eine Neukonstruktion ins Rennen schickt, die in mehrjähriger Entwicklungsarbeit exakt auf das neue Reglement zugeschnitten wurde, begnügt sich BMW mit aufgewärmten Gruppe-2-Rennern, den PS-schwächeren, voluminöseren und schwereren 3,5-Liter-Coupés. Die Entscheidung von BMW, den Fehdehandschuh aufzunehmen, ist nach langem Hin und Her zum Ende des Jahres 1975 gefallen. Allerdings steckt hinter der Entscheidung für ein Engagement in der neuen Meisterschaft vor allem politisches Kalkül. Nach der durchaus stichhaltigen Auffassung von Jochen Neerpasch ist ein Verzicht von BMW allein schon für die Existenz dieser Meisterschaft ein verheerendes Signal. Dies läuft wiederum den Interessen der Münchener zuwider, bei denen gerade ein völlig neues Mittelmotormodell entsteht. Solange aber die Anti-Porsche-Waffe noch nicht fertig ist, legt BMW Motorsport vier CSL-Coupés auf, die den Rennställen von Schnitzer, Alpina-Faltz, Hermetite und dem Amerikaner Gregg überlassen werden sollen.

Anfang 1976 absolviert das neue Modell Testläufe auf dem Circuit Paul Ricard – mit diversen Neuerungen gegenüber der Vorjahresversion. Die Radlaufverbreiterungen fallen noch voluminöser aus, die Kühler befinden sich nun seitlich vor den Hinterrädern. Zur Optimierung der Massenverteilung wandert der Motor etwas nach hinten und der Fahrer sitzt dank der verlängerten Lenksäule beinahe in Wagenmitte. Vor Saisonbeginn lässt BMW in Mugello zwei Silhouette-Modelle ihre Runden drehen, und zwar zusätzlich zum bekannten 3,5-Liter-CSL auch eine von Grund auf neue Turboversion, deren Fahrleistung durchaus mit denen des Martini-Porsche vergleichbar ist.

Als zweites Art Car von BMW entsteht ein CSL-Spezialcoupé mit Sonderlackierung des US-Amerikaners Frank Stella. Die 750 PS des ohnehin zickigen Motors sind allerdings kaum zu bändigen. Und so scheidet der BMW schon früh in der 1976er Auflage der 24 Stunden von Le Mans aus, ohne dass Art-Car-Initiator Hervé Poulain ans Steuer darf.

In der Saison 1976 streicht BMW sein Engagement in Europa zusammen. Eines der 3,5-Liter-CSL-Coupés läuft unter den Alpina-Farben. Das Trio Posey/de Fierlant/Grohs schafft es damit bei den 24 Stunden von Le Mans auf den zehnten Rang.

DAYTONA, DER TEMPEL DER GESCHWINDIGKEIT

In den USA setzt BMW unterdessen sein Engagement fort. Bei den 24 Stunden von Daytona, wo noch eine Revanche aussteht, treten drei 3,5-Liter-Coupés an, darunter zwei im Werk nach den IMSA-Spezifikationen vorbereitete Exemplare. Der frisch angeworbene Peter Gregg bildet mit Brian Redman ein Team. Das zweite, von Coca-Cola gesponserte Fahrzeug geht an David Hobbs und Benny Parsons. Das Dritte wird von Tom Walkinshaw und John Fitzpatrick pilotiert. Die Werkscoupés besitzen inzwischen einen 24-Ventil-Motor, der senkrecht und nicht mehr in Schräglage unter der Motorhaube sitzt und Platz für einen voluminöseren Auspuffkrümmer bietet, mit dem die Motorleistung auf 470 PS klettert.

Mit vierzehn Runden Vorsprung auf den Porsche von Al Holbert und Claude Ballot-Léna sichern sich Redman und Gregg den Sieg in Daytona. Und dies, obwohl Gregg im Rennverlauf erkrankt und Redman das Steuer mehr als vier Stunden lang übernehmen muss, bevor Fitzpatrick zur Verstärkung hinzubeordert wird. Nach diesem Sieg gelingt Gregg in der IMSA-Meisterschaft noch ein weiterer erster Platz und fünf zweite Plätze. In der Schlussabrechnung hat jedoch der Chevrolet Monza von Al Holbert die Nase vorn. In der Markenweltmeisterschaft läuft anfangs alles zugunsten von Porsche. Erst am 9. Mai 1976 bei den 6 Stunden von Silverstone wachen die BMW so richtig auf. Das Team um Jochen Neerpasch ist nun ebenfalls auf Turboladertechnik umgeschwenkt. Parallel zu den Saugmotor-Coupés heuert BMW den routinierten Motorentuner Josef Schnitzer für die Entwicklung einer Reihensechszylinder-Turboversion an. Gleich zwei Turbos mobilisieren aus 3,2 Litern Hubraum diabolische 700 PS. Wie Neerpasch einräumt, lassen sich mit entsprechender Regelung der Lader sogar bis zu 750 PS freisetzen. Mit einem derartigen Wumms an den Hinterrädern und einem Chassis, das dabei an seine Grenzen gerät, wird der Ritt im CSL Turbo auf den Rennpisten zu einem heiklen Unterfangen. Die Massenverteilung ist für die Traktion nicht mehr optimal, obwohl der voluminöse Benzintank und seine sechs elektrischen Förderpumpen sowie der Drehstromgenerator, der über einen mit dem Differenzial gekoppelten Zahnriemen angetrieben wird, mitsamt der Batterie in den Kofferraum gewandert ist. Auch die vom Turbolader verursachte Wärmeentwicklung bedeutet erschwerte Arbeitsbedingungen im Innenraum der Frontmotorkonstruktion. Obendrein benötigt eine derartige Leistungsfülle natürlich entsprechend robuste Achskomponenten. Bei den Trainingsläufen gelingt dem von den Schweden Ronnie Peterson und Gunnar Nilsson gesteuerten BMW Turbo hinter dem Porsche 935 von Ickx und Mass die zweitbeste Zeit. Beim Start streikt am Porsche die Kupplung, also zieht der BMW an die Spitze. Schon bald zeigen sich angesichts der rabiaten Motorleistung aber erste Auflösungserscheinungen an den Reifen. Und in der 43. Runde kommt nach einem Getriebeschaden das Aus für Peterson. Der BMW des englischen Hermetite-Rennstalls unter Walkinshaw und Fitzpatrick rettet schließlich den ersten Platz für BMW in einem außerordentlich turbulenten Rennen.

DER TURBO – EIN BRUTALER ZEITGENOSSE

Bei den 24 Stunden von Le Mans 1976 nimmt neben sechs CSL auch der Spezial-CSL mit Turbomotor (M49/4) Aufstellung. BMW setzt alles auf eine Karte und schickt mit diesem Monster zum zweiten Mal ein Art Car für Hervé Poulain ins Rennen. Würde es der Gentleman-Driver schaffen, dieses Monster zu zähmen, auf dem Frank Stella seine künstlerische Interpretation von der Gedankenwelt der Ingenieure auf einem Karosseriedekor in Millimeterpapieroptik verewigt hat? Poulain ist das Vergnügen einer Antwort weder im Training noch im Rennen vergönnt. Antriebsstrang, Motor – nichts läuft richtig zusammen. Als das Team das Handtuch wirft, tröstet Peter Gregg Poulain mit der Bemerkung „Du hast nichts verpasst, Hervé, der Wagen ist was für Ingenieure, aber bestimmt nichts für Fahrer!" Nach diesem erfolglosen Intermezzo wendet sich BMW wieder mit umso größerem Elan der Markenweltmeisterschaft zu.

Da das Reglement einen kleineren Heckflügel und damit eine geänderte Einbaulage der Ladeluftkühler verlangt, ist es mit der Sonderstellung der Werks-Porsche bald vorbei. Nach den Siegen des Schnitzer-BMW bei den 1000 Kilometern auf dem Nürburgring und den 6 Stunden auf dem Österreichring liegen BMW und Porsche zwei Rennen vor Ende der Meisterschaft Kopf an Kopf. Nachdem Porsche in Watkins Glen triumphiert, muss das 6-Stunden-Rennen des Automobile Club de France auf der Rennstrecke von Dijon-Prenois die Entscheidung bringen. Der BMW-Turbo, noch immer im aus Le Mans bekannten Quadratraster-Dekor von Frank Stella, tritt zum dritten Mal in der Saison an. Die beiden Turbolader sind nun nicht mehr in Reihe, sondern parallel geschaltet, was zwei Ansaugluftrakte erforderlich macht. Bei aller Leistungsfülle mangelt es aber noch immer an Standvermögen. Und so kommt der abermals von Peterson und Nilsson pilotierte BMW nicht über die 33. Runde hinaus. Bester BMW wird der Schnitzer-BMW von Quester und Krebs auf Rang 6. Porsche sichert sich den Titel mit zehn Punkten Vorsprung.

Für BMW bleiben als Trostpflaster die Trophäen in der Tourenwagen-Europameisterschaft. Das als Schreckgespenst der Saison angekündigte Jaguar XJ12-Werkscoupé tritt dort erst mit fünf Monaten Verspätung in Erscheinung, so dass die BMW-Coupés des belgischen Rennstalls von Luigi Cimarosti in den Castrol-Rennfarben die Gruppe 2 beherrschen. Ihre Überlegenheit ist derart erdrückend, dass Schnitzer und Alpina schlussendlich gar nicht mehr antreten. Eine umso erstaunlichere Leistung, als die Mechaniker ihren Sport mehr als Hobby betreiben und die beiden Fahrer Jean Xhenceval und Pierre Dieudonné den Renntransporter mit ihren Wagen selbst zu den Rennstrecken Europas chauffieren.

Das Turbo-Coupé mit seiner Millimeterpapier-Optik tritt bei den 6 Stunden von Dijon an, um die Chancen von BMW in der Markenweltmeisterschaft zu wahren, hält aber nur bis zur 33. Runde durch.

Im Innenraum des Gruppe-5-320 erinnert nichts mehr an die Großserienversion. Der Fahrersitz ist zur Optimierung der Gewichtsverteilung nach hinten verlegt.

Zur Saison 1977 tritt BMW in der Gruppe 5 mit einem radikal umgestalteten 3er an, der von einem Formel-2-Motor befeuert wird.

EIN VERSUCHSBALLON FÜR DIE ZUKUNFT

Fast gänzlich unbemerkt gibt 1976 auch ein Motorsport-Tuningkit für die 5er Reihe (E12) seinen Einstand. In den BMW-Archiven ist dokumentiert, dass von der Motorsport-Ausführung der Limousinen insgesamt 895 Exemplare entstehen. Exklusivste Variante ist der 533i mit dem 200 PS starken 3,3-Liter-Sechszylinder-Einspritzmotor der 3,3-Li-Limousine. Um eine derartige Leistungsfülle zuverlässig auf den Asphalt zu bringen, wird auch das Fahrwerk des 533i überarbeitet. Dazu kombinieren die Ingenieure ein Sperrdifferenzial, die Hinterachse der 6er-Serie und innenbelüftete Scheibenbremsen mit BBS-Felgen und Reifen des Formats 195/70 VR14. Äußerlich ist der 533i natürlich am Motorsport-Dekor zu erkennen. Im Innenraum sorgen das Dreispeichen-Sportlenkrad und Schalensitze von Recaro oder Scheel für besondere Akzente. Die Spitzengeschwindigkeit liegt bei 212 km/h, die 1000 Meter sind bei stehendem Start in 29 Sekunden durcheilt. Als Versuchsträger nimmt der 533i in mancherlei Hinsicht den M535i E12 vorweg.

DEN JUNIOREN EINE CHANCE

Jean Xhenceval und Pierre Dieudonné holen zwar den Titel, der BMW-Pokal 1976 geht aber an einen anderen Belgier. Es ist Hugues de Fierlant, der sich in der Gruppe 2 (Team Luigi) und Gruppe 5 (Faltz-Alpina) hervorragend schlägt. Die Preisverleihung erfolgt bei einem Empfang Anfang Dezember in München durch Jochen Neerpasch. Bei dieser Gelegenheit wird auch das Rennprogramm für die Saison 1977 vorgestellt. Grundlage bilden die für die Gruppe 5 präparierten 3er-Modelle. Unter der technischen Leitung von Ingenieur Rainer Bratenstein, der aus der Porsche-Schule stammt, ist ein Bolide gereift, der nur noch oberflächlich an den Serien-320 erinnert. Sein Sechzehnventil-Vierzylinder (M12/12) ist für 300 PS bei 9250/min gut. Der Formel-2-Motor findet damit gerade in dem Augenblick eine passende Verwendung, als er bei den Monoposti vom Renault-V6 verdrängt wird. Im Renn-3er sitzt er weiter hinten und sechs Zentimeter tiefer im Fahrgestell. Mit einem Gewicht von kaum 790 Kilo ist der neue 3er von Anfang an schneller als das CSL-Coupé.

Nie um neue Einfälle verlegen, baut Jochen Neerpasch 1977 ein Junior-Team um Manfred Winkelhock, Marc Surer und Eddie Cheever auf.

Zwei Monate nach dem tragischen Tod von Team-Chef Josef Schnitzer, sichert sich Formel-1-Pilot Harald Ertl nach fünf Saisonsiegen mit einem zweiten Platz beim Finale auf dem Nürburgring den Titel in der Deutschen Rennsportmeisterschaft 1978.

Zur Überraschung des Tages wird jedoch die Vorstellung des neuen „BMW Junior Teams", mit dessen Schaffung Neerpasch abermals neue Wege beschreitet. In dieser Nachwuchsschule sollen junge Piloten für einen möglichen Einsatz im geplanten Mittelmotorcoupé vorbereitet werden. Dessen Start ist für die Saison 1978 vorgesehen, doch falls alles optimal läuft, sind durchaus erste Auftritte zum Saisonende 1977 denkbar. Dem Nachwuchsteam gehören Eddie Cheever (18 Jahre), Manfred Winkelhock (25) und Marc Surer (25) an. Neerpasch hat ihnen einen Formel 2 und einen BMW 320 der Gruppe 5 für die Deutsche Meisterschaft zugesagt. Weitere Saisonhöhepunkte versprechen die 320-Silhouetten der privaten Rennställe von Faltz-Alpina, GS Tuning und HAT (Hohmann). Bei BMW ist eine Produktion von rund 20 Fahrzeugen vorgesehen. Und so verkündet Jochen Neerpasch nicht ohne Stolz, dass die BMW Motorsport GmbH sich zu einem Unternehmen gemausert hat, das dank des Rennsportengagements und der Produktion zusätzlicher Kollektionen – vor allem im Bekleidungs- und Lederwarensektor – durchaus rentabel wirtschaftet.

NEUE HIGHLIGHTS IN DER „PRODUKTIONSGEMEINSCHAFT"

Auf Initiative des Rennfahrers Jean-Pierre Beltoise und des Marketingmanagers Philippe Gurdjian entwickelt sich ab 1976 die französische Touren- beziehunsgweise Produktionswagenmeisterschaft zu einer Disziplin, in der sich die Wagen besonders hitzig duellieren. Die von Vertragshändlern und privaten Rennställen betreuten BMW, die von erfahrenen Rennfahrern pilotiert werden, räumen hier zahlreiche Siege und Titel ab. Erster Titelgewinner wird Jean-Pierre Beltoise auf einem 3.0 CSi Coupé, das für den BMW-Händler Benoît startet. Zur Belegschaft zählen mittlerweile 100 Mitarbeiter, der Jahresumsatz beläuft sich auf 12 Millionen Mark. Auch eine Turbo-Version des 320 erblickt das Licht der Welt. Josef Schnitzer, der sich als BMW-Tuner einen Namen gemacht hat, wird zur Verstärkung des Teams und als Leiter der Motorenabteilung angeheuert. Bereits ein Jahr später ist er allerdings wieder auf eigene Rechnung tätig und bringt zur Deutschen Meisterschaft den 1400 Turbo an den Start. Leider ist ihm nicht vergönnt, die Erfolge seines „Babies" mit Harald Ertl am Steuer mitzuerleben. Im August 1978 verunglückt er bei einem schweren Verkehrsunfall während der Anreise nach Zolder tödlich.

DER 3ER AUF DEN RENNPISTEN

Auch zur Saison 1977 bilden die 24 Stunden von Daytona den traditionellen Auftakt. Doch damit hat es sich bereits mit den Parallelen zum Vorjahr. 1977 kann der 320 von Hobbs, Posey und Peterson leistungsmäßig nicht mithalten und muss mit Motorschaden aufgeben. Der betagte CSL von Miller und Fitzpatrick fällt in den frühen Morgenstunden mit einem Motorbrand aus. Nach diesem misslungenen Auftakt gibt es bei BMW lange Gesichter. Der 320 Turbo ist noch nicht so weit und der 320 mit Saugmotor ist den Werks-Porsche nicht gewachsen. Am 21. August retten beim 6-Stunden-Lauf im kanadischen Mosport wenigstens die privaten Teams die Ehre der Bayern, nachdem der anfällige 320 Turbo abermals aufgeben muss. Eddie Cheever und Gilles Villeneuve fahren mit dem 320 des Faltz-Rennstalls immerhin einen zweiten Platz heraus. Als einen Monat später das Rennen von Brands Hatch 45 Minuten nach dem Start im heftigen Gewitterregen unterbrochen werden muss, ist der 320 Turbo bereits von der Bahn

Die Werksgebäude von BMW Motorsport in München.

abgekommen und nicht mehr im Rennen. Doch vor dem Neustart gibt die Rennleitung den Teams grünes Licht, ihre Fahrzeuge wieder in Ordnung zu bringen. Stuck und Peterson haben inzwischen jedoch die Rennstrecke bereits Richtung Unterkunft verlassen. „Unmöglich, unglaublich", grummelt der Schwede, als er abends von dieser überraschenden Entscheidung erfährt. „Dann hätten wir ja gewinnen können." Wenig überraschend holt sich Porsche die Meisterschaft in diesem Schattenlauf. Mit Cheever und Surer kommt BMW in der 2-Liter-Klasse auf den zweiten Platz.

Weniger erfolgreich läuft es für Cheever in der Formel 2. Mit seinem Ralt-RT1 mit BMW-Werkstriebwerk aus der Motorenwerkstatt von Paul Rosche belegt er den zweiten Rang mit 12 Punkten Rückstand auf René Arnoux (Martini Renault V6). Dabei hätte der Titel einem Monoposto mit BMW-Motor eigentlich niemals entgehen dürfen.

Der Fehler der Münchener ist, sich durch die Verteilung der Punkte auf mehrere Fahrer zu verzetteln. Nachdem die Unstimmigkeiten der vorigen Saison ausgeräumt sind, vertrauen March und BMW ihr Unikat des 772 P von Fall zu Fall ausgewählten Fahrern an. Der erfahrene Jochen Mass kann aus seinen beiden Siegen allerdings kein Kapital schlagen. Vier Rennen sind bereits absolviert, als March umdisponiert und Bruno Giacomelli ans Steuer des 772 P lässt. Trotz seiner drei Siege unterlaufen dem Italiener aber zu viele Fehler für einen Titelgewinn. Dritter Günstling im BMW-Team ist Riccardo Patrese, dem wiederum die Beständigkeit fehlt.

Aber auch in der amerikanischen IMSA-Meisterschaft bleibt BMW aktiv. Anstelle von Gregg werden nun Teddy Mayer und seine Neugründung McLaren North America mit der Vorbereitung eines 320 für David Hobbs beauftragt. BMW ist zwar vorübergehend aus der Weltmeisterschaft abgetreten. Der Brite zählt neben Gunnar Nilsson, Ronnie Peterson und Hans-Joachim Stuck aber nach wie vor zum Quartett der Werksfahrer. Hobbs erhält sofort nach der Fertigstellung einen 320 Turbo und fährt damit vier weitere Siege ein.

DER 320 IM NÄCHTLICHEN HEXENKESSEL VON LE MANS

Trotz des zusammengestrichenen Rennkalenders tritt BMW abermals in Le Mans an. Hervé Poulain hat BMW erneut für ein Art Car – diesmal mit einem Grafikdesign von Roy Lichtenstein – gewinnen können und bildet ein Fahrerteam mit Marcel Mignot. Bei der Vernissage im Centre Beaubourg erlebt am 6. Juni 1977 ein handverlesener Kreis geladener Gäste ein neues Beispiel der abstrakten Farbwelt Lichtensteins: Zitronengelbe Linien, dunkelblaue Punkte und grüne Blasen akzentuierten die Karosserielinie als abstrakte Interpretation der Symbole der auf- und untergehenden Sonne im Zyklus der 24 Stunden. Und endlich lächelt Fortuna dem Herrn Auktionator freundlich entgegen. Er geht als Erster an den Start. Aber das Rennen auf dem Rundkurs ist alles andere als ein Spaziergang. Der Regen verwandelt den Asphalt in eine Rutschpartie. Allein schon auf der Strecke zu bleiben ist eine Leistung. Der Franzose resümiert die körperliche Schwerstarbeit der Piloten mit einer eigenen Metapher: „Es ist ein echter Kraftakt, einer Dame alle zwei Stunden lang die Reverenz zu erweisen." Im Ziel liegt der BMW 320 an neunter Stelle und sammelt nebenbei noch den Klassensieg und den zweiten Platz der IMSA-Wertung ein. Endlich darf sich Poulain über die Ovationen der Menge freuen.

Bei den 200 Meilen auf dem Norisring, einem Lauf zur Deutschen Rennsportmeisterschaft 1977, führt Harald Grohs am Steuer seines 320 das Feld der Verfolger an.

DIE LIMOUSINEN MARKIEREN IHR TERRAIN

Im Hochsommer 1977 sichert sich BMW abermals den Sieg bei den 24 Stunden von Spa-Francorchamps. Äußeres Zeichen einer Zeitenwende: Die 530er Limousinen (Baureihe E12) haben die CSL-Coupés abgelöst. Das Siegerfahrzeug aus dem von Hugues de Fierlant dirigierten Juma-Racing-Rennstall wird von Andruet und Joosen gesteuert.

DER ZIRKUS DER 320ER

In der Silhouette-Meisterschaft machen die BMW 320 (E21) währenddessen Boden gut. Auf dem Nürburgring landen Surer und Winkelhock mit ihrem BMW hinter zwei Porsche 935 auf dem dritten Platz. Und zur gleichen Zeit tauchen – sehr zum Missfallen von Jochen Neerpasch – die ersten Bilder des Mittelmotorcoupés in der Presse auf. „Der Zeitplan ist nicht zu halten, an eine Homologation ist vor 1979 nicht zu denken. Sein erster Start ist für Le Mans in der GTP-Klasse vorgesehen", beeilt sich Neerpasch um Klarstellung bei einer Pressekonferenz zum Saisonabschluss. Wohin aber soll die Reise gehen, solange die Wunderwaffe noch nicht einsatzbereit ist? Ein Rückzug, bis der neue Renner startklar ist, würde die Meisterschaft in den Augen der Öffentlichkeit diskreditieren. Also bleibt BMW Motorsport nichts anderes als ein Kurswechsel in der Sportpolitik übrig. Der Standpunkt des Direktors ist dennoch eindeutig. Entgegen allen Gerüchten in den Fahrerlagern bekräftigt Neerpasch: „BMW plant keinen Einstieg in die Formel 1. Grundlage unserer Rennsportpolitik sind und bleiben Fahrzeuge, die von unseren Serienmodellen abgeleitet wurden."

Zur Saison 1978 treten also die Formel-2-Renner mit dem noch relativ seriennahen Sechzehnventiler-Vierzylinder und das Heer der 320 Silhouette an, denen das neue Reglement zugutekommt. Die Erstplatzierten der einzelnen Klassen erhalten jeweils die gleiche Punktzahl, so dass auch ein 2-Liter-Wagen seine Weltmeisterchancen wahren kann. Neerpasch verfällt

Auf der regennassen Piste von Brands Hatch führt 1977 der schnelle, aber empfindliche BMW 320 Turbo von Stuck und Peterson, bevor er von der Bahn abkommt und ausscheidet.

Dieter Quester, Tourenwagen-Europameister 1977, führt auf dem Salzburgring vor den beiden Werks-Jaguar.

nun der Idee, die Meisterschaft durch Werksunterstützung für die BMW-Niederlassungen zu beflügeln, die mit 320ern und Saugmotoren antreten. Schweden (Anders Olofsson und Bo Emanuelsson), Italien (Eddie Cheever und Giorgio Francia), die Schweiz (Marc Surer und Freddy Kottulinsky) sowie Belgien (Patrick Neve und Alain Peltier) lassen sich auf dieses Spektakel ein. In der Klasse über drei Liter meldet das Werk den 320 Turbo für Peterson und Stuck. Die Fahrer des Junior-Teams erhalten neue Betätigungsfelder.

Manfred Winkelhock tritt in der Deutschen Rennsportmeisterschaft mit einem 320 des Würth-HAT-Rennstalls an und entdeckt dort schon bald eine Disziplin, in der es wesentlich ehrgeiziger und spektakulärer als in der Weltmeisterschaft zugeht. Für den Start in der Division 2 sind nicht weniger als 27 320er an den Mann gebracht worden. Neben Marc Surer und Bruno Giacomelli wird Winkelhock zudem als dritter Fahrer für die Formel-2-March des Polifac-Junior-Teams unter der Ägide von Robin Herd engagiert. BMW setzt allerdings nicht alles auf eine Karte und leistet parallel dazu Werksunterstützung für Eddie Cheever und Ingo Hoffmann aus dem Project-Four-Team von Ron Dennis. Nach dem Umstieg von Renault und Elf in die Formel 1 entwickelt sich die Formel-2-Meisterschaft zu einer Formel BMW. Giacomelli dominiert die Saison 1978 mit acht Siegen bei 12 Starts und verbessert damit den Rekord von Jean-Pierre Jarier aus dem Jahr 1973. Dank konstant guter Leistungen schafft der Schweizer Marc Surer 1979 auf seinem March-BMW endlich den Sprung aufs Podium – trotz starker Konkurrenz des Toleman-Hart von Brian Henton.

Mangels ernsthafter Konkurrenten gerät auch die Tourenwagen-Europameisterschaft 1978 (Gruppe 2) zu einem regelrechten BMW-Cup. Der Italiener Umberto Grano holt zusammen mit seinen Teamkollegen Tom Walkinshaw, Toine Hezemans, Jean Xhenceval und Markus Höttinger sechs Siege und gewinnt die Meisterschaft am Steuer eines vom Team Luigi präparierten 3.0 CSL von BMW Italia. Bei den 24 Stunden von Spa-Francorchamps hat jedoch der Ford Capri von Gordon Spice und Teddy Pilette das letzte Wort, nachdem der BMW 530i von Joosen, Vermeersch und Van Hove dreißig Minuten vor dem Ziel wertvolle Zeit verliert.

Auch im Jahr 1979 setzt sich die Spaltung fort, die zu einer Zersplitterung der Kräfte zwischen der Europameisterschaft nach dem Spezial-Tourenwagenreglement der Gruppe 2 und anderen nationalen Meisterschaftsläufen führt, die den serienmäßigeren Fahrzeugen (Gruppe 1) vorbehalten waren. Die Europameisterschaft läuft abermals auf eine Konfrontation dreier BMW 3.0 CSL hinaus, dem Ex-Alpina von Carolo Facetti und Martino Finotto, dem Juma von Eddy Joosen und Umberto Grano sowie dem Luigi-BMW von Pierre Dieudonné, Jean Xhenceval und Raymond Van Hove. Am Ende einer spannenden Saison sichern sich die Italiener den Titel.

Damit hat für BMW die Stunde einer neuen Zeitrechnung in der Motorsportgeschichte geschlagen. Der M1 ist bereit für seinen großen Auftritt.

Manfred Winkelhock triumphiert am Steuer des imposanten 320 Turbo des Schnitzer-Teams in der DRM beim Norisringrennen 1979.

Da der M1 noch nicht einsatzbereit ist, sichert Jochen Neerpasch die Präsenz der Marke während der Saison 1978 durch Werksunterstützung für verschiedene europäische BMW-Niederlassungen, die mit 320ern und Formel-2-Motoren an den Start gehen.

DER ERSTE M

In der bei Michelotti entworfenen Turbo-Studie, die auf dem Pariser Salon 1972 zu sehen ist, finden die Stylingideen von Paul Bracq ihre praktische Umsetzung.

ZWISCHEN DEN ERSTEN PROBEFAHRTEN DES E26-PROTOTYPS IM MAI 1977, AUS DEM DER M1 ENTSTEHEN SOLL, UND EINER VERÖFFENTLICHUNG VON TESTBERICHTEN DER SERIENVERSION IN DER FACHPRESSE VERGEHEN GERADE EINMAL ZWEI JAHRE. EINE BEMERKENSWERTE LEISTUNG, WENN MAN BEDENKT, DASS DIE ENTSTEHUNGSGESCHICHTE DER ERSTEN EIGENKONSTRUKTION DER BMW MOTORSPORT GMBH ALLES ANDERE ALS EINFACH IST.

EINE ITALIENISCH-DEUTSCHE KOPRODUKTION

Im Jahr 1975 erhalten Jochen Neerpasch, Direktor der BMW Motorsport GmbH, und der technische Leiter Martin Braungart von der Generaldirektion grünes Licht für den Start des E26-Programms, nachdem deutlich geworden war, dass die massigen Viersitzer-Frontmotorcoupés der CS-Baureihe (E9) in der neuen Markenweltmeisterschaft für Fahrzeuge der Gruppe 4 (Gran Turismo) und den davon abgeleiteten Silhouetten-Modellen der Gruppe 5 niemals auf Augenhöhe mit Porsche konkurrieren würden. Gemäß Reglement war für die Homologation des neuen Fahrzeugtyps in diesen beiden Kategorien die Produktion von mindestens 400 Exemplaren einer straßenzugelassenen Version innerhalb von 24 Monaten vorgeschrieben. Der M1 basiert also – und hierin liegt das Besondere – auf einem Rennsportmodell. Die BMW-Werke sind natürlich viel zu groß, um eine derartige Kleinserie aufzulegen. Umgekehrt ist die Motorsport-Abteilung zu klein für die Umsetzung eines solchen Programms. Also überträgt das Werk die Produktion des Coupés zwei Spezialisten in Italien. Lamborghini soll das Fahrgestell produzieren, das im Februar 1968 von Giorgetto Giugiaro gegründete Stylingstudio Italdesign ist für die Linienführung des Autos verantwortlich und soll die Karosseriemontage übernehmen.

EXTERNE KOOPERATIONEN ALS KÖNIGSWEG

Im April 1976 unterzeichnet BMW mit Lamborghini einen Vertrag über die Entwicklung und Fertigung von 2000 Exempla-

Oben und unten: Anfang der 1970er Jahre entwirft der französische Designer Paul Bracq Studien eines Mittelmotor-Sportwagens, der einen V12-Motor erhalten soll. Die Stilelemente, die sich später im M1 wiederfinden, sind unverkennbar.

ren. Doch nur kurze Zeit später streichen die Entscheider in München die Pläne zusammen und der Vertrag schrumpft auf 800 Fahrzeuge. Im Laufe des Jahres 1977 gerät das Projekt des eleganten Flitzers dann ernstlich ins Stocken, als gerade der erste Prototyp des E26 dem BMW-Vorstand präsentiert wird. Denn Lamborghini steht kurz vor dem Konkurs und verdankt sein Überleben allein einem von der italienischen Regierung in großer Eile bewilligten Darlehen. In der BMW-Chefetage ist man begreiflicherweise in höchstem Maße beunruhigt über die Finanzprobleme der Edelschmiede in Sant'Agata. Da aber niemand das bereits weit gereifte Projekt gefährden will, entschließen sich die Konzernlenker, den Vertrag mit Lamborghini aufzukündigen und Herstellung sowie Montage des M1 den Karosseriewerken Baur in Stuttgart zu übertragen. Baur ist nicht nur auf Kleinserien spezialisiert, sondern bereits seit Jahrzehnten Auftragnehmer der Marke mit dem weiß-blauen Emblem.

In München kehrt also Erleichterung ein – zumindest kurzzeitig. Denn kaum hat das Programm wieder Fahrt aufgenommen, sorgt ein anderes Thema für düstere Mienen. Seit der ersten Ölkrise, die 1973 durch den Ausbruch des Jom-Kippur-Kriegs ausgelöst wurde, durchläuft die Weltwirtschaft eine Periode anhaltender Instabilität. In einer derart turbulenten und unsicheren Konjunkturlage ist es keineswegs ausgemacht, dass sich der M1 verkaufen lässt, zumal die Rentabilität des gesamten Programms nur bei einem überaus fürstlichen Verkaufspreis gewährleistet ist. Mittlerweile ist die Entwicklung aber zu weit fortgeschritten, um sie noch abzublasen.

Im August 1977 tauchen die ersten Fotos der Entwicklungsprototypen in der Fachpresse auf. Und im Winter 1977/1978 lässt BMW Motorsport bei der Pressekonferenz, auf der das Motorsportprogramm für die Saison 1978 vorgestellt wird, verlauten, dass mit dem offiziellen Debüt des M1 beim Genfer Salon zu rechnen ist. Am 2. März 1978 folgt eine vollmundige Pressemitteilung, wonach der BMW M1 bei der Markenweltmeisterschaft starten wird. Der Mitteilung ist ein Bild der Rennversion für die Gruppe 4 beigefügt. Die Straßenversion, deren Existenz überhaupt nur dem Rennsportengagement zu verdanken ist, wird jedoch mit keinem Wort erwähnt.

Die Fachwelt muss sich allerdings bis zum Pariser Autosalon Ende September 1978 gedulden, um die Straßenversion der neuen Münchener Wunderwaffe als eine der Hauptattraktionen des Salons bestaunen zu können. Umringt von den Oberklasselimousinen der bayerischen Marke verfehlt das Mittelmotorcoupé seinen Eindruck nicht. Mit einer Länge von 4360

Der erste Prototyp des M1, wie er 1977 dem Vorstand von BMW präsentiert wird. Er ruht auf der Bodengruppe des De Tomaso Pantera.

Millimetern, einer Breite von 1825 Milllimetern und einer Höhe von nur 1140 Millimetern hat der M1, die erste hundertprozentige Eigenkreation der Motorsport GmbH, auf Anhieb seinen Platz in der Riege reinrassigen Vollblutsportwagen gefunden. Mit einem Neupreis von 100.000 Mark bewegt sich das neue Baby aus dem BMW-Stall dabei in Sphären, die sonst einem Rolls-Royce vorbehalten sind.

Im Frühjahr 1978 wird der M 1 in der Gruppe-4-Version der Öffentlichkeit vorgestellt.

Selbst ein Ferrari 512 BB ist trotz seiner zusätzlichen sechs Zylinder, seiner höheren Leistung und seines unstrittig imageträchtigen Markennamens ein paar tausend Mark günstiger. Nicht minder exklusiv fällt der an handverlesene Interessenten verteilte Verkaufskatalog aus. Mit seiner Spiralbindung, dem Querformat in den Maßen 29,5 mal 37,5 Zentimeter und dem Wechsel von Bild- und Seidenpapierblättern verrät er unzweifelhaft, welche Zielgruppe der M1 ansprechen soll. Gleich auf den ersten Seiten stellt die Überschrift die Zielrichtung klar: „Der Sport, der uns seit je vorwärts treibt: Auf ein Neues." Später heißt es dann: „Erstklassige Automobile zu bauen, ist eine Wissenschaft. Einzigartige eine Kunst. Jetzt gibt es ein Automobil, das beides ist: BMW M1."

ANLEIHEN BEI DER TURBO-STUDIE

Der M1 entzieht sich bewusst jeder Mode und soll allein den Gesetzen der Physik unterliegen. Seine Schöpfer streben nach nichts Geringerem als der bestmöglichen Synthese vielfältigster, einander teilweise widersprechender Anforderungen. Entsprechend schmal ist der Spielraum für avantgardistische Extravaganzen. Die Giugiaro-Kreation erinnert unverkennbar an die Turbo-Studie von Paul Bracq aus dem Jahr 1972. Die Linie ist gestreckter geraten – bei grundsätzlich unveränderten Proportionen. Manche Kritiker halten den Entwurf von Giugiaro allerdings für ähnlich schwerfällig wie seine

Unten und rechts: Die Rahmenarchitektur weist den M1 als kompromissloses Rennfahrzeug aus. Der Gitterrohrrahmen besteht aus zwei Teilrahmen.

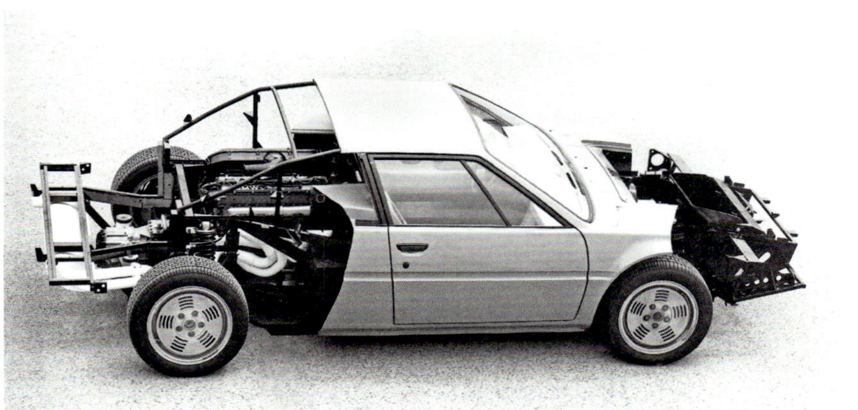

Nichts ist zu prachtvoll für den M1. BMW legt einen aufwendigen Verkaufsprospekt mit Spiralbindung und repräsentativem Querformat auf, der Einblicke in die aus dem Rennsport entlehnte Technologie des Fahrzeugs gibt.

Kreationen auf Maserati-Basis (Bora und Merak). Immerhin kann ein Luftwiderstandsbeiwert von unter 0,4 angesichts der extrabreiten 16-Zoll-Bereifung (vorne 205/55, hinten 225/50) als gelungen gelten.

Der in deutscher Tradition betont sachlich gehaltene M1 ruht auf einem Gitterrohrrahmen, auf dem die Glasfaserkarosserie verklebt und vernietet ist. Der Rahmen besteht aus zwei separaten Teilkonstruktionen, einem Grundgerüst aus Rechteck-Stahlprofilen und einem zweiten Teilrahmen aus Rundrohren für den Überrollkäfig, der für die notwendige Steifigkeit sorgt. Jedes einzelne Bauteil des Zweisitzers wird für den Sporteinsatz optimiert. Das Fahrwerk folgt dabei konzeptionell einem aus dem Rennsport bekannten Prinzip: Doppelquerlenker vorne und hinten minimieren etwaige Sturzänderungen und sorgen für optimale Bodenhaftung der breiten Pirelli P7-Niederquerschnittsreifen. Die Zugeständnisse an den Fahrkomfort beschränken sich gegenüber der Rennausführung auf weicher abgestimmte Feder-Dämpfer-Pakete und Querlenker, die in Silentblöcken statt in Kugelgelenken montiert sind. Jede Achse besitzt einen eigenen Querstabilisator (Durchmesser vorn 23 Millimeter, hinten 19 Millimeter). Der Hang zur Perfektion wird beim M1 an Konstruktionsdetails wie dem flachen Felgenprofil deutlich, das nicht etwa eine Stylingfrage ist, sondern Aerodynamikkriterien folgt. Innenbelüftete Scheibenbremsen vorn und hinten sowie ein Bremskraftverstärker sind Teil der Grundausstattung. Die Zahnstangenlenkung ist mit 3,15:1 vergleichsweise indirekt übersetzt. Neidisch wird heute sicherlich mancher Konstrukteur angesichts des Eigengewichts von nur 1290 Kilogramm.

VIER VENTILE PRO ZYLINDER

Herzstück des M1 ist natürlich sein Motor – schließlich hat BMW als renommierter Motorenlieferant hier einen Ruf zu verteidigen. Paul Rosche, Leiter der Motorenentwicklung, und seine Crew müssen jetzt alle Register ziehen. Nachdem anfangs ein Zehnzylinder und danach ein Achtzylinder – mit Blick auf einen späteren Einsatz in der Formel 1 – erwogen wurden, fällt die Wahl aus Gründen der Wirtschaftlichkeit letzten Endes auf eine weiterentwickelte Variante des M49-Reihensechszylinders. Paul Rosche bedauert später sehr, dass aus der Entwicklung des Dreiliter-Zehnzylinders nichts wurde. Immerhin wird für den M1 aber der aus dem CSL-Rennsportcoupé bekannte M49 grundlegend überarbeitet, um dem Rivalen Porsche auf den Rennstrecken Paroli bieten zu können. Das längs eingebaute 3,5-Liter-Triebwerk (mit exakt 3453 Kubikzentimetern Hubraum) mit dem neuen Code M88 besitzt den unveränderten überquadratischen Gussblock, eine siebenfach gelagerte und geschmiedete Kurbelwelle samt 12 Gegengewichten sowie Pleuel aus Schmiedestahl. Auf dem Leichtmetallzylinderkopf thronen zwei kettengetriebene Nockenwellen mit Vierventiltechnik, wie sie bereits im Formel-2-Motorenbaumuster M12/6 erprobt wurden.

Die Brennräume sind hemisphärisch gestaltet. Abgerundet wird das Ganze durch eine mechanische Bosch-Kugelfischer-Einspritzanlage. Die Marelli-Zündanlage arbeitet vollelektronisch, kommt ohne Unterbrecher aus und erhält ihre Impulse über auf dem Schwungrad montierte Geber. Die Abgase werden über einen imposanten 6-in-2-in-1-„Spaghetti"-Krümmer abgeführt, der ebenfalls aus der Formel 2 stammt. In seinen Erinnerungen berichtet Paul Rosche, wie er Ingenieur Quast von der Firma Kugelfischer einen M1-Prototyp für die Serienabstimmung der Einspritzanlage anvertraute. Quast spulte seine Testkilometer vorzugsweise am Wochenende ab und unternahm dabei mit seiner Frau öfters einen Ausflug an den Tegernsee. Bei einer dieser Sonntagstouren kreuzten sich eines Tages die Wege von Quast und Eberhard von Kuenheim, der – vorsichtig formuliert – verblüfft war, einem M1 auf der Straße zu begegnen. Prompt wurde Paul Rosche am nächs-

Herz des M1 ist der 3,5-Liter-Reihensechszylinder, der in der Straßenversion 277 PS, im Gruppe-4-Trimm 470 PS entwickelt.

ten Morgen zum Vorstandsvorsitzenden zitiert und sah sich daraufhin genötigt, Quast eindringlich zu ersuchen, seine Versuchsfahrten im Interesse aller Beteiligten zukünftig in den Bayerischen Wald zu verlegen.

EIN SECHSZYLINDER MIT BISS

Um den Schwerpunkt des M1 auf 46 Zentimeter über Fahrbahnniveau zu bringen, erhält der Motor eine Trockensumpfschmierung mit einem separaten Acht-Liter-Öltank. Damit wird zugleich der Gefahr einer Ölzufuhrunterbrechung in scharf gefahrenen Kurven vorgebeugt. Hinter dem Motor sitzt ein ZF-Fünfganggetriebe, das mit einer Zweischeiben-Trockenkupplung kombiniert ist. Das Sperrdifferenzial weist einen Sperrgrad von 25 Prozent auf. In der Gruppe-4-Ausführung erreicht das Triebwerk 470 PS, in der 9:1 verdichteten Straßenversion zurückhaltendere 277 PS bei 6500/min. Das Maximaldrehmoment beträgt 328 Nm bei 5000/min. Mit diesem Rennaggregat kommt der erste Mittelmotor-BMW auf eine Spitze von 262 km/h (ein deutsches Fachmagazin misst sogar 264,7 km/h) und schafft den Kilometer bei stehendem Start in 25,7 Sekunden. Den Standardsprint von 0 auf 100 km/h schafft der Bayer in 5,6 Sekunden. Zum Vergleich: Ein Ferrari 308 GTB mit seinem 255-PS-V8 ist 252 km/h schnell, aber das Auto kostet auch erheblich weniger als der M1. Der Porsche 930 (911 Turbo) mit 3,3 Litern Hubraum und 300 PS ist ebenfalls um rund ein Viertel preisgünstiger als der M1, läuft in der Spitze 260 km/h und legt den stehenden Kilometer in 24,4 Sekunden zurück. Testreporter Gilles Dupré kommt im französischen *Auto hebdo* zum Schluss, dass der Sechszylinder des M1 in seiner Vitalität und ungestümen Drehfreude eher mit den Ferrari-Motoren zu vergleichen sei. Ein besseres Kompliment haben sich die Motorenbauer aus München für ihren Reihensechser, dessen Klangkulisse Musik in den Ohren zahlreicher Motorenfreunde ist, kaum wünschen können.

Der M1 kann die stilistische Urheberschaft von Giugiaro nicht verleugnen. Aufgrund der Finanzprobleme des ursprünglich auserkorenen Produzenten Lamborghini ist seine Geburt allerdings ausgesprochen beschwerlich.

Zeitlos schön und dankbare Wertanlage: Der Listenpreis der BMW-Ikone liegt damals anfänglich bei 100.000 DM (später bei 113.000 DM). Die Zurückhaltung der Kunden sorgt jedoch dafür, dass diese Preise nicht gezahlt werden. Heute müssen für perfekt erhaltene Exemplare rund 500.000 Euro locker gemacht werden ...

1277H

PAUL ROSCHE, DER MOTORENPAPST

Der talentierte Motorenkonstrukteur Paul Rosche bleibt während seines gesamten Berufslebens den Münchenern treu. Nach seinem Eintritt bei BMW im Jahr 1957 steigt er auf der Karriereleiter bis zum Leiter der Motorenentwicklung für die Straßen- und Renn-Modelle und schließlich zum technischen Leiter der M-Abteilung hinauf. Mehr als 40 Jahre lang hat er maßgeblichen Anteil an den Rennsporterfolgen der Marke. Rosche geht 1999 in Ruhestand und stirbt am 15. November 2016.

Jochen Neerpasch und Motorenkonstrukteur Paul Rosche – die beiden Väter der Grundkonzeption des M1.

DER M1 – EIN GT AUSSERHALB ALLER KONVENTIONEN

Der Serien-M1, der (umgekehrt zur üblichen Praxis) von der Rennversion abgeleitet ist, erhält für den Straßeneinsatz diverse, nicht nur vom TÜV als unabdingbar erachtete Modifikationen. Anders als im kargen Interieur des Renners findet der Fahrer hier eine Gran-Turismo-Atmosphäre vor, bei der der Komfort nicht zu kurz kommt. Die tiefen Schalensitze sind mit einer Leder-Stoff-Kombination bezogen. Dank des höhenverstellbaren Lenkrades, eng stehender Pedale, die die Hacke-Spitze-Pedaltechnik erleichtern, und der günstigen Lage des Schalthebels ergibt sich eine fast ideale Fahrerposition, obwohl die Beinfreiheit nicht gerade üppig ausfällt. Im Übrigen ist die deutsche Stylingtradition im Innenraum unverkennbar. Die Instrumentierung ist reichhaltig, die Verarbeitung gediegen, das Dekor aber fast schon spartanisch. Ablageraum ist knapp bemessen, der Kofferraum über dem Getriebe, der sich den Platz zudem mit dem Reserverad teilen muss, ist in der Nutzung einigermaßen umständlich. Deshalb bietet BMW als Sonderzubehör auch einen maßgeschneiderten Lederkoffersatz mit dem M1-Logo an. Auf dem französischen Markt gab es dieses Extra sogar serienmäßig als Beigabe – gewissermaßen als Trostpflaster für den Anfang 1980 um reichliche zehn Prozent angehobenen Listenpreis. Dafür erhält der Käufer aber einen Sportwagen, in dessen Feinabstimmung für die Straße weit mehr Aufwand als bei der gesamten Konkurrenz geflossen ist. Ex-Rennfahrer José Rosinski spart bei einem ersten Probegalopp im Mai 1978 in der Gegend von Garmisch denn auch nicht an Lobeshymnen: „Sein Verhalten auf der Straße hat mich ehrlich beeindruckt. Die Traktion ist erstklassig, die Richtungsstabilität hervorragend, die Straßenlage ist einwandfrei, das Fahrverhalten vorbildlich. Der Wagen neigt natürlich zum Untersteuern, aber nie in übertriebenem Maße, und der Kraftschlussgrenzbereich ist durchaus mit dem eines echten Rennwagens vergleichbar. Der M1 fürchtet nur eines: Aquaplaning." Sein Fazit: „Der M1 ist unter den Sportwagen nicht der leistungsstärkste, aber der effizienteste. Er verkörpert die beste derzeit denkbare Kombination eines Rennwagens und eines echten Langstreckentourenwagens." Trotz seiner durchdachten Konzeption und der hervorragenden Fahrleistungen wird der M1 mit seinen zwei 58-Liter-Tanks in

Die Instrumententafel wirkt nüchtern-deutsch. Doch weder Instrumentierung noch Ergonomie lassen irgendwelche Wünsche offen.

Ein M1-Duo bei einem BMW-Händler in München.

den Verkaufsräumen zum Flop. Vermutlich haben die vielen Widrigkeiten in der Entstehungsphase das Vertrauen der ebenso anspruchsvollen wie launischen Klientel erschüttert. Der ursprüngliche Zeitplan ist sowieso durcheinandergewirbelt. Auch Abstriche in der Komplexität der Fertigung – es gibt nur eine einzige Ausstattungsstufe und lediglich fünf Lackfarbtöne (Weiß, Grau, Orange, Rot und Marineblau) – können den konstruktiven Aufwand nicht verringern. Ende 1979 sind von den 400 bereits verkauften Wagen erst 116 ausgeliefert. Und somit kann BMW seinen Hoffnungsträger für den Renneinsatz auch nicht nach dem ursprünglich anvisierten Zeitplan homologieren.

Zu den Fertigungsproblemen, mit denen man in Italien zu kämpfen hat, kommt noch das aufwendige Rahmenpuzzle, welches die Montage nicht gerade vereinfacht. Die von Italdesign produzierten Karosserien und die bei Marchesi in Bologna gefertigten Rahmen werden mit dem Motor und Antriebsstrang aus München bei Baur in Stuttgart endmontiert. Damit ist der Weg des M1 aber noch nicht zu Ende. In einer abschließenden Etappe erfolgen im Motorsport-Werk in München die letzten Feinjustierungen und Endkontrollen vor der Auslieferung. Letztlich werden nur 456 Exemplare – die Rennversionen eingerechnet – fertiggestellt, bis 1981 der Vorhang fällt. Und dabei sind die unkalkulierbaren Lieferzeiten nicht der einzige Stolperstein in der Laufbahn des M1. Mancherorts werden die allzu sachliche Linienführung, die typisch nüchtern-deutsche Innenausstattung und der exorbitante Listenpreis beanstandet. Anfangs wurde übrigens ein Preis von 75.000 Mark veranschlagt. Doch durch die Produktionsumstellung nach dem Ausfall von Lamborghini schnellte der Betrag auf 100.000 Mark. Auch die eher mittelmäßigen Ergebnisse im Rennsport, die deutlich hinter den Erwartungen zurückbleiben, taugen schwerlich als Verkaufsargument. Erst die Zeit hat diesen Meilenstein in der Modellentwicklung von BMW rehabilitiert. Heute ist der M1 längst ein gesuchtes Sammlerstück.

IM VORPROGRAMM DER FORMEL 1

Begleitet wird das Marktdebüt des M1 anlässlich der jährlichen Preisverleihung im Dezember 1978. An diesem Abend wird als große Überraschung der Start einer Procar-Serie bekanntgegeben, einem Sonderlauf mit einem Feld von Gruppe-4-M1, der als Vorprogramm von insgesamt acht Grand-Prix-Läufen (Belgien, Monaco, Frankreich, England, Deutschland, Niederlande und Italien) ausgetragen werden soll. Jochen Neerpasch hat sich Einiges einfallen lassen, um den Umstand zu überspielen, dass der M1 noch nicht für die Gruppe 4 homologiert ist. Denn die Anerkennung ist erst zum 1. Januar 1981 unter Dach und Fach. BMW Motorsport plant für die Procar-Klasse den Bau von 24 Fahrzeugen, davon 19 für Privatfahrer. Die restlichen fünf vom Werk gemeldeten und von Ron Dennis präparierten Wagen sollen den fünf schnellsten Formel-1-Piloten des Zeittrainings des betreffenden Grand Prix vom Freitagvormittag überlassen werden. Damit hat Neerpasch sein Ziel erreicht – die Procar-Serie entpuppt sich als hervorragender Werbecoup für BMW.

Bei den Rennen geht es richtig zur Sache. Die Fahrer, darunter etliche Formel-1-Champions, schenken sich nichts – ganz zur Freude der Zuschauer. Für die Profipiloten bieten die Procar-Rennen eine willkommene Abwechslung. Und entsprechend hart wird bei den Qualifikationsläufen am Freitag gekämpft. Von Nelson Piquet ist ein denkwürdiger Ausspruch überliefert: „Heute wollte ich im Training unbedingt unter den Schnellsten sein, um morgen auf jeden Fall einen BMW fahren zu dürfen!" Allerdings löst die Procar-Serie nicht überall ungeteilte Begeisterung aus. Die Kritiker treten schon bald auf den Plan. Jean-Marie Balestre, Präsident des französischen und des internationalen Motorsportverbands, zählt zu denen, die die Procar-Läufe nicht für ein echtes Rennen, sondern für eine von BMW wirkungsvoll choreographierte Werbeshow in eigener Sache halten. Nachdem er das Eröffnungsrennen in Zolder miterlebt, entscheidet er prompt, den Procar-

Um die Zeit bis zur Homologation des M1 zu überbrücken, richtet BMW die Procar-Serie aus, eine eigens für dieses Modell konzipierte Rennserie mit einem Feld von Gruppe-4-M1 als Rahmenveranstaltung vor den europäischen Meisterschaftsrennen der Formel 1. Die Teilnehmerfahrzeuge werden auf Renntransportern zu den Rennstrecken befördert.

Die fünf Schnellsten der ersten Qualifikationsrunde des Formel-1-Grand Prix qualifizieren sich zugleich für den Start in der Procar-Serie und tragen damit maßgeblich zur Belebung des Renngeschehens bei.

Auch vor einer Analogie zwischen dem M1 und der Concorde, dem Sinnbild technischer Überlegenheit im Flugzeugbau, macht BMW nicht halt.

Lauf beim Großen Preis in Frankreich nicht zuzulassen. Worauf Bernie Ecclestone, der Mann an den Schalthebeln der Formel 1, mit einem Ultimatum kontert: „Keine Procars, kein Grand Prix." Und so fahren die M1 in Frankreich dann doch.

Um die Zeit bis zur Homologation des M1 zu überbrücken, richtet BMW die Procar-Serie aus, eine eigens für dieses Modell konzipierte Rennserie mit einem Feld von Gruppe-4-M1 als Rahmenveranstaltung vor den europäischen Meisterschaftsrennen der Formel 1. Die Teilnehmerfahrzeuge werden auf Renntransportern zu den Rennstrecken befördert.

Dank einer radikalen Diät wiegen die Procar-M1 getreu dem Gruppe-4-Reglement nur noch 1080 Kilo. Der Kühlergrill erhält eine ausladende, aerodynamisch optimierte Frontschürze mit zwei Kühllufteinlässen für die Bremsen. Am Heck thront über der Motorhaube ein voluminöser Spoiler. In den verbreiterten Kotflügeln finden größere 16-Zoll-Räder Platz. Die Leistung des Sechszylinderbaumusters M88/1 wird in der Gruppe 4 mit 480 PS bei 9000/min angegeben. Den Procar-Meistertitel 1979 sichert sich Niki Lauda mit drei Siegen vor Hans-Joachim Stuck und Clay Regazzoni. Im Folgejahr legt BMW erneut ein Procar-Programm auf. Einige Läufe finden jedoch nicht mehr im Vorprogramm zu Grand-Prix-Läufen statt. In Brands Hatch holen sich beim fünften Meisterschaftslauf gleich drei französische Formel-1-Piloten – Didier Pironi, Jacques Laffite und Alain Prost – ihre Eintrittstickets zum Procar-Lauf. Der sich prompt zu einem wilden Ritt mit vielen fahrerischen Kapriolen entwickelt, nachdem Marc Surer schon in der ersten Runde Pironi zu einem Dreher zwingt. Der lange an vierter Stelle liegende Prost fällt auf den sechsten Platz zurück, als er sich verschaltet und sein Wagen kreiselt. Der Sieg geht an Carlos Reutemann. Am Jahresende kann sich aber Nelson Piquet, der drei Rennen für sich entscheidet, den Titel sichern.

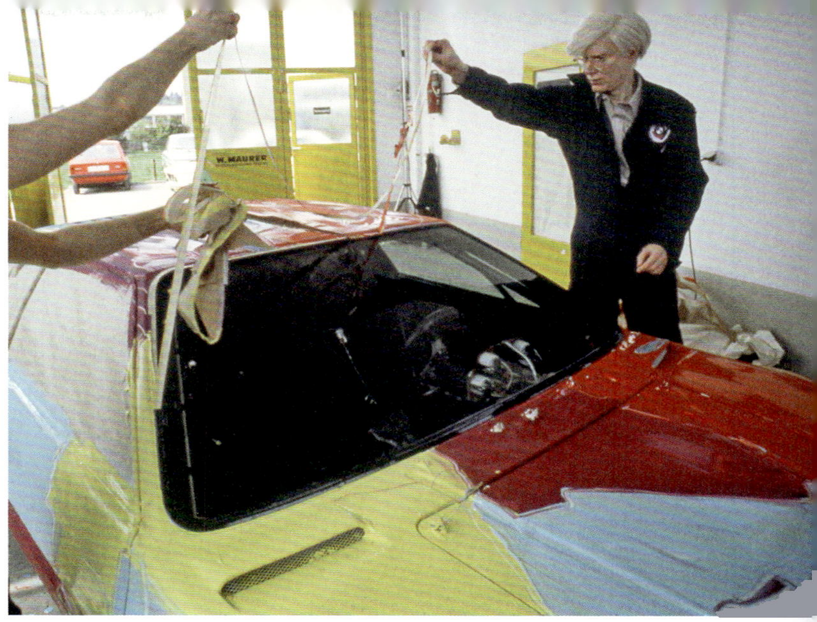

Der zweite Entwurf von Warhol findet das Wohlwollen der Firmenleitung, die Farbstriche und Verläufe sind jedoch derart schwierig umzusetzen, dass Warhol höchstpersönlich in München antritt, um seinen Entwurf auf die Karosserie zu übertragen.

ANDY WARHOL IN LE MANS

Im Juni 1979 nehmen die M1 Kurs auf die Sarthe. Doch am traditionsreichen Place des Jacobins, der Kulisse der technischen Abnahme in Le Mans, kommt die Ernüchterung. Der in der IMSA-Kategorie gemeldete March-BMW M1 (Gruppe 5) fällt bei der Abnahme durch. Neerpasch drängt daraufhin auf eine Starterlaubnis in der Gruppe 6. Und da die 24 Stunden von Le Mans nicht für die Meisterschaft gewertet werden, darf der Turbo-M1 doch noch an den Start. Nur ist der Pseudo-Gruppe 6 leider nicht schnell genug und kann sich nicht qualifizieren. Der Gruppe-4-Wagen, der von Pop-Art-Ikone Andy Warhol für Hervé Poulain, Manfred Winkelhock und Marcel Mignot dekoriert worden ist, kommt dagegen auf noch bessere Zeiten als der March-BMW. Poulain hat jedoch Bedenken. Er ist seit einem Jahr kein Rennen mehr gefahren. „Sie haben 24 Stunden Zeit, um sich wieder daran zu gewöhnen", beruhigt ihn Neerpasch. Doch abermals macht BMW der Regen einen Strich durch die Rechnung. Wenigstens hält der M1 mit der Nummer 76 trotz eines Kupplungswechsels und des Ausfalls eines Zylinders wacker mit. Als am Sonntagmorgen dann eigentlich der Moment für Poulain gekommen ist, lässt das Team aber vorsichtshalber Manfred Winkelhock am Steuer. Eine Kränkung sondergleichen für den Auktionshausbesitzer und Gentleman-Driver, der daraufhin stante pede die Rennstrecke verlässt. Kaum zuhause in Paris angekommen, erfährt er aus dem Radio, dass der M1 den sechsten Platz in der Gesamtwertung und den zweiten Platz in seiner Klasse errungen hat. Die Crew sucht unterdessen in Le Mans vergeblich nach dem Auktionator, um das Ergebnis angemessen zu feiern.

Am 6. August taucht der March BMW M1 bei den 6 Stunden von Brands Hatch wieder auf, scheidet aber aus, nachdem er zeitweise sogar an zweiter Position liegt. Das Jahr 1979 – eigentlich als das Jahr der Wiedergeburt gedacht – erweist sich somit nur als mäßiger Jahrgang. Offenkundig hat der M1 seinen Auftritt auf der großen Bühne verpatzt.

DIE FORMEL 1 – EINE NEUE HERAUS-FORDERUNG

Die Rennsportkarriere des M1 kommt nur zögerlich in Gang, bei der Regenschlacht 1980 in Le Mans ziehen Hans-Joachim Stuck und Didier Pironi aber alle Register.

NACH UND NACH RÜCKT DIE KÖNIGSDISZIPLIN DES AUTOMOBILSPORTS ALS LOGISCHE FORTSETZUNG DER VON JOCHEN NEERPASCH INITIIERTEN MOTORSPORTPROGRAMME IN DEN MITTELPUNKT, NACHDEM DAS M1-PROGRAMM NAHEZU IM FIASKO ENDET UND DIE GRUPPE-5-VERSION, MIT DER SICH BMW BEI LANGSTRECKENRENNEN ERFOLGE ERHOFFT, NIE RICHTIG FUNKTIONIERT. OBENDREIN ARBEITET DIE FIA AN EINER REGLEMENTSÄNDERUNG, DIE ZUGLEICH DAS AUS FÜR DEN M1 BEDEUTET.

Bei den 24 Stunden von Daytona 1980 wagt BMW trotz allem noch einen letzten Versuch. Zwei March M1 treten an, einer mit Patrick Nève, Mike Korten und Ian Grob, der andere unter Rick Knoop, Jim Busby und Zehnkampf-Olympiasieger Bruce Jenner. Aber keiner der beiden M1 kann das Tempo mitgehen, das die Porsche 935 vorlegen. Es sieht also nicht allzu vielversprechend für den weiteren Verlauf der Saison 1980 aus. Im April steuert Manfred Winkelhock immerhin einen ersten Sieg bei einem Lauf um die deutsche Meisterschaft auf dem Nürburgring bei.

DIE NATÜRLICHE FORTSETZUNG

Somit ist es Zeit für eine Bestandsaufnahme. Im PS- und Prestigewettrennen mit Mercedes-Benz dürfen sich die Münchener keine Blamage erlauben. 1979 haben die Bayern 300.000 Neufahrzeuge abgesetzt. Und dies soll noch nicht das Ende der Fahnenstange bedeuten. Selbst die beiden Ölkrisen haben die Aufwärtsentwicklung der Marke, die vor allem im Marktsegment der betont sportlichen Limousinen mitmischt, nicht bremsen können. Mit Anbruch der 1980er Jahre findet sich das Werk jedoch im Spagat zwischen zwei auseinanderdriftenden Strömungen wieder. Von außen betrachtet, scheint sich BMW neuen technischen Konzepten zuzuwenden, bei denen günstige Verbrauchswerte und nicht die Leistungszahlen im Vordergrund stehen. Der zunehmende Stellenwert der Ökologie in der deutschen Politik hat auch einen Teil der technischen Leitung des Hauses beeindruckt. Als Befreiungsschlag in dieser Strategiekrise, die den Konzern durchzieht, trennt sich Konzernchef von Kuenheim von Karl-Heinz Radermacher, dem als zu konservativ geltenden Entwicklungschef. Kurzerhand nimmt der Vorstandsvorsitzende die Dinge selbst in die Hand und benennt sich zum Interimschef – wobei der Markenkern selbstverständlich unangetastet bleibt. „Wir bringen sechs potente neue Modelle auf den Markt und positionieren

Zu Anfang der Formel-1-Motorenentwicklung hat BMW ein Team mit Niki Lauda ins Auge gefasst.

BMW damit erneut als sportbetonte Marke der Avantgarde", gibt von Kuenheim die Marschrichtung vor.

Ein konsequentes Motorsportengagement zur Flankierung dieser Modelloffensive liegt somit nahe. In einem abermaligen Geniestreich kommt dem schon kurz vor seinem Abschied stehenden Neerpasch im Herbst 1979 eine weitere Idee. Seit Mitte 1979 ist Paul Rosche mit der Fertigungsvorbereitung eines 1,5-Liter-Vierzylinder-Turboaggregats für die Formel 1 beschäftigt, das Jochen Neerpasch bei kleineren Rennställen an den Mann bringen will – nach dem Lieferkonzept, das bereits für die Formel 2 ersonnen wurde. McLaren als Chassislieferant, die Zigarettenmarke Marlboro als Sponsor und Niki Lauda als Fahrer sind bereits gesetzt. Der Ausstieg des Österreichers aus der Formel 1 lässt das Projekt jedoch platzen. Also macht sich Neerpasch wieder auf die Suche. Für ihn muss es schnell gehen, denn die Beziehungen zu seinem Arbeitgeber haben sich nach dem Fehlschlag des M1-Programms spürbar verschlechtert. Und jetzt zeichnet sich tatsächlich eine Ausstiegsmöglichkeit ab, mit der er sein Gesicht wahren kann.

EINE DEUTSCH-FRANZÖSISCHE ALLIANZ IN DER FORMEL 1?

Im Mikrokosmos der Formel 1 steht ein Thema immer wieder auf der Tagesordnung. Der französische PSA-Konzern (mit Peugeot-Talbot und Citroën) plant, mit der Marke Talbot, unter deren Dach die Aktivitäten der kurz zuvor übernommenen europäischen Töchter von Chrysler (Simca und Rootes) gebündelt worden sind, in die Formel 1 einzusteigen. Aber mit welchem Motor? Matra bietet sich als naheliegendste Lösung an, denn die beiden Marken kooperierten bereits bei den Serienmodellen. Auf dem Papier scheinen die nächsten Schritte nur noch Formsache. Jean-Luc Lagardère, der Chef von Matra, verspürt allerdings wenig Neigung, sich erneut in das Haifischbecken des Rennsports zu stürzen. Und bei PSA herrscht der Eindruck vor, dass Erfolge im Rennsport ohnehin eher der Firma aus Romorantin zugutekommen. Verschiedene Prominente aus der Rennsportarena werden als mögliche Leiter der geplanten Talbot-Rennsportabteilung kontaktiert. Jean Todt, Rallye-Copilot bei Peugeot, bringt den Namen seines langjährigen Kollegen Jochen Neerpasch ins Spiel. Die Begeisterung hält sich in Sochaux allerdings in Grenzen. Neerpasch haftet aus Sicht der Franzosen ein erheblicher Makel an. Er spricht kein Französisch und bei Peugeot ist er ein unbeschriebenes Blatt.

Neerpasch wird im Oktober 1979 dennoch angesprochen und kommt mehrmals zu Besprechungen nach Paris. Im Dezember trifft er anlässlich der FIA-Preisverleihung in Paris erneut mit PSA-Chef François Perrin-Pelletier zusammen, der das Interesse der Marke am Einstieg in die Königsdisziplin des Motorsports bekräftigt. Tatsächlich ist das Scheckbuch schnell gezückt, und PSA wirbt Neerpasch direkt ab – die bei weitem beste Lösung. Denn neben seiner soliden Motorsporterfahrung spricht für Neerpasch ein unwiderlegbares Argument. Er kommt nicht mit leeren Händen, sondern mit den Zeichnungen für den 1,5-Liter-Motor, deren Weitergabe er persönlich mit BMW ausgehandelt hat. Damit kann der PSA-Konzern wertvolle Zeit sparen, wobei natürlich ein eigenes Motorspezialistenteam von Peugeot-Talbot in die letzten Feinarbeiten am Motor eingebunden werden soll, um Schritt für Schritt die technologische Eigenständigkeit vorzubereiten.

Am 6. Januar 1980, dem Vorabend des Großen Preises von Argentinien, macht Talbot die Entscheidung publik, ab der Saison 1981 in die Formel-1-Weltmeisterschaft einzusteigen. Die Leitung der neuen Abteilung – mit Sitz in Frankreich – wird naheliegenderweise Jochen Neerpasch übertragen. Noch am selben Tag gibt BMW in einer Pressemitteilung bekannt, dass Neerpasch, „seit 1973 Leiter von BMW Motorsport", aus dem Unternehmen ausscheiden werde, um sich dem Aufbau eines Formel-1-Rennstalls zu widmen. Und weiter: „Talbot übernimmt das technische Know-how des bei BMW entwickelten Turbomotors."

In den Formel-1-Motor fließt die gesamte Vorarbeit von BMW Motorsport ein. Am 17. Januar 1980 begibt sich Ingenieur Dany Hindenoch, bei PSA für die neu zu gründende Motorsportabteilung zuständig, zur Vertragsunterzeichnung nach München. Fünf Tage später bestätigen die Franzosen brieflich ihre Bereitschaft zur Kooperation mit BMW. Nach den Vorgaben von Paul Rosche, dem Leiter der Motorenabteilung, wird ein Zeitplan erarbeitet. Zu den ersten Probeläufen soll einer der fünf vorhandenen, eng mit den für die IMSA-Serie entwickelten Triebwerken verwandten Motoren in einen Monoposto-Versuchswagen eingebaut werden. Diese Vierzylinder sind auf Betreiben von Rosche bei McLaren in deren US-Versuchszentrum in Livonia bei Detroit unter der Leitung von Gary Knutson (ex-Chaparral) und Wiley McCoy entwickelt worden.

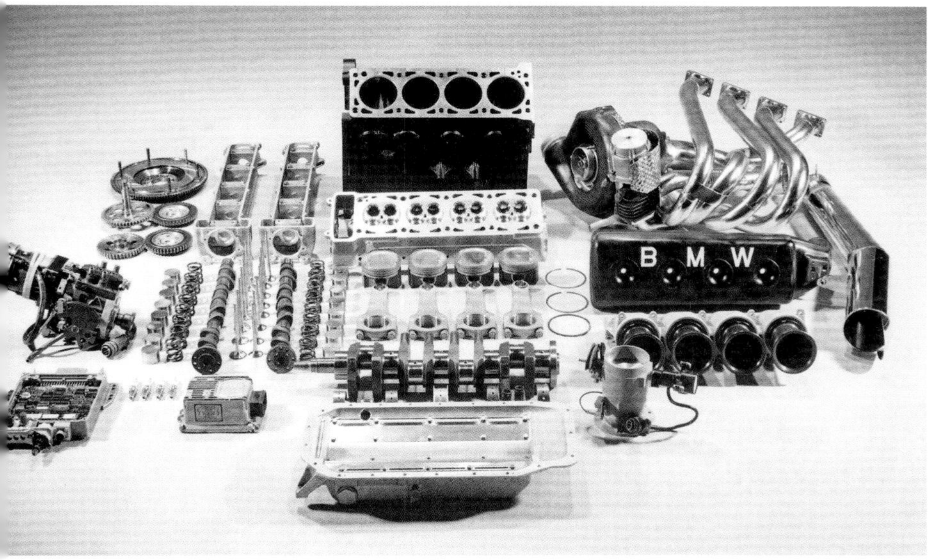

Anders als andere Hersteller, die ebenfalls auf die Turbotechnik setzen, entscheidet sich BMW für einen Vierzylindermotor.

Neerpasch wendet sich seinerseits zum Ankauf eines Fahrgestells für die ersten Fahrversuche an March und McLaren. Ab November 1980 soll der 1500-Kubik-Vierzylinder in seiner endgültigen Konfiguration bereitstehen, um im Februar 1981 bei Tests in Kyalami starten zu können. Parallel zu den technischen Entwicklungsarbeiten übermittelt BMW Ende Januar einen ersten Vertragsentwurf an PSA, wo man die Hausjuristen die Dokumente prüfen lässt. Das Know-how wird mit 500.000 Mark vergoldet. Entwicklung und Lieferung der Motoren, die für die Starts der Rennwagen während einer kompletten Saison benötigt werden, belaufen sich auf 3.300.000 Mark. In dieser Phase bekommt Neerpasch Wind davon, dass die geplanten Motorenlieferungen in München nicht überall Begeisterungsstürme auslösen. Eine Mitarbeitergruppe macht bei der BMW-Generaldirektion Druck, um das Projekt doch noch zu kippen.

KEHRTWENDE IN MÜNCHEN

Im Februar 1980 laden Bernie Ecclestone, Eigentümer des Brabham-Rennstalls, und sein Kollege Max Mosley, die sich beide gerade in Paris aufhalten, Neerpasch zu einem Geschäftsessen ein. Wie sich Hindenoch später erinnert, hat er am nächsten Morgen den Eindruck, es habe sich ein Familiendrama zugetragen, als Neerpasch wie am Boden zerstört im Büro erscheint. Der Grund war jedoch ein anderer. Die Talbot-BMW-Pläne für die Formel 1 sind eine Totgeburt. Beim Abendessen hat Ecclestone verlauten lassen, dass er unmittelbar vor der Unterzeichnung eines Vertrags über die Lieferung von BMW-Motoren für seine Brabham-Renner steht. Der sofort über die neue Sachlage unterrichtete Perrin-Pelletier ordert eine umgehende „Aktion Schadensbegrenzung" an. Und in wohlgesetzten Worten formuliert er eine Nachricht an den Vorstand von BMW, wonach eine derartige Abkehr von allen Zusagen eines international agierenden Automobilkonzerns unwürdig sei. Am 11. März äußert sich Neerpasch, der noch immer gute Miene zum bösen Spiel macht, gegenüber der Fachpresse mit der Nachricht, dass man die Verpflichtung von Hugues de Chaunac, dem Chef des Oreca-Rennstalls, als Betriebsdirektor für das neue Rennteam plane. Am 12. März geht die Antwort von BMW-Chef von Kuenheim an den PSA-Vorstand – nebst einer ausführlichen Darlegung der Gründe, warum die Chefetage sich gezwungen sieht, von der Lieferung der M12/13-Motoren abzurücken. Von Kuenheim führt alles ins Feld, was nur irgendwie zur Gesichtswahrung taugt. Das technische Risiko der Entwicklung eines noch nicht erprobten Motors laste weiterhin auf den Schultern von BMW; Paul Rosche sehe sich außerstande, die vorgegebenen Liefertermine verbindlich zuzusagen; die Preise ließen sich nicht mehr halten; angesichts der Komplexität des Projekts werde sicherlich eine neue Entwicklungsrunde erforderlich; auch könne BMW nachteilige kommunikative Nebenwirkungen nicht ausschließen, die sich daraus ergeben, dass mit einem Mal Talbot Know-how und Technologien aus der BMW-Serienmotorenentwicklung nutze.

In den Augen der Öffentlichkeit war bei dieser Gemengelage keine klare Linie mehr zu erkennen. Um ihren Disput beizulegen, treffen sich die beiden Konzernchefs am 14. März in einer privaten Lounge im Flughafen Le Bourget. Am 20. März gibt BMW in einer Pressemitteilung das Scheitern der Verhandlungen mit Talbot bekannt – ohne auf die mit Ecclestone erzielte Übereinkunft einzugehen.

Neerpasch versucht nun seinerseits, zu retten, was noch zu retten ist. Er nimmt Kontakt zu Ecclestone auf und schlägt eine Allianz Talbot-Brabham vor. Ecclestone übernimmt daraufhin die Entschädigungsleistungen an seinen Partner Parmalat. Anfang April trifft sich Ecclestone mit dem Chef von PSA auf dessen Landsitz in Fontainebleau. Und einige Tage später kommt es tatsächlich bei einem Meeting zur Ausarbeitung des Vertrags. Hugues de Chaunac, Chef des Oreca-Teams, wirbt für seinem jungen Protégé Alain Prost, der soeben den Europameistertitel in der Formel 3 errungen hat und inzwischen von McLaren für die Formel-1-Saison 1980 verpflichtet wurde. Ecclestone bereitet sich darauf vor, den Vertrag des Nachwuchsstars von den Engländern zu übernehmen. Dann aber ziehen sich die Verhandlungen in die Länge und geraten ins Stocken. Schließlich unterzeichnet Talbot eine Vorverein-

Bei den 1000 Kilometern auf dem Nürburgring 1980 gelingt dem M1 mit dem Klassensieg von Hans-Joachim Stuck und Nelson Piquet der erste große Sieg.

barung mit dem französischen Ligier-Rennstall. Und Brabham lässt verlauten, dass man die Exklusivrechte am BMW-Motor für die Saison 1981 übernommen hat.

DER M1 HAT SEIN PULVER NOCH NICHT VERSCHOSSEN

Anfang Februar 1980 tritt der österreichische Motorjournalist Dieter Stappert die Nachfolge von Neerpasch an. Welche Entscheidungen wird er treffen? Der Formel-1-Start ist nach wie vor offen. Also setzt BMW einstweilen sein Engagement in der Formel 2 fort. Doch der hauseigene Motor hat seine Vormachtstellung eingebüßt und muss sich den Hart-Triebwerken der Toleman-Rennwagen geschlagen geben. Teo Fabi, der beste Pilot der Münchener, schafft es am Steuer eines March aus dem Rennstall von Ron Dennis immerhin auf den dritten Platz im Meisterschaftsranking.

Doch Tourenwagenrennen sind inzwischen auch nicht mehr das, was sie einmal waren. Die immer unübersichtlicheren Reglements schaden ihrer Attraktivität nachhaltig. Mitten in dieser Dürrephase bekommt BMW wieder Oberwasser. Bei den 24 Stunden von Spa-Francorchamps reicht es zwar nicht zum Erfolg. Aber Helmut Kelleners und Siggi Müller Junior sichern sich den Fahrer-Europameistertitel am Volant eines von Eggenberger präparierten 320. Neu in der Saison 1980 ist unterdessen ein 635er Coupé unter dem Fahrer Umberto Grano.

Für wirklich gute Nachrichten ist jedoch ausgerechnet der M1 verantwortlich. Das Mittelmotorcoupé, dessen Tage bereits gezählt scheinen, trumpft 1980 und 1981 in der Markenweltmeisterschaft mächtig auf. Didier Pironi und Dieter Quester belegen den sechsten Platz bei den 6 Stunden von Mugello, François Servanin, Pierre-François Rousselot und Laurent Ferrier kommen als Achte bei den 1000 Kilometern von Dijon ins Ziel. Nelson Piquet und Hans-Joachim Stuck werden Dritte beim 1000-Kilometer-Rennen auf dem Nürburgring. Bei den 24 Stunden von Le Mans 1980 gerät die Anfangsphase des Rennens aufgrund heftiger Gewitter zum reinen Glücksspiel. Der überragende Stuck liefert aber einen sensationellen Beweis seines fahrerischen Könnens. Er übersteht nicht nur einen kapitalen Dreher bei 300 km/h unbeschadet, sondern hat sich auch bis auf den zweiten Platz vorgearbeitet, als er zu einem längeren Boxenstopp und dem Tausch von Windschutzscheibe sowie Kühler gezwungen wird, die durch herumfliegende Wagenteile eines Konkurrenten lädiert worden sind. Sein M1 schafft es trotzdem noch auf den fünfzehnten Platz hinter dem zweiten M1 von Pironi, Quester und Mignot.

Der Aufwand macht sich schlussendlich bezahlt. In der Saison 1981 entfaltet der Gruppe-5-M1 sein ganzes Potenzial. In Monza, beim ersten Meisterschaftslauf in Europa, kommen Teo Fabi und Dieter Quester als Vierte ins Ziel und drei Wochen später werden Bell, Hobbs und O'Rourke Zweite bei den 6 Stunden von Silverstone. Und auf dem Eifelkurs sichern sich Stuck und Piquet am 24. Mai den Sieg in einem Rennen, das nach 17 von 24 Runden nach dem tödlichen Unfall von Herbert Müller abgebrochen wird. In Le Mans gehen gleich sechs M1 in den Gruppen 4 und 5 an den Start. Bestplatzierter und damit Sechzehnter wird nach Ablauf der 24 Stunden der Gruppe-5-BMW von BMW Italia, der vom französischen Oreca-Stall von Hugues de Chaunac für Johnny Cecotto, Philippe Alliot und Bernard Darniche präpariert worden ist. Bei der Auflage 1982 stehen abermals drei M1 am Start.

Der Oreca-Rennstall kommt angesichts des Potenzials des M1 auf neue Ideen. Warum nicht die Reserven des Boliden in Rallyes nutzen? Und so tritt der Gruppe-4-Wagen von Le Mans in den Farben der Garage du Bac bei der Rallye du Var

Der von einem 800 PS starken Turbomotor angetriebene Gruppe-5-M1 erfordert eine immens komplizierte Feinabstimmung, um seine Leistung wirklich entfalten zu können.

an, dem letzten Lauf der französischen Meisterschaft. Bernard Darniche schneidet dabei so gut ab, dass Hugues de Chaunac eine Fortsetzung ins Auge fasst. Der Rennstall aus dem zentralfranzösischen Département Nièvre sichert sich sogar die Unterstützung des M1 bei der französischen Rallyemeisterschaft 1982 durch BMW France und BMW Motorsport. Darniche kann allerdings nie an seine anfänglichen Erfolge anknüpfen und muss seinen Fahrersitz 1983 an Bernard Béguin abtreten.

Der M1 ist mittlerweile soweit perfektioniert, um den Renault 5 Turbo von Saby und Thérier und dem Opel Manta 400 von Guy Fréquelin Paroli bieten zu können. Bei der Tour Auto liegt Béguin überlegen in Führung, als seinem Copiloten Jean-Jacques Lenne der verhängnisvolle Fehler unterläuft, eine Zeitkontrolle 20 Minuten zu früh anzusteuern. Die 40-Minuten-Zeitstrafe folgt für das M1-Team auf dem Fuße. Im folgenden Jahr klingt die Rallyekarriere des M1 dann mit einem dritten Platz in Charbonnières, einem zweiten Rang in Antibes und Siegen bei der Rallye von La Baule und der Rallye Lorraine aus.

AUCH IN DER FORMEL 1 SIND LEHRJAHRE KEINE HERRENJAHRE

So sehr den Motorentechnikern bei BMW Motorsport auch Zaubertalente attestiert werden, ist die Entwicklung des Turbomotors für die Formel 1 doch ein ganz anderes Kaliber. Der BMW-Motor, der zum Saisonstart 1981 noch längst nicht fertig ist, gibt seinen öffentlichen Einstand beim Training zum Großen Preis von Großbritannien 1981. Dies ist allerdings sein einziger Auftritt während der Saison, denn dem Triebwerk fehlt es einstweilen noch an Standfestigkeit und Leistung, um im Renneinsatz bestehen zu können. Brabham tritt stattdessen

Mit dem Gruppe-5-M1 des Oreca-Rennstalls von Hugues de Chaunac, der von den französischen und italienischen BMW-Niederlassungen unterstützt wird, schaffen es Darniche/Alliot/Cecotto bei den 24 Stunden von Le Mans 1981 auf den sechzehnten Rang.

Der für die Gruppe 4 homologierte M1 von Bernard Darniche und (später) Bernard Béguin zeigt mehrere Jahre lang in der französischen Rallyemeisterschaft Flagge.

während der gesamten Meisterschaft mit einem Ford-Cosworth-V8-Saugmotor an. Für den Rennstall gibt es keinen Grund zu klagen, denn zum Jahresende hat Nelson Piquet den ersten seiner drei Titel in der Tasche. Angesichts der doch unabsehbaren Abstimmungsarbeiten taucht der BMW-Turbomotor erst zum Saisonauftakt 1982 wieder auf.

Während Renault und Ferrari auf einen V6 setzen, hält man in München an dem von der Serienversion abgeleiteten Reihenvierzylinder fest, der sich bereits in der Formel 2 und in der Langstreckenversion der Gruppe-5-320er bewährt hat. Seine jetzt entbehrlich gewordenen Motorträger werden kurzerhand weggefräst. Völlig neu ist der Zylinderkopf. Er entspricht mit Ausnahme der Ventilsitze exakt der Formel-2-Version. Zwei obenliegende Nockenwellen und vier Ventile pro Zylinder gehören zur Grundausstattung. Der Nockenwellenantrieb erfolgt über gerade verzahnte Stirnräder.

VON DER SPITZE IN DEN KELLER

Mangels Teilnehmer wird der erste Trainingstag beim Großen Preis von Südafrika annulliert. Erst am Folgetag erlebt die Fachwelt das offizielle Debüt der beiden Brabham BT50 mit dem mit 570 PS bei 10.500/min angegebenen BMW-Triebwerk, die von Nelson Piquet und Riccardo Patrese gesteuert werden. Der Monoposto vom Zeichenbrett von Gordon Murray hinterlässt mit seinem Monocoque, Alublechrumpf und Karbonfaserbeplankung einen exzellenten ersten Eindruck. Piquet ist im Training Zweitschnellster, sein Teamkollege Vierter. Nur ist die Technik noch nicht reif für eine Renndistanz – der Rennauftritt gerät zum Fiasko.

In einem Wutanfall sondergleichen entschließt sich Ecclestone zu einem radikalen Schnitt und holt für die Rennen in Brasilien und Long Beach wieder die alten BT49 mit Cosworth-Motor aus den Depots. BMW hat darauf eine nicht minder eindeutige Antwort: „Offenkundig ist das Chassis des Brabham BT50 nicht für die Geschwindigkeiten ausgelegt, die sich mit dem BMW-Formel-1-Motor erreichen lassen. Vor allem die Bremsen entsprechen nicht den strengeren Anforderungen des Brabham-BMW." Die BMW-Oberen sind mächtig verstimmt, setzen aber die Rückkehr des BT50 zum Großen Preis von Belgien durch, der durch den tödlichen Unfall von Gilles Villeneuve (auf Ferrari) einen tragischen Beigeschmack erfährt.

In Zolder bringt Piquet seinen Wagen in die Punktewertung. Der Vierzylinder ist aber merklich gedrosselt, um eine Renndistanz auszuhalten. In Monaco steht der Wagen von Piquet als einziger BT50 am Start. Patrese holt mit dem alten BT49 den Sieg in einem der turbulentesten Rennen in der Geschich-

GORDON MURRAY, DER VERBÜNDETE VON BMW

Der schlaksige, eigenwillige Südafrikaner hinterlässt in der Formel 1 und generell in der Automobilbranche einen nachhaltigen Eindruck. Zwei Jahrzehnte lang prägt Gordon Murray die Königsdisziplin des Motorsports und ist für zahlreiche Monoposti von Brabham und McLaren verantwortlich. Bei beiden britischen Rennwagenschmieden hat Murray wesentlichen Anteil am Erfolg der BMW-Motoren, zunächst in der Formel 1 bei Brabham, dann in der GT-Klasse mit dem legendären McLaren F1.

Gedrückte Stimmung bei Piquet, Rosche und Murray: Wegen einer ungeeigneten Einspritzanlage gerät die Saison 1982 zum Albtraum.

te der Formel 1. Beim folgenden Grand Prix auf dem Straßenkurs von Detroit wird Piquet die demütigende Erfahrung zuteil, ausgerechnet aufgrund seines Motors am Qualifying zu scheitern. Doch vierzehn Tage später ist in Montreal das Debakel auf amerikanischen Boden schon wieder vergessen. Der BT50 wirkt wie verwandelt und der Brasilianer holt für den Münchener Motor den ersten Sieg in einem Grand Prix, der abermals vom Tod eines Fahrers überschattet wird. Beim Start fährt der aus der letzten Reihe startende Riccardo Paletti auf den auf der Pole Position stehenden Ferrari von Didier Pironi auf, der seinen Motor abgewürgt hat. Der Italiener ist auf der Stelle tot.

Gegenüberliegende Seite und unten: Aufgrund der langwierigen Abstimmungsarbeiten beschränkt sich der Auftritt des BMW-Turbomotors 1981 auf die Qualifikationsläufe beim Großen Preis von England.

Was berichtet Bernie Ecclestone, der Chef des Brabham-Teams, wohl gerade Nelson Piquet?

Der erste Formel-1-Sieg des BMW-Motors im Juni 1982 in Montreal wird vom tödlichen Unfall von Riccardo Paletti unmittelbar nach dem Start getrübt.

Im weiteren Saisonverlauf 1982 fährt Brabham zwar keine Siege mehr ein und kommt in der Meisterschafts-Endwertung nur auf Rang 5, die Motorentechniker um Paul Rosche sind inzwischen aber der Ursache allen Übels auf die Spur gekommen. Mit der Einspritzpumpe lässt sich die Benzinzufuhr nicht vernünftig regeln. Eine der technischen Besonderheiten des BMW-Motors liegt in seiner Einspritzanlage, deren elektronisches Bosch-Steuergerät nicht nur den Einspritzvorgang, sondern auch die Zündzeitpunktverstellung steuert. Dieses ausgeklügelte Steuergerät verarbeitet fünf Stellgrößen: Drehzahl, Ansaugdruck, Ansaugtemperatur, Drosselklappenstellung im Klappenstutzen und die Motortemperatur. Als eine mögliche Abhilfemaßnahme bietet sich die Steuerung der Wassereinspritzung durch das Steuergerät an. Paul Rosche hält davon allerdings nicht viel, denn nach seiner Auffassung ist der Formel-1-Motor sowieso schon komplex genug.

Immerhin folgen bis zum Saisonende 1982 noch einige ansehnliche Ergebnisse als Balsam für die Seele der Mannen von BMW Motorsport. In der Formel 2 haben die BMW-Motoren sowieso ihre Dominanz zurückerobert und Corrado Fabi sichert sich den Titel auf einem March 822 mit BMW-Werksmotor. Sein Teamkollege, der ehemalige Motorradweltmeister Johnny Cecotto, rundet die Vormachtstellung der March-BMW mit dem zweiten Platz ab.

In der Tourenwagenmeisterschaft hat sich mit dem Auftritt einer neuen Fahrzeuggeneration und dem neuen Reglement der Gruppe A eine Zeitenwende vollzogen. Wie üblich ist BMW mit Werksunterstützung für die Privatfahrerteams zur Stelle. Unter der Fahne von BMW Italia holen sich Helmut Kelleners und Umberto Grano ihren zweiten Europameistertitel in Folge. Der 528i hat inzwischen das 635 Csi Coupé abgelöst. Der Konstrukteurstitel geht allerdings an Alfa Romeo.

MIT SERIEN-BLÖCKEN IN DIE FORMEL 1

Die despektierlichen Kommentare zur Saison 1982 erwischen BMW an einem wunden Punkt. Und so wird die erste echte Formel-1-Saison mit besonderer Gründlichkeit vorbereitet. Um der hochentwickelten Konkurrenz Paroli bieten zu können, pokern die Münchener hoch. Die Entscheidung für einen Vierzylinder, dessen Block von Serienmodellen abgeleitet ist, rechtfertigt in den Augen der Unternehmensleitung zwar den Einstieg in die Formel 1. Paul Rosche ist aber klar, welche Vergleiche dabei unweigerlich gezogen werden. Er räumt später ein, dass man sämtliche Schrottplätze im Umland auf der Suche nach Gussblöcken der 1500er Limousine abgegrast hatte. Neu ist dagegen natürlich der Zylinderkopf, der nicht nur zwei obenliegende Nockenwellen besitzt, sondern auch vier Ventile pro Zylinder. Er entspricht genau dem der Formel 2 – mit Ausnahme der verstärkten Ventilsitze und des Ventildurchmessers. Mit einer geänderten Kurbelwelle wird der Hub auf 60 Millimeter zurückgenommen – bei einer Bohrung von 89,2 Millimeter. Für die Saison 1983 werden drei Fahrzeuge bestückt. Neben Brabham, dem offiziellen Werksteam der Bayern, gehört fortan auch der deutsche ATS-Rennstall zu den Kunden.

Nach den Unfällen der Formel-1-Saison 1982 stellt BMW dem Brabham-Team Anfang 1983 seine Crash-Test-Anlage zur Verfügung.

Grand Prix von Detroit 1983: 60 Runden auf dem 4,023 Kilometer langen Stadtkurs.
Die Zuschauer erleben die Tankstopps der Brabham-Boliden aus nächster Nähe.

AUF HITZE FOLGT EISESKÄLTE

In Abstimmung mit Bosch entscheidet sich BMW für die Einführung einer neuen, digitalen Motorsteuerung. Rennstrecken, auf denen besonders hohe Temperaturen herrschen, bereiten allerdings Probleme. Der Turbo sitzt derart dicht am Benzintank, dass die hohe Kraftstofftemperatur Dampfblasenbildung hervorruft. Das dergestalt extrem abgemagerte Gemisch provoziert prompt kapitale Kolbenschäden. Die Briten wählen daher den Ausweg, ihre Monoposti beim Start aus tiefgekühlten Reservoirs zu betanken. Beim Großen Preis von Österreich wird die Temperatur sogar von minus 10 Grad Celsius auf minus 20 Grad abgesenkt. „Die Temperatur war derart niedrig, dass die Handpumpe festging. Wir mussten in die Schläuche pusten", berichtet seinerzeit Paul Rosche. Auf der Piste von Zeltweg, als der Sieg schon zum Greifen nah ist, fallen beide BMW mit Motorschaden aus, der durch Bearbeitungsfehler der Pleuelbuchsen verursacht worden ist. Es mangelt an Erfahrung, und der „Faktor Mensch" kommt auch gelegentlich hinzu. Eine vielleicht unvermeidliche Begleiterscheinung, wenn man bedenkt, dass das Turbomotorenteam seinerzeit nur 25 Mitarbeiter zählt.

TANKSTOPPS IM BLITZTEMPO

Bei der offiziellen Vorstellung des Rennteams in München sorgt der Brabham BT52 für die Überraschung des Tages. Gordon Murray entwirft einen kühn gezeichneten Formel 1 mit fast pfeilförmiger Linienführung und einer Vorderachse, bei der die bisherige Pull-Rod-Aufhängung einer neu konstruierten Push-Rod-Aufhängung weicht. Der Turbolader wird versetzt, um ein Aufheizen des Benzins im Tank zu vermeiden. Am Motor ist ein kompaktes Sechsganggetriebe – eine Gemeinschaftsentwicklung mit Getrag – angeflanscht. Bei einem Ladedruck von 1,9 bar kommt der Vierzylinder auf 600 PS bei 9500/min und am Saisonende sogar auf 640 PS. Dabei bringt der Rennbolide gerade einmal 512 Kilo auf die Waage. Aus der Tankstopptaktik, die Murray seit dem Vorjahr beim Großen Preis von England vorgegeben hat, ergibt sich das Konzept des BT52, dessen Tankfassungsvermögen mit 190 statt 250 Litern geringer als das zulässige Maximum ist. Die Logik dahinter ist einfach. Mit weicherer Gummimischung der Reifen und einem kleinen Tank fährt sich der BT52 deutlich besser als die Konkurrenz und der Fahrer kann den Trumpf des Leistungsplus optimal ausspielen. Und da sich die Boxencrew von

Großer Preis von Deutschland 1983 in Hockenheim: Die Ferrari sind bereits vorbei, Piquet liegt vor Prost, seinem Hauptkonkurrenten um dem Weltmeistertitel.

Die Strategie von Gordon Murray, einen Wagen mit kleinem Tank und entsprechend geringerem Gewicht an den Start zu bringen und stattdessen Tankstopps einzuplanen, erweist sich als Volltreffer. In Kyalami macht Piquet den Titelgewinn perfekt.

Brabham zu den schnellsten Tankwarten der Welt entwickelt hat (Volltanken und der Wechsel aller vier Räder sind in weniger als zehn Sekunden erledigt), bringt ein Boxenstopp kaum Nachteile. Insgesamt bedeutet ein Tankaufenthalt einen Zeitverlust von weniger als 30 Sekunden. Mittlerweile lässt sich ein Grand Prix also in der Box gewinnen. Oder verlieren. Das Ziel ist jedenfalls gesetzt. Mit neuen Reifen und Leichtbauweise lässt sich die Gesamtcharakteristik spürbar optimieren. Paul Rosche ist jedoch aus rein psychologischen Gründen wenig angetan von den Tankstopps. Seiner Meinung nach erhöhen sie nur den Druck auf den Fahrer. Piquet kommt jedoch problemlos damit zurecht und setzt Murrays Strategie punktgenau um. Wird das aber ausreichen? Die Ferrari von Arnoux und Tambay laufen erstaunlich gut. Der als Favorit gestartete Alain Prost (Renault) durchlebt dagegen einen schwierigen Saisonstart. Der erste der fünfzehn Grand Prix von 1983 geht an Piquet, der sich über einen Triumph auf heimischem Boden freuen darf.

SIEG DURCH LEISTUNG

Zur Saisonhalbzeit fasst Renault wieder Tritt und Prost übernimmt die Führung in der Meisterschaftswertung. Dann aber schmilzt sein Vorsprung wie Schnee in der Sonne. Die Glücksgöttin zeigt sich von ihrer launischen Seite. Nach zwei Siegen in Folge (Monza und Brands Hatch) liegt Piquet, dessen Brabham jetzt mit neuer Farbgebung aufwartet (die marineblauen und weißen Flächen sind vertauscht worden), beim Finale in Kyalami nur noch zwei Punkte hinter Prost. Die von Brabham entwickelte Taktik funktioniert perfekt. Piquet startet mit einem Monoposto, der praktisch kaum Benzin im Tank hat.

Am Abend nach dem Sieg beim Großen Preis von Südafrika 1983 feiert Nelson Piquet im Flugzeug mit seiner Partnerin seinen zweiten Formel-1-Titel (und den ersten Titel für BMW).

Ein Galaabend zum Titelgewinn darf in München nicht fehlen. Paul Rosche nimmt Glückwünsche durch Eberhard von Kuenheim entgegen.

Und Patrese fällt die Aufgabe zu, die Verfolger, unter denen sich auch der Renault von Prost befindet, in Schach zu halten. Prompt muss der Franzose mit Laderdefekt aufgeben. Und nachdem mit Arnoux auch der dritte, noch verbliebene Titelanwärter ausfällt, reduziert der Brasilianer den Ladedruck, um den Motor zu schonen, und lässt seinen Teamkollegen Ricardo Patrese zum Sieg fahren. Der dritte Platz genügt Piquet für den Titelgewinn.

Damit schreibt BMW Renngeschichte – als erster Hersteller, der in der Formel 1 konsequent auf Turbotechnik setzt. Der Markenweltmeistertitel geht indes an Ferrari. Für das Renault-Team bedeutet der Endstand einen herben Schlag. Prompt wird mancherorts bereits einen Tag danach Zweifel an der Regelkonformität des Siegerfahrzeugs laut. Auslöser für diesen Disput: Der ungewöhnliche Geruch der Abgasfahne von Piquet, der auf illegale Kraftstoffsorten schließen lässt. Letztendlich legt jedoch niemand Protest ein. Bei BMW ist die Empörung dennoch groß, weil überhaupt Zweifel an der Regeltreue aufgekommen sind. Ob die Oktanzahl des von BMW verwendeten Sprits die zulässige Toleranz tatsächlich überschreitet, ist bis heute ungeklärt.

In der Formel-2-Europameisterschaft erwischt Beppe Gabbiani auf seinem March-BMW einen hervorragenden Start und scheint mit dem BMW-Motor auf Siegeskurs. Doch dank einer Erfolgsserie in den letzten fünf Läufen der Saison liegt am Ende Jonathan Palmer auf seinem Ralt-Honda vorn. Zum Saisonende ändert BMW seine Strategie. Fortan tritt man nicht mehr als offizieller Motorenlieferant auf.

Ab 1984 ist der BMW-Motor auch in anderen Monoposti zu finden, unter anderem im ATS von Manfred Winkelhock und in den Arrows von Thierry Boutsen und Marc Surer.

Der Fototermin des Formel-1-Weltmeisterfahrzeugs und des BMW 1500 als Urahn der gesamten Modellreihe unterstreicht die direkte Linie von der Serie zum Motorsport.

BMW VERTEIDIGT SEINEN TITEL NICHT

Der Titelgewinn hat BMW auf den Geschmack gebracht. Dieter Stappert intensiviert die Präsenz in der Saison 1984 und bestückt gleich fünf Formel-1-Renner mit BMW-Motoren. Zu den beiden Brabham (von Nelson Piquet und Teo Fabi) und dem ATS (Manfred Winkelhock) gesellen sich ab dem Grand Prix von Dallas im Juli die Arrows von Thierry Boutsen und Marc Surer. Das ATS-Team von Günther Schmid bringt beim Großen Preis von Österreich einen zweiten Monoposto für den Österreicher Gerhard Berger an den Start. Winkelhock, der nach dem Großen Preis von Italien zugunsten von Berger aus dem ATS-Team geflogen ist, tritt beim Rennen in Portugal für Brabham an. Die mit TAG-Porsche-Motoren bestückten McLaren von Prost und Lauda dominieren derweil die Meisterschaft und heimsen in den sechzehn Rennen 12 Siege ein. Die Zuverlässigkeit der BMW-Motoren ist nicht das, was sich Piquet erhofft. Damit ist eine Titelverteidigung aussichtslos. Immerhin schafft der Brasilianer beachtliche Erfolge in den USA, wo er innerhalb von acht Tagen in Montreal und Detroit siegt. Weniger überzeugend fallen die Leistungen seines Teamkollegen Teo Fabi aus, der als bestes Ergebnis in Detroit einen dritten Platz erreicht, nachdem Brundle wegen Regelverstößen seines Tyrrell-Teams disqualifiziert wird. In der Konstrukteurswertung beendet das Tandem Brabham-BMW die Saison auf dem vierten Platz.

Zur letzten Saison der Formel 2, die 1985 durch die Formel 3000 abgelöst wird, zeigt BMW abermals mithilfe seiner Tuner Schnitzer, Mader und Heidegger Flagge. Bester BMW-Fahrer ist der Franzose Michel Ferté mit seinem Martini. In der Meisterschaftswertung kommt er auf den dritten Platz – vor seinem Landsmann Philippe Streiff auf einem AGS-BMW. Mit der Rekordzahl von 97 Siegen seit Beginn des Rennengagements darf BMW unstrittig als Meister aller Motorenhersteller in der Formel 2 gelten.

DER ABGESANG

Auch 1985 setzen die Münchener ihr Engagement mit Brabham und Arrows fort. Das ATS-Team steigt dagegen aus der Formel 1 aus. Ecclestone beschließt, seine Formel-Renner mit Reifen von Pirelli auszurüsten. Aber mit Ausnahme des Laufes unter der südfranzösischen Sommerhitze auf dem Circuit Paul Ricard, wo die italienische Bereifung und die Leistungsfülle des BMW-Turbo Nelson Piquet zum Sieg verhelfen, schaffen es die Brabham BT54 nie aus der Anonymität des Verfolgerfeldes heraus. Bezeichnend ist, dass Pirelli bereits seit 1957 keinen Grand-Prix-Sieg mehr verbuchen konnte. Als Teamkollegen für den Brasilianer hat Brabham den Franzosen François Hesnault verpflichtet. Als dieser sich aber in Monaco nicht einmal fürs Rennen qualifizieren kann, wird er durch Marc Surer ersetzt. Der Große Preis von Europa im englischen Brands Hatch wird für den Schweizer zur größten Enttäuschung seiner Laufbahn. Achtundzwanzig Runden lang hat er den zweiten Rang verteidigen können. Doch dann verweigert sein Turbo den Dienst. Noch weniger eindrucksvoll fällt die Leistung der Arrows aus. Die beigefarbenen Monoposti kommen nur selten aus dem Mittelfeld heraus. Am Ende liegt der Rennstall von Jackie Oliver auf dem siebten Platz der Meisterschaft, deren Titel bei den Fahrern an Alain Prost und bei den Konstrukteuren an McLaren TAG-Porsche geht.

Aufhören oder weitermachen? Angesichts der schwierigen Großwetterlage im Unternehmen erwägt BMW ernsthaft einen Ausstieg aus der Formel 1. Querelen in der Führungsetage haben weitreichende Änderungen im Organigramm zur Folge. Die Erneuerung der Modellpalette ist ins Stocken geraten, die Verjüngung der 5er-Baureihe zieht sich hin, und die 7er-Modelle kommen nicht aus dem Schatten der S-Klasse heraus. Außerdem sind den 6er-Modellen das Gewicht und die Jahre langsam anzumerken. Auch das lahmende Engagement der Familie Quandt sowie Gerüchte über eine mögliche Übernahme durch General Motors sind der Stimmung

Mit der Premiere des TAG-Porsche-Turbomotors werden die Karten 1984 neu gemischt. Der Brabham-BMW verliert an Boden, Nelson Piquet gelingen aber immerhin zwei Grand-Prix-Siege.

nicht förderlich. Mit einer Kapitalerhöhung – der zweiten nach 1982 – brennt offenbar die Lunte am Pulverfass. An ihr führt kein Weg vorbei, denn es gilt, zahlreiche Zukunftsprojekte wie den Bau eines neuen Forschungs- und Entwicklungszentrums sowie eines neuen Werks in Regensburg und das Debüt des beeindruckenden V12 in den 7er-Modellen zu finanzieren.

REIFEN ALS ZÜNGLEIN AN DER WAAGE

Nach einigem Hin und Her rückt die Direktion schließlich von ihrer Entscheidung ab, in der Königsdisziplin des Automobilrennsports zu pausieren. Es sind sogar Gerüchte im Umlauf, dass BMW unter der Ägide seines Beraters Niki Lauda einen Rennstall mit eigenen Fahrwerken und Motoren aufzuziehen gedenkt. Zum Saisonstart 1986 stellt BMW abermals die Motoren für sechs Monoposti. Brabham und sein Münchener Motorenlieferant wagen dabei ein neues Konzept. Der BT55 ist mit seiner extrem niedrigen Linie und einem niedrigeren Schwerpunkt eine kleine Revolution. Der Fahrer nimmt in einer fast liegenden Position im Cockpit Platz, auch der Motor ist tiefgreifend überarbeitet. Um unter die Karosserie zu passen sitzt der Turbo-Vierzylinder in einem Winkel von 72 Grad zur Seite geneigt im Heck. Daran ist ein neukonstruiertes Getriebe mit gegenüber der Fahrzeugachse versetzter Hauptwelle angeflanscht. Als Fahrer für dieses Aerodynamikwunder werden die beiden Italiener Elio de Angelis und Riccardo Patrese verpflichtet. Zur BMW-Armada gesellen sich das Arrows-Team mit Thierry Boutsen und Marc Surer sowie der Benetton-Rennstall, der nach der Übernahme von Toleman sein Debüt in der Formel 1 gibt. Der Formel-1-Neuling in den Farben des Bekleidungsgiganten Benetton rekrutiert die Fahrer Teo Fabi und Gerhard Berger. Entgegen allen Erwartungen liegen die größten Siegeschancen der BMW-Ableger bei eben diesem Team, dessen Fahrzeug vom Konstrukteur Rory Byrne entwickelt wurde.

In San Marino schafft es Berger auf den zweiten Platz. In Spa-Francorchamps steht Berger in der ersten Startreihe. Knapp drei Monate später sichert sich Fabi die Pole Position beim Großen Preis von Österreich in Zeltweg, auf dem die Motoren oft den Ausschlag geben. Damit unterstreicht er die Klasse des BMW-Triebwerks. Im vorletzten Grand-Prix in Mexiko kann der Benetton dann endlich zeigen, was in ihm

Zur Saison 1986 schicken BMW und Brabham einen extrem flachen Monoposto an den Start. In einem solchen Wagen verunglückt der Italiener Elio De Angelis bei privaten Erprobungsfahrten in Le Castellet am 15. Mai desselben Jahres tödlich.

Der erste Platz des Benetton von Gerhard Berger in Mexiko unterstreicht, dass der BMW-Motor auch 1986 zu den besten der Formel-1-Riege zählt.

steckt. Vor allem dank der Pirelli-Reifen gelingt Gerhard Berger hier der erste Formel-1-Sieg seiner Karriere. Alles andere als einfach zu fahren ist dagegen der Brabham. Zur Vorbereitung auf den Großen Preis von Belgien setzt der englische Rennstall am 14. Mai private Testfahrten auf dem Circuit Paul Ricard an. Bei einem der Läufe kommt Elio De Angelis bei hoher Geschwindigkeit in der Schikane La Verrerie von der Bahn ab, nachdem der Heckflügel seines BT55 gebrochen ist. Er stirbt am nächsten Tag im Krankenhaus in Marseille. Ab dem Großen Preis von Kanada übernimmt der Brite Derek Warwick seinen Platz ein. Er schafft es allerdings bei keinem einzigen Lauf in die Punktewertung. Patrese erringt nur einen einzigen Punkt. Erfolgreicher ist da der Benetton-Rennstall mit einem sechsten Platz im Meisterschaftsranking. Bei den Fahrern schneidet Berger mit dem siebten Platz als bester BMW-Fahrer ab.

BMW STEIGT AUS

Zum Ende der Saison gibt BMW offiziell das Ende seines Rennengagements in der Formel 1 bekannt - nach neun Siegen, fünfzehn Pole Positions und einem Titelgewinn. München sieht die Zukunft des hausinternen Motorsportengagements mehr bei den Tourenwagen, die einen ungeheuren Aufschwung erleben. Zudem plant die FISA ab 1987 eine eigene Weltmeisterschaftsserie. Auch in ihrer letzten Rennsaison enttäuschen die 635er Coupés nicht.

FAST 1200 PS IM QUALIFYING

Zur Formel-1-Saison 1987 sichert sich Brabham das Recht, den geneigt eingebauten BMW-Motor für Andrea de Cesaris und Riccardo Patrese weiter nutzen zu dürfen. De Cesaris liefert prompt das für BMW beste Ergebnis der Saison ab, als er in Spa auf den dritten Platz rast. Weniger Glück hat Riccardo Patrese in den belgischen Ardennen. In der sechsten Runde fällt er mit Kupplungsschaden aus. Und am Saisonende rangiert er weit hinten auf dem 13. Platz der Fahrerwertung. Die zweite Inkarnation des 1500-Kubik -Vierzylinders (M12/13), die in den Qualifikationsläufen rund 1200 PS entwickelt, setzt ihre Laufbahn unter der Bezeichnung Megatron – ein Tribut an das Sponsoring des zum USF&G-Konzern gehörenden US-Unternehmens – noch zwei Saisons lang fort, bevor eine erneute Reglementänderung die Rückkehr zu Saugmotoren einläutet. 1987 treibt der Megatron-Motor die Arrows von Eddie Cheever und Derek Warwick und die Ligier von René Arnoux und Piercarlo Ghinzani an. Das beste Ergebnis eines Megatron in insgesamt 32 Grand-Prix-Läufen kann Eddie Cheever verzeichnen. Beim Großen Preis von Italien 1988 kommt sein Arrows in Monza auf Platz 3 ins Ziel.

Der Italiener De Angelis bestreitet zwischen 1979 und 1986 insgesamt 108 Rennen und gewinnt zwei Grand Prix. In seiner letzten Saison ist die Punkteausbeute enttäuschend: Bei vier Wertungsläufen fällt er drei Mal aus und belegt lediglich beim Saisonauftakt in Brasilien einen achten Platz.

BMW MOTORSPORT: HEIMAT DER SPORTLIMOUSINEN

Bei den 24 Stunden von Spa-Francorchamps, dem Highlight der Rennsaison, verpasst BMW 1984 den Sieg. Das Trio Quester/Stuck/Weaver kommt in einem durch Regen und Nebel erschwerten Rennen auf den dritten Platz.

DER REINFALL MIT DEM M1 GILT ZWAR NUR ALS BETRIEBSUNFALL IM BMW-MOTORSPORTENGAGEMENT. DOCH DER WENIG ERBAULICHE VERLAUF DER EREIGNISSE HAT DEM VISIONÄR JOCHEN NEERPASCH SEINEN JOB GEKOSTET. NACH SEINEM AUSSCHEIDEN BEI BMW ANFANG 1980 DURCHLEBT DIE MOTORSPORTABTEILUNG ZUNÄCHST EINE DÜRREPERIODE.

Die erneute Krise der Weltwirtschaft, ausgelöst durch das Pulverfass im Nahen Osten, das den Preis für Rohöl in die Höhe treibt, ist kein ermutigender Rahmen für die Entwicklung sportiver Modelle. Seit Mitte der 1970er Jahre arbeitet die Entwicklungsabteilung an neuen technischen Lösungen, um die immer strengeren wirtschaftlichen und regulatorischen Rahmenbedingungen mit dem sportlichen Markenimage in Einklang bringen zu können. Noch vor Ende der 1970er Jahre waren Versuche mit drei verschiedenen Konzepten angelaufen – einem wirkungsgradoptimierten Ottomotor, einem Ottomotor mit Zylinderabschaltung und einem turboaufgeladenen Dieselmotor. Aus ersterem Versuchsmodell entsteht der 525e (e = „eta"). Der Diesel bietet sich wiederum durch seine im Vergleich zum Ottomotor günstigeren Verbrauchswerte und die attraktive steuerliche Einstufung als quasi unumgängliche Lösung in Krisenzeiten an. Das erste Diesel-Serienmodell, der 524td, steht 1983 in den Händlerräumen. Die lastabhängige Zylinderabschaltung ist auch nicht vergessen – ihre Stunde wird noch kommen.

Vor seinem Abschied aus München bringt Jochen Neerpasch noch einen sportlichen Ableger der 5er-Baureihe (E12) in die Entwicklung. In der auf der IAA 1979 vorgestellten Version stecken umfangreiche Erfahrungen aus der Kleinserie, die unter Verwendung des Motorsport-Tuningkits aufgelegt worden sind. Der M535i E12 wird direkt von den Fließbändern im Werk Dingolfing abgezweigt und anschließend von der BMW-Motorsportabteilung veredelt. Anfangs ist das Modell ausschließlich für den europäischen Markt gedacht, die BMW-Tochter in Südafrika montiert aber schon bald eigene M535i unter Verwendung von Umrüstsätzen aus Deutschland. Vom Serien-5er mit M-Technik-Kit hebt sich die Sportversion durch ihre weiter heruntergezogene Frontschürze, die chromlosen, seitlichen Schutzleisten, den Gummi-Heckspoiler und die Motorsport-Seitenstreifen ab.

Die Recaro-Sitze und das aus dem M1 entlehnte, kompakte Sportlenkrad sind im Innenraum natürlich Pflicht. Für die gewisse Würze sorgt bei diesem 5er der bereits aus dem 635i und 735i bekannte 3,5-Liter-Sechszylinder (M30), der 218 PS bei 5200/min sowie 310 Nm Drehmoment bei 4000/min entwickelt. Hinter dem Motor sitzen ein Getrag-Getriebe und ein kürzer übersetzter Achsantrieb. Es ist tatsächlich das erste Großserienauto der Motorsport GmbH. Die unterstreicht da-

Die 5er-Baureihe (E12) erhält als erster Serien-BMW das volle Motorsport-Programm. Das Sondermodell M535i hat den 3,5-Liter-Motor des 635 CSi, einen Karosseriekit und ein umgestaltetes Interieur mit Recaro-Sitzen samt M-Dekorstreifen und dem Lenkrad des M1 zu bieten.

mit ihren Anspruch als Hersteller praktischer Supercars. Der BMW rennt schneller als 220 km/h und benötigt nur 7,6 Sekunden für den Sprint von 0 auf 100 km/h. Innen betont auch ein integrierter Überrollbügel den sportlichen Anspruch. Knapp 45.000 Mark für so ein Auto können sich nicht viele leisten, trotzdem werden etwas mehr als 1400 Stück gebaut.

DIE LIMOUSINEN REDEN NOCH IMMER EIN WÖRTCHEN MIT

Das Formel-1-Programm steht nach wie vor im Mittelpunkt der Aktivitäten. Das Motorsportengagement der hauseigenen Limousinen tritt dabei aber nicht völlig in den Hintergrund. In der Tourenwagen-Europameisterschaft bereitet BMW – unbeeindruckt von der drohenden Gefahr der Jaguar XJS-12 des Walkinshaw-Rennstalls – anstelle des 528i die Antwort in Gestalt des 635 CSi vor. Dessen im März 1983 beim Genfer Salon gezeigte Kunden-Rennversion erfüllt alle Vorgaben des Gruppe-A-Reglements. BMW Motorsport zeichnet für Karosserie und Fahrwerk verantwortlich, Alpina für den aus der Serienlimousine entlehnten Motor. Der Reihensechszylinder entwickelt 285 PS bei 6100/min aus 3468 Kubikzentimetern. Die Höchstdrehzahl ist auf 7500/min limitiert. Ventilsteuerung und Nockenwelle bleiben gegenüber der Serienversion unverändert, doch mit Spezialkolben klettert die Verdichtung von 10 auf 11,2:1. Die extrem abgespeckte Karosserie bringt gerade einmal das im Reglement vorgeschriebene Mindestgewicht von 1185 Kilogramm auf die Waage. Die 9,5 mal 16 Zoll messenden Zentralverschlussfelgen können mit elf Zoll breiten Reifen bestückt werden.

An diesem Paket finden zahlreiche Rennteams Gefallen. Schnitzer bringt zwei Coupés an den Start – eines für Quester und Winkelhock, das Zweite für Stuck und Brun. Hartge schickt Vojtech und Enge ins Rennen, Eggenberger die Fahrer Grano und Kelleners, die Belgier Trigaux melden Delcourt, Swysen und Baert, und Juma setzt auf Tassin, Heyer und Hahne. Dieter Quester, dem die mangelnde Standfestigkeit der Jaguar in die Hände spielt, kann sich seinen vierten Titel sichern. Enttäuschend fällt für ihn lediglich der Start in Spa-Francorchamps aus, wo er wegen eines Kupplungsschadens um den sicheren Sieg kommt, so dass der BMW von Tassin, Heyer und Hahne freie Bahn hat.

In der Tourenwagen-Europameisterschaft (Gruppe A) bleibt BMW auch 1984 am Ball. Und das, obwohl sich gleich vier Marken Titelchancen ausrechnen. Die stärkste Gruppe des Starterfelds stellen die 635 CSi. Favorit ist das von BMW Motorsport unterstützte, von Schnitzer für den Vorjahresmeister Dieter Quester gemeldete Fahrzeug, im Team mit Hans-Joachim Stuck. Beide Fahrer holen ein ums andere Mal vordere Plätze, aber Stuck und dem Nachwuchsfahrer Roberto Ravaglia ist es zu verdanken, dass Schnitzer auch einen ersten Platz einfährt. Die konstantesten Leistungen zeigt allerdings das italienische BMW-Team mit Helmut Kelleners und Gianfranco Brancatelli. Doch trotz der aufgebotenen BMW-

Die von BMW Motorsport unterstützten 635 CSi des Schnitzer-Rennstalls (hier der Wagen von Berger und Ravaglia in Monza) sind die besten Vertreter der Bajuwaren in der Gruppe-A-Europameisterschaft 1984. Am Ende hat aber Jaguar die Nase vorn.

Armada lassen sich die Jaguar XJS des Walkinshaw-Rennstalls den Meistertitel nicht nehmen. Das Jaguar-Coupé triumphiert bei den 24 Stunden von Spa-Francorchamps, die abermals in Regen und Nebel versinken. Die weiteren Plätze sichern sich die besten BMW-Vertreter, das Trio Cudini/Snobeck/Tassin des Bastos-Juma-Rennstalls vor Quester, Stuck und Weaver.

AUCH EIN M KANN VIER SITZE HABEN

Wer auf das Renommee von Hochleistungssportwagen setzt und zu den profiliertesten Akteuren der Formel 1 zählt, hat einen Ruf zu verlieren. Mit dem Auftritt des Erzrivalen Mercedes-Benz im Tourenwagen-Zirkus sieht BMW logischerweise seine Vormachtstellung akut bedroht. Zumal die Untertürkheimer zum Frontalangriff übergehen. Ihr 500 SEC wird von einem 5,0-Liter-V8 angetrieben, während der 635 CSi mit einem 218 PS starken Sechszylinder auskommen muss und die Gerüchteküche zudem von einem 190er-Sechzehnventilmotor kündet.

Und auch Audi aus dem benachbarten Ingolstadt erlebt seit dem Debüt des quattro im Jahr 1980 eine Phase stetigen Aufschwungs. BMW muss außerdem mit zunehmendem Neid auf die Verkaufserfolge der vom Partner Alpina aufgepeppten Limousinen blicken. Es ist Zeit für eine Umkehr der Kräfteverhältnisse. Und eine denkbar gute Ausgangsposition für die Entwicklung einer M-Modellpalette. PS-Fülle und überragende Fahrleistungen sind schon immer sichere Verkaufsargumente, zumal sich das wirtschaftliche Umfeld zusehends aufhellt. Damit der Gegenschlag sitzt, muss der BMW aber mindestens 250 km/h schaffen – und landet somit direkt in der Premium-Klasse. Mit der Motorsport GmbH stehen dem Werk immerhin alle Instrumente für eine erfolgreiche Operation zur Verfügung.

Mit schmalem Budget geht es in aller Eile ans Werk. Zur Leistungssteigerung beim 635 bieten sich für BMW zwei Alternativen an. Entweder übernimmt man den Vierventilmotor des M1 oder man greift – analog zum 745i – auf Turbolader zurück. Pech nur, dass unter der Motorhaube der 6er-Serie kein Platz für einen Turbo und seine Peripherie ist. Also ergibt sich erstere Lösung als naheliegende Alternative.

Mit dem auf der Frankfurter IAA im September 1983 enthüllten M635 CSi zeigt BMW wieder offensiv im Marktsegment der Oberklasse-Sportler Flagge. Das M im Typenkürzel verrät, dass der Neuling von der Motorsportabteilung der Münchener entwickelt wurde. Und sein Herzstück, der Motor, stammt direkt aus der Motorenschmiede unter der Leitung von Paul Rosche.

DER M1 STEUERT DEN MOTOR BEI

Der M635 CSi zählt zur 6er-Reihe (E24), die 1976 die Nachfolge des CS-Coupé (E9) angetreten hat. Für die klassische Linienführung des 6ers zeichnet Paul Bracq verantwortlich. Bis zum Debüt des M6 gilt seit 1978 der 635 CSi als Flaggschiff der Modellpalette, nicht zuletzt dank seines Sechszylin-

Der aus dem M1 entlehnte 3,5-Liter-Reihensechszylinder kommt dank diverser Detailmodifikationen auf eine Mehrleistung von neun PS.

Der Innenraum des M635 CSi hat kaum Unterschiede gegenüber dem 635 CSi zu bieten. Der Tacho geht jedoch bis 280 km/h und gibt damit eine Vorstellung von den Fahrleistungen.

ders mit 3450 Kubikzentimetern Hubraum und einer Leistung von 218 PS bei 5200/min. Mit dem M635 CSi vollzieht BMW nunmehr einen regelrechten Quantensprung, denn sein Motor stammt aus dem sanft entschlafenen M1. Vier Ventile je Zylinder und zwei obenliegende Nockenwellen sind weiterhin die Norm, doch der Rumpf steht jetzt nicht länger senkrecht, sondern wird aus Platzgründen in einem Winkel von 30 Grad nach rechts geneigt. Die Motorschmierung erfolgt nicht mehr im Trockensumpfkreislauf, sondern als klassische Druckumlaufschmierung über die Ölwanne. Als weiterer Unterschied kommt die Umstellung von der aus der Rennsportversion bekannten, mechanischen Kugelfischer-Einspritzanlage auf eine digitale Motronic-Motorsteuerung der zweiten Generation mit vollelektronischer Steuerung der L-Jetronic-Einspritzanlage und der Zündanlage hinzu. Gleichzeitig klettert die Verdichtung von 9,0 auf 10,5:1 und auch die Ansaug- und Auspuffanlage werden überarbeitet. Ergebnis: Die Leistung steigt von 277 PS auf 286 PS bei 6500/min, was einer Literleistung von 83 PS pro Liter entspricht. Auch das Drehmoment wächst von 328 Nm auf 340 Nm bei 4500/min. Anders als beim M1-Mittelmotorcoupé, das ein im Heck montiertes ZF-Getriebe mit integriertem Achsantrieb aufweist, sitzt im M635 CSi das Fünfgang-Schaltgetriebe des 635 CSi. Dessen erste drei Gänge sind nun länger übersetzt. Die Antriebsübersetzung fällt mit 3,73:1 gegenüber 3,07:1 wesentlich kürzer als beim Seriengetriebe aus.

Die Spitze liegt bei annähernd 260 km/h und 100 km/h sind nach 6,5 Sekunden erreicht. Für den Kilometer werden bei stehendem Start nur 26,8 Sekunden benötigt – und das alles bei einem Wagengewicht von mehr als 1,5 Tonnen. In den USA geht das neue GT-Coupé unter der Bezeichnung M6 in den Verkauf. Der obligatorische Einbau eines Katalysators drückt die Leistung dort allerdings auf 260 PS.

SACHLICHKEIT IST PFLICHT

Äußerlich unterscheidet sich der M635 CSi nur wenig vom 635 CSi. Man erkennt ihn an einem tieferen Front-Spoiler und in Wagenfarbe lackierten Außenspiegeln. Neu sind außerdem die M-Embleme im Kühlergrill und in der rechten Ecke des Kofferdeckels. Außerdem läuft der neue Gran Turismo von BMW auf Spezialfelgen mit Michelin TRX-Bereifung und 45er-Niederquerschnitt, die in Durchmesser (415 Millimeter) und Breite (240 Millimeter) extrem dimensioniert sind. Als Sonderausstattung stehen sogar noch breitere BBS-Räder zur Wahl, deren fünf Radschrauben sich dezent hinter einer Zierblende mit großer Zentralmutter verstecken.

Im Innenraum dominiert ein betont sachliches Ambiente mit Leder-Schalensitzen, einem Motorsport-Dreispeichenlenkrad mit den charakteristischen Zierstreifen und einer Bordinstrumentierung inklusive M-Logo, deren Tachoskala bis 280 km/h reicht. Erst beim Anlassen wird dem Fahrer so richtig klar, dass er hinterm Volant der neuesten Kreation von BMW Motorsport sitzt. Der Sound erinnert stark an den M1, allerdings eine Note gedämpfter. Mit der Leistungssteigerung wird auch das Fahrwerk überarbeitet. Die Karosserie ist um zehn Millimeter tiefer gelegt. Die direkter übersetzte Lenkung benötigt lediglich drei Umdrehungen von Anschlag zu Anschlag. Für die Verzögerung sorgen vorne innenbelüftete Scheibenbremsen mit einem Durchmesser von 300 Millimetern und eine serienmäßige ABS-Anlage. Das beim 635 CSi gegen Aufpreis lieferbare Sperrdifferenzial mit 25 Prozent Sperrgrad ist beim M635 CSi Teil der Serie. Das Fahrwerk hebt sich von dem des 635 CSi durch straffer abgestimmte Stoßdämpfer ab.

Als Viersitzer-Coupé mit beeindruckenden Fahrleistungen und einem Preis von satten 89.500 Mark beim Auslieferungsstart (in den USA 60.000 Dollar) steht der M635 CSi in direkter Konkurrenz zum Porsche 928 S. 1986 kostet das Auto mit Katalysator bereits 102.050 Mark. Was dazu führt, dass BMW trotz vorsichtigem Facelift 1987 insgesamt nur knapp 6000 Stück verkauft.

Das Oberklasse-Coupé von BMW ist konzeptionell zwar nicht mehr ganz neu, hat in der Motorsport-Werkstatt aber eine höchst willkommene Frischzellenkur durchlaufen. Damit erweist sich der 6er als wichtige Image-Stütze genau zu der Zeit, als BMW den von Nelson Piquet auf seinem Brabham errungenen Formel-1-Titel verteidigen muss und auf den Weltmärkten nach einem krisengebeutelten Jahrzehnt endlich wieder spürbare Euphorie einkehrt. Dabei ist der M635 CSi nur ein erster Schritt. Professor von Kuenheim gedenkt seinem Wort treu zu bleiben. Der M-Modellpalette stehen konsequente Weiterentwicklungen bevor.

Mit dem M635 CSi, dessen Motor aus dem M1 übernommen wird, beschreitet BMW Motorsport die nächste Etappe auf dem Weg zu einer vollwertigen M-Modellfamilie.

DIE VORGETÄUSCHTE IDENTITÄT

Ein Jahr nach den ersten Probeläufen des M635 CSi erhält auch die 5er-Reihe als Krönung eine M-Version. Der M535i basiert auf der neuen 5er-Baureihe (E28), trägt seinen Status allerdings nicht ganz zu Recht. An Motorsport-Ingredienzien hat er lediglich die Embleme, gewisse optische Details und bessere Fahrleistungen vorzuweisen. Anders als sein Vorgänger, der in Handarbeit in den Motorsport-Werkstätten entstanden ist, kommt der neue M535i direkt vom Fließband der 5er-Großserie. Trotzdem will BMW keinesfalls den Sportlimousinen von Audi und Mercedes das Feld überlassen, die mit dem 200 Turbo beziehungsweise 190 E 2,3-16 im erlauchten Club der mindestens 230 km/h schnellen Sportlimousinen den Ton angeben. Der 5er-M soll sportbewusste Kunden bis zum geplanten Serienstart eines Vierventilers in der 3er-Reihe einstweilen bei der Stange halten. Das Rezept hat sich bereits bewährt. Der auf der Blechhülle des 528i basierende M535i erhält den Sechszylinder-Reihenmotor mit 3430 Kubikzentimetern aus der nächstgrößeren Modellreihe (635 CSi und 735i). Die Leistung beträgt, wie unter der Haube der größeren Geschwister, 218 PS bei 5200/min (ohne Katalysator) – ein Plus von 34 PS gegenüber dem 528i. Das Drehmoment erreicht 310 Nm bei 4000/min. Und dank 1390 Kilogramm sinkt das Leistungsgewicht von 7,4 auf 6,4 kg/PS. Die Höchstgeschwindigkeit wird mit 230 km/h angegeben, 100 km/h sind in 7,2 Sekunden erreicht. Auch das Fahrwerk ist an den Leistungszuwachs angepasst. Und was im 528i aufpreispflichtig ist, gibt es hier serienmäßig – speziell abgestimmte Gasdruckstoßdämpfer, ein engeres Getrag-Fünfganggetriebe, ein Sperrdifferenzial mit 25 Prozent Sperrgrad, eine ABS-Bremsanlage sowie das obligatorische Sportlenkrad. Im Sonderausstattungskatalog findet sich sogar ein echtes Sportgetriebe. Im direkten Vergleich zum 528i unterscheidet sich der M535i durch die typspezifischen Front- und Heckschürzen, Seitenschwellerverkleidungen und einen Gummi-Heckflügel auf der Heckklappe. Der M535i läuft auf 55er-Michelin-TRX-Reifen mit 220 Millimetern Breite, aber nur 390 Millimetern Durchmesser (gegenüber 415 Millimeter beim M6), die auf M-Technik-Felgen mit Zentralverschlussattrappe sitzen.

Der 528i steht mit Preisen ab 38.350 Mark in den Listen, für den M535i werden dagegen 49.990 Mark aufgerufen. Trotzdem ist der M535i – verglichen mit dem Mercedes 190 E 2.3-16 und dem Audi 200 Turbo – immer noch ein attraktives Angebot. Auf dem Pariser Automobilsalon im Oktober 1984 kündigt BMW an, das 5er-M-Modell in einem jährlichen Volumen von 5000 Stück aufzulegen. Der M535i bestätigt jedoch nicht die Vorreiterrolle, welche ihm in den Werbematerialien attestiert wird. Er liefert nicht genau das, was die Fachpresse und manche Markenfans von ihm erwarten. Schlussendlich scheinen Beschwerden von Kunden aber auf fruchtbaren Boden zu fallen, denn Anfang 1985 ziehen die Münchener anlässlich des Amsterdamer AutoRAI-Salons mit einem 5er nach, unter dessen Motorhaube ein Zylinderkopfdeckel mit dem magischen Kürzel „M Power“ prangt.

Der in Rekordzeit als Antwort auf den Mercedes 190 E 2,3-16 und den Audi 200 Turbo entwickelte M535i (E28) wartet mit eigenen optischen Finessen auf, insbesondere mit einem Aerodynamik-Kit sowie Schwellerverkleidungen und einem Gummi-Heckspoiler.

Im Vergleich zum M535i mutet die Linienführung des M5 ausgesprochen diskret an. Die Leistungsdaten sprechen eine andere Sprache: 245 km/h Spitze und 6,5 s für den Sprint von 0 auf 100 km/h.

DIE GT-LIMOUSINE ALS NEUES KONZEPT

Unter dem Modellkürzel M5 repräsentiert der neue Hoffnungsträger im Motorsport-Stall das neue Konzept einer Hochleistungslimousine, das auch bei der Konkurrenz bald Schule machen wird. Optisch mutet er wesentlich sachlicher als der M535i an. Unter der Haube des Neulings sitzt jedoch der 24-Ventil-Motor des M635 CSi, seinerseits ein Abkömmling des legendären M1. Sein aufgebohrter Reihensechszylinder besitzt 3453 Kubikzentimeter Hubraum und leistet 286 PS. Jeder Zylinder verfügt also über vier Ventile, die Maschine hat zwei Nockenwellen. Im Gegensatz zum M535i wird der M5 direkt bei BMW Motorsport im Werk Garching montiert. Seine Vermarktung gerät zum Gegenstand intensiver Debatten in der Chefetage von BMW. Manche Skeptiker befürchten, er werde dem M-Coupé die Schau stehlen. Anders als der M635 CSi, der auf einem bereits etwas angejahrten Modell basiert, markiert der M5 den Start eines ganz neuen Typensegments. Seine Leistungen, aber auch seine begrenzten Stückzahlen unterstreichen die Exklusivität. Im Jahr 1985 verlassen lediglich 250 Exemplare das Werk. In den Fahrleistungen steht er dabei dem Coupé kaum nach. Die Spitze liegt bei 245 km/h. Von 0 auf 100 km/h werden gerade einmal 6,5 Sekunden benötigt.

Um nicht den Zorn der in Deutschland besonders aktiven Umweltschützer zu erregen, legt BMW bewusst eine gegenüber dem M535i relativ diskrete Limousinenversion auf. Ohne das Aerodynamik-Paket geht der M5 beinahe als 528i durch, wenn man von den vom M535i entlehnten TRX-Felgen und der tiefergelegten Karosserie absieht.

Vom M535i rückt der M5 zudem durch seine Bremsanlage mit Vierkolben-Festsätteln an der Vorderachse anstelle der Schwimmsattelbremsen ab, die für die Hinterachse beibehalten werden. Das serienmäßige Sperrdifferenzial verfügt über einen Sperrgrad von 25 Prozent und die ABS-Anlage ist neu

Vom ersten M5 entstehen nicht viel mehr als 2000 Exemplare.

Die Innenraumgestaltung ist mit der des Standard-E28 identisch, zusätzlich finden die Insassen im M5 Sitzbezüge aus Büffelleder und einen Wildleder-Dachhimmel.

Das von BMW Belgien gemeldete 635 CSi-Coupé, das bei den 24 Stunden von Spa-Francorchamps 1985 triumphiert, wird von Ravaglia, Surer und Berger über 500 Runden mit einer Durchschnittsgeschwindigkeit von 143 km/h zum Sieg gesteuert.

abgestimmt. Die Gasdruckdämpfer sind straffer ausgelegt, die Lenkung ist weniger direkt übersetzt und das enger abgestufte Fünfganggetriebe erhält eine längere Endübersetzung. Trotz eines Mehrgewichts von 40 Kilogramm gegenüber dem M535i, das dem gediegeneren Interieur zuzuschreiben ist, sinkt das Leistungsgewicht auf 5,1 kg/PS. Die 90-Ah-Batterie wandert aus dem Motorraum in den Kofferraum. Damit ändert sich auch die Massenverteilung (52 Prozent zu 48 Prozent) geringfügig.

Der erste M5 wirkt ausgesprochen einladend. Die Sitzpolster sind mit genarbtem Büffelleder überzogen, der Dachhimmel in Wildleder gehalten. José Rosinski ergeht sich im französischen Fachblatt *Sport Auto* (April 1985) in Lobeshymnen: „Qualität in Styling und Verarbeitung vereinigen sich hier zu einer Symbiose, die ein seltenes Maß an gediegenem Komfort bietet."

Das Fazit des Testers: „Die Melodie der 24 Ventile rechtfertigt für sich allein bereits die Existenz des M5." Die Produktion nimmt langsam, aber stetig Fahrt auf. Von 25 Einheiten im Jahr 1984 steigert sich die Jahresproduktion in der Folgezeit auf 400 beziehungsweise 1000 Exemplare. Der Superstar aus München wird allerdings nur auf Bestellung gebaut. Insgesamt 2145 Kunden greifen zu und zahlen mehr als 80.000 Mark für ihr Wunschauto.

DER LEISTUNGSWETTLAUF BESCHLEUNIGT SICH

Um die Ertragslage der Motorsport-Abteilung, die mittlerweile 370 Beschäftigte zählt, weiter zu verbessern, arbeitet BMW zielstrebig an der Einführung weiterer M-Modelle für seine besonders anspruchsvolle Klientel. Wie diese Bestrebungen umgesetzt werden, findet jedoch nicht überall im Unternehmen ungeteilte Zustimmung. Als das Direktorium den Verzicht auf die Entwicklung eines 3,5-Liter-V12-Motors beschließt (eine durch Budgetzwänge und die zu dünne Personaldecke an Ingenieuren motivierte Entscheidung), nimmt Wolfgang Peter Flohr, Geschäftsführer von BMW Motorsport, Ende September 1988 seinen Hut – mitten in der Einführungsphase des neuen M5. Als Nachfolger von Flohr wird der seit 1977 für BMW tätige Karl-Heinz Kalbfell berufen, ein begeisterter Motorsportler und Sammler von Veteranenmotorrädern.

Die Ende April 1988 vorgestellte zweite Generation des M5 basiert auf der wenige Wochen zuvor präsentierten neuen 5er-Reihe (E34). Diese dritte Generation der Oberklasselimousine aus München ist von Grund auf überarbeitet worden, misst jetzt 4,72 Meter in der Länge und kommt mit einem um 136 Millimeter verlängerten Radstand und einer 51 Millimeter breiteren Karosserie zu den Kunden. Die größeren Abmessungen, die Mehrausstattung und die Rahmenversteifun-

In der zweiten Hälfte der 1980er Jahre wird ein 6er BMW von der Motorsport-Abteilung versuchsweise mit dem neuen M70-12-Zylindermotor bestückt.

gen haben allerdings eine Gewichtszunahme um 130 bis 155 Kilo zur Folge. Die Modellpflegemaßnahmen der 5er-Reihe fließen natürlich auch in den neuen M5 ein.

Unter der Haube arbeitet nach wie vor der Reihensechszylinder mit Vierventiltechnik aus dem M1, doch sein Hubraum beträgt jetzt 3535 Kubikzentimeter. Mit 315 PS bei 6900/min liegt die Motorleistung erstmals bei einem Motorsport-Modell jenseits der 300 PS – sogar mit serienmäßigem Keramik-Dreiwegekatalysator. Das Drehmoment steigt auf 353 Nm bei 4750/min. Der Motor ist mit immensem Aufwand überarbeitet. Neu sind eine modifizierte Kurbelwelle, die Nockenwelle mit größerem Hub und vor allem eine Resonanzansauganlage mit längenabgestimmten, drehzahlabhängig variablen Saugrohren sowie jeweils einer eigenen Schaltklappe pro Saugrohr, was für fülligeres Drehmoment sorgt.

EIN 635 ALS EHRENRETTUNG IN SPA

In der Rennsaison 1985 kommt BMW nicht gegen Volvo und die Dominanz des Walkinshaw-Rennstalls, der von Jaguar auf Rover umgestiegen ist, an. Dergestalt zur Statistenrolle verdammt, gelingt dem 635 aber wenigstens eine Ehrenrettung für BMW, als das Schnitzer-Team einen Doppelsieg beim prestigeträchtigsten Rennen der Saison, den 24 Stunden von Spa-Francorchamps, landet. Das Trio Ravaglia/Berger/Surer kommt vor Quester, Cecotto und Oestreich als erste ins Ziel. In der folgenden Saison entgeht BMW die Konstrukteursmeisterschaft erneut. Dafür fährt Roberto Ravaglia auf seinem Schnitzer-BMW eine hervorragende Saison und schafft in der Endwertung Platz 1. Und bei den 24 Stunden von Spa-Francorchamps gelingt BMW 1986 sogar ein fulminanter Fünffachsieg. Die Plätze 1 bis 5 gehen an BMW.

DER KÖNIG DER AUTOBAHN

Auch der M5 hält sich an die mit Mercedes-Benz seit dem Debüt des 750i bestehende Selbstverpflichtung zur Leistungsbegrenzung und Abriegelung der Höchstgeschwindigkeit auf 250 km/h. Das Fahrgestell würde dank seiner Auslegung das Leistungsplus aber zuverlässig verkraften. Das Ausgangsfahrwerk bietet ohnehin reichlich Reserven, doch es bleibt bei einer Karosserietieferlegung um 20 Millimeter gegenüber dem 535i, womit der cw-Wert trotz der 17-Zoll-Breitreifen bei 0,32 verharrt. Diese Räder, gepaart mit einer idealen Massenverteilung von 50:50, ergeben eine deutlich verbesserte Traktion, die nicht gerade eine Stärke der ersten Generation war.

Federn und Stoßdämpfer sind gegenüber dem 535i um 25 Prozent härter abgestimmt. Die Stabilisatoren erhalten einen größeren Durchmesser und das Sperrdifferenzial mit einem Sperrgrad von 25 Prozent ist Teil der Serienausstattung. Als Besonderheit bietet der M5 ein Fahrwerk mit verstellbarem Spurwinkel und hydraulischer Höhenverstellung, mit der der Radsturz bei jeder Zuladung konstant bleiben soll. Das asymmetrische Felgenprofil mit höherem äußerem Felgenhorn soll den Reifen selbst bei einem Plattfuß auf der Felge halten. Besonderer Aufwand fließt in die Bremsenkühlung. Die turbinenförmige Luftführung der Felgenspeichen lenkt die Strömungsluft direkt auf die Bremsscheibe. Auch der zweite M5 setzt im Styling auf dezente Zurückhaltung. Die Frontschürze fällt relativ diskret aus und nur zwei groß dimensionierte Auspuffendrohre sowie M5-Logos verraten die Herkunft. Dabei ist der M5 von 1989 weniger sportlich als sein Vorgänger ausgelegt, denn primäre Zielgruppe sind jetzt Liebhaber schneller Reiselimousinen. Komfort und Vollausstattung haben Priorität. Und so verwundert es nicht, dass das Gewicht auf 1670 Kilo klettert. Sowohl mit seinem Listenpreis jenseits der 100.000 Mark als

Wie bereits der erste M5 wird auch sein auf der Baureihe E34 basierender Nachfolger vom M1-Motor angetrieben. Mit dem vergrößerten Hubraum erreicht der Vierventil-Sechszylinder auch mit Katalysator eine Leistung von 315 PS.

auch durch seine Marktstellung rückt der M5 schon sehr in die Nähe eines 750i mit V12-Motor. Die Auslieferung beginnt im Frühsommer 1989.

Wie die erste Serie, entsteht auch die zweite Generation des M5 in Handarbeit. Mit einer Jahresproduktion von mehr als 1500 Einheiten ist also nicht zu rechnen. Eigentlich beabsichtigt BMW Motorsport, beim Genfer Salon 1989 eine Cabriovariante des M5 zu präsentieren. Aber letzten Endes kommt es nicht dazu, denn es steht zu befürchten, dass die Kunden auch ein Cabriolet der normalen 5er-Serie verlangen würden, und dessen Leistung würde zu sehr in die Nähe der 3er-Serie rücken.

EIN SPORTKOMBI FÜR DIE FAMILIE

Im Jahresverlauf 1990 werden mit dem Einstand des Mercedes 500 E die Karten im Segment der Hochleistungs-Reiselimousinen neu gemischt. Mit einem 5-Liter-V8, der dem 500 SL Roadster entlehnt worden ist, und einem bei Porsche entwickelten und montierten Chassis setzt die Stuttgarter Limousine neue Maßstäbe. Die Antwort von BMW lässt nicht lange auf sich warten. Im Frühjahr 1991 erweitert München die M5-Modellpalette um einen Touring-Kombi und im März 1993 erhält der Sechszylinder eine Vitaminkur, die ihm den entscheidenden Vorsprung gegenüber der Konkurrenz verschaffen soll. Die Leistung legt dank eines auf 3795 Kubikzentimeter vergrößerten Hubraums um 25 PS auf nunmehr 340 PS bei 6900/min zu.

Der Tacho reicht nunmehr bis 300 km/h und auch das Dreispeichenlenkrad des M5 E34 ist neu.

Anfang der 1990er Jahre revolutioniert BMW Motorsport mit der Einführung eines M5-Kombis abermals den Markt der sportlichen Familienautos.

Mit der Umbenennung in M GmbH im Jahr 1993 erhält BMW Motorsport zugleich ein neues Logo. Marineblau löst ab sofort den violetten Farbton ab.

Der stärkste Buchstabe der Welt.

Das Drehmoment klettert von 360 auf 400 Nm. Äußeres Erkennungsmerkmal des neuen Evolutionsmodells sind die grau lackierten Schwellerverkleidungen und die M-System-II-Fünfspeichenfelgen, die auch am 850 CSi zu finden sind. Als weitere Neuerung kommen die EDC-Dämpfer hinzu, die eine weitere Aufwertung des ohnehin bereits mit Hinterachs-Niveauregulierung und Sperrdifferenzial ausgestatteten Fahrwerks bedeuten. Zum Modelljahr 1994 wird der M5 einer weiteren Verjüngungskur unterzogen. Die BMW-Niere im Kühlergrill wird verbreitert. Dazu kommen 18-Zoll-Fünfspeichen-Leichtmetallfelgen sowie größere Bremsscheiben und ein Sechsganggetriebe. Der M5 hat sich mittlerweile bestens etabliert. Im Verlauf seiner Bauzeit gehen von der zweiten Generation der Sportlimousine rund 12.000 Exemplare an Kunden in aller Welt.

FRISCHER WIND UNTER NEUEM NAMEN

Um zu verhindern, dass das Werk in eine Spirale sinkender Stückzahlen und Umsätze gerät, wird die Erneuerung des M3 und des M5, der beiden Aushängeschilder der Abteilung, zeitversetzt eingeplant. Damit bleibt das Motorsport-Angebot kontinuierlich aktuell und modellwechselbedingte Produktionsrückgänge lassen sich leichter abfedern. Doch fast zwei Jahre lang fehlt der M5 im Lieferprogramm. Ist die Geburt des Nachfolgers derart beschwerlich? Sind zu viele Modelle

Zum zwanzigjährigen Jubiläum von BMW Motorsport legt die Marke eine Sonderserie von zwanzig M5 mit speziellen Schalensitzen und einer exklusiven Sitzpolsterung auf.

In der dritten Generation des M5 (E39S) weicht der Sechszylinder einem V8-Saugmotor mit 400 PS und überwältigender Soundkulisse. Das bis dahin leistungsstärkste Fahrzeug aus dem M-Modellprogramm steht in seinem letzten Produktionsjahr (2003) mit 75.500 Euro in der Preisliste.

Der M5 mit V8-Motor ist mit unterschiedlichen Innenausstattungen lieferbar, unter anderem mit der Exclusive-Option mit Holzeinsätzen oder der Silverstone-Variante mit zweifarbigem Nappaleder und Titaneinlagen.

auf einmal zu entwickeln? Fließt der ganze Aufwand in externe Wachstumsaktivitäten? Auf Initiative von Bernd Pischetsrieder, der Eberhard von Kuenheim am 13. Mai 1993 ablöst, engagiert sich BMW in immer mehr Betätigungsfeldern. Der Motorsportbereich, die hundertprozentige Tochter der BMW AG, wird in diesem Zug in BMW M GmbH umbenannt. Deren Aktivitäten konzentriert sich fortan auf fünf Bereiche: Die BMW M-Modelle sowie die BMW M Performance-Automobile, BMW Individual, die M-Ausstattungsvarianten und -Pakete, die BMW Driving Experience sowie alle Sonder-, Sicherheits- und Einsatzfahrzeuge.

ACHT ZYLINDER GEBEN DEN TAKT AN

Angesichts des Rückgangs der Produktionszahlen im Jahr 1993 stellt sich erneut die Frage nach der kritischen Größe. Ist BMW für die Herausforderungen des zu Ende gehenden 20. Jahrhunderts gerüstet? Eine erste Antwort auf die Frage liefert die Übernahme der englischen Marke Rover Anfang 1994. Leider bringt die Operation nicht den gewünschten Erfolg. Die Absatzzahlen der Münchener Modelle übertreffen einen Rekord nach dem anderen, doch bei Rover sacken die Zahlen in den Keller. BMW kommt nicht umhin, Milliarden Euro zu einem Zeitpunkt zuzuschießen, als die Schlacht mit dem Volkswagen-Konzern und dessen allmächtigem Vorstandsvorsitzenden Ferdinand Piëch um die Übernahme von Rolls-Royce, dem Nonplusultra der Luxusautomobile, in die entscheidende Phase geht. Das Ergebnis ist ein Abkommen der beiden Konzerne, das auf die Trennung von Rolls-Royce und Bentley hinausläuft. Und auch das Schicksal von Rover ist besiegelt.

Erste Konsequenz im Management ist die Ablösung von Bernd Pischetsrieder am 5. Februar 1999. Doch bei aller Unruhe in der BMW-Chefetage erweist sich das Unternehmensfundament als solide. Der neue M5, der auf der neuen, auf der IAA 1995 vorgestellten 5er Generation (E39) basiert, bietet Superlative ohne Ende. Das Warten hat sich also gelohnt. Diese dritte Generation des M5, die von Adolf P. Prommesberger, dem seit 1. Januar 1994 amtierenden Chef von BMW M, verantwortet wird, gibt beim Genfer Salon im März 1998 ihren Einstand und darf als neuerlicher Paukenschlag des M-Teams gelten. Käuflich zu erwerben ist der M5 allerdings erst ab Jahresende. Dafür wartet der Neue unter der Haube mit einem V8-Saugmotor mit Vierventiltechnik, fünf Litern Hubraum und respektablen Leistungszahlen auf. 400 PS bei 6600/min bei einem

M NH 2519

Beim Facelift zum Modelljahr 2001 werden dem M5 E39 auch neue Zusatzfunktionen spendiert. Die orangeroten Dioden im Drehzahlmesser erlöschen, sobald der V8 seine Betriebstemperatur erreicht hat.

Drehmoment von 500 Nm bei 3800/min. Dazu gibt es wuchtigere Karosserieschürzen, 18-Zoll-M-Räder mit paarweise gegossenen Speichen, Schwellerblenden und vier Endrohre. Kurz: Von dem bisher praktizierten Understatement des M5 ist nicht viel geblieben. Aus gutem Grund, denn mit den 400 PS, die über ein Sechsgang-Schaltgetriebe auf die Hinterräder übertragen werden, stellt die Limousine selbst edle Gran Turismo in den Schatten. Dabei hat BMW an alles gedacht. Die elektronische Dynamic Stability Control bremst etwaige Leistungsexzesse zuverlässig ein. Neben strafferen Stoßdämpfern wird das Fahrwerk durch zusätzliche Polyurethanlager und größer dimensionierte Stabilisatoren aufgewertet. An den Rädern sitzt eine neu konstruierte Compound-Bremsanlage, die nicht nur bessere Verzögerungswerte, sondern auch eine Gewichtsersparnis von 15 Prozent ermöglicht.

Die Höchstgeschwindigkeit wird nach wie vor elektronisch auf 250 km/h abgeregelt. Für den Spurt von 0 auf 100 km/h werden aber nur noch 5,3 Sekunden benötigt. Der Sound des V8 hinterlässt bei Motorenfans einen unvergesslichen Eindruck. Eine nette Spielerei: Der rote Bereich des Drehzahlmessers ändert sich je nach Wärme des Motors. Das soll verhindern, dass jemand bei kaltem Öl schädlich hohe Drehzahlen abruft. Auch der „Sport-Knopf" im Cockpit ist neu. In Standard-Einstellung reagiert der Motor auf Gasbefehle eher zurückhaltend, im „Sport"-Modus giftig und dynamisch.

Ab dem Jahr 2000 teilt sich der M5 den auf der Sondermotoren-Fertigungsstraße handmontierten V8 des Z8-Roadster. Im Übrigen bleibt dieser M5 während seiner gesamten Bauzeit nahezu unverändert. Bei den ab September 2000 ausgelieferten Exemplaren kommen lediglich neue Scheinwerfer, ein Dreispeichenlenkrad mit dickerem Lenkradkranz, grau hinterlegte Instrumentenzifferblätter und neues Komfort-Equipment hinzu, ebenso wie Einparksensoren in der Frontschürze, ein Sonnensensor für die Automatik-Klimaanlage und ein größerer GPS-Bildschirm. Als die Fertigung im Werk Dingolfing im Jahr 2003 eingestellt wird, sind von der dritten Inkarnation des M5 rund 20.000 Exemplare für je rund 140.000 Mark ausgeliefert worden. Ein neuer Rekord.

DER 3ER BMW IM ZEICHEN DES M

Der M3 soll nicht nur die Palette der M-Sportmodelle erweitern, sondern auch zur Homologation einer Rennsportversion für die neue Gruppe-A-Weltmeisterschaft dienen.

PROFESSOR EBERHARD VON KUENHEIM HAT VERSPROCHEN, DAS SPORTLICHE ERBE DER MARKE BMW ZU WAHREN UND DAMIT DIE MARKTPOSITION ZU VERTEIDIGEN. VON IHM IST EIN PRÄGNANTER SPRUCH ÜBERLIEFERT, DER SEINE PHILOSOPHIE AUF DEN PUNKT BRINGT: „NICHT DIE GROSSEN FRESSEN DIE KLEINEN, SONDERN DIE SCHNELLEN ÜBERHOLEN DIE LANGSAMEN." BEI BMW MANIFESTIERT SICH DIES IN ENORMEM TEMPO, MIT DEM DIE BAYERN GEGENÜBER MERCEDES WIEDER DIE OBERHAND GEWINNEN WOLLEN. IN UNTERTÜRKHEIM HAT MAN BEIZEITEN DEN ENTSCHEIDENDEN SCHWENK VOLLZOGEN.

Innerhalb weniger Jahre gelingt es der Marke mit dem Stern, ihr Image durch Einführung ultramoderner, sportlicher Modelle – allen voran des 190 E 2.3-16 – radikal zu verjüngen. Ausgerechnet in dieser Phase lässt BMW, auch angesichts der ständig drohenden Einführung eines Tempolimits auf deutschen Autobahnen, die eigene Imagepflege etwas schleifen und scheint den sportlichen Markenkern sogar gegen den Hauch jener Seriosität eintauschen zu wollen, um die man den Stuttgarter Dauerrivalen beneidet. Höchste Zeit also für München, die Führung zurückzuerobern und den Lauf der Ereignisse zu ändern. Das Hin und Her nach dem Abgang von Jochen Neerpasch ist inzwischen nur noch eine böse Erinnerung. In Wolfgang Peter Flohr findet die BMW Motorsport GmbH wieder den Chef, der ihr gefehlt hat. Ihm ist auch die Geburt des jüngsten Sprosses des Hauses BMW Motorsport zu verdanken. Willkommen, M3!

DIE GESETZE DES MARKETING

Die Anfänge dieses Modells, das auf der Frankfurter IAA 1985 debütiert, gehen auf das Jahr 1981 zurück. Mit dem Neuling soll die Rückkehr zu den Ursprüngen eingeleitet werden – zum Engagement in der neuen Tourenwagen-Weltmeisterschaft, die von der FISA zur Saison 1987 angekündigt worden ist. Voraussetzung für eine Homologation in der Gruppe A ist eine Mindestproduktion von 5000 Exemplaren. Dass sich die Entwicklung des M3 jedoch derart in die Länge zieht, ist nicht zuletzt einer ganzen Folge technischer Konflikte im Unternehmen zuzuschreiben, wo mehrere Projekte parallel laufen. Paul Rosche will sichergehen, dass man das Gesamtklassement auch wirklich gewinnen kann. Und so gehört er zu denen, die den Einbau eines Turboladers für unumgänglich halten. Unter Image- und Kommunikationsaspekten wird damit die Brücke

WOLFGANG PETER FLOHR, WEGBEREITER FÜR DEN AUFSCHWUNG DES M

Der gebürtige Berliner hat mit 17 Jahren ganz unten auf der Karriereleiter bei BMW angefangen, arbeitet sich aber zielstrebig nach oben und hat schließlich zehn Jahre lang die Funktion des weltweiten Kundendienstdirektors inne. Auch dank seines Kommunikationstalents wird Flohr 1985 die Leitung von BMW Motorsport übertragen. Dort entwickelt er große Leidenschaft für den ihm bisher fremden Motorsport, was ihn aber nicht davon abhält, das Formel-1-Abenteuer zu beenden und mit dem M3 ganz auf den Tourenwagen-Rennsport zu setzen.

Franz-Josef Strauß und Wolfgang Peter Flohr vor einem M3 in den M-Betriebshallen in Garching.

zum Brabham-BMW geschlagen, mit dem die Münchener Formel-1-Geschichte geschrieben haben. Allerdings findet Rosches Standpunkt keinen ungeteilten Zuspruch. Zum einen gehört die Turboladertechnik nicht wirklich zur technischen DNA der Motorsport-Modelle. Zum anderen hat BMW zwischen dem Entwicklungsbeginn und der Markteinführung des M3 den Ausstieg aus der Formel 1 beschlossen. Ein Turboladermotor mutet daher aus Marketinggesichtspunkten wenig plausibel an. Also beschließen die Entscheidungsträger, den aus der Formel 2 bewährten Vierzylinder unter die Haube des 3er-Modells (E30) zu packen.

Unter größter Geheimhaltung stellt Paul Rosche ein Team um die Motorenspezialisten Ötner, Dippelhofer und Kaschner zusammen. Beflügelnd wirkt dabei die Markteinführung der E30-Generation. Unter der Leitung des bei Ford abgeworbenen Thomas Ammerschläger, der dort vor allem für die Entwicklung der Gruppe-5-Capri mit Rohrrahmenchassis verantwortlich war, spulen die Versuchsprototypen, mitunter sogar als Mercedes getarnt und in Stuttgart zugelassen, beeindruckende Kilometerleistungen ab. Die Motorenentwicklung ist zwischenzeitlich Horst Rech übertragen worden.

VIERVENTILTECHNIK AUF DEM VORMARSCH

Als erstes Produkt der Motorsport-Abteilung weicht der M3 von der bis dahin gepflegten Tradition der Sechszylinder ab. Doch auch der kleine Motor bleibt dem Markenkern treu. Denn Bohrung und Hub des Vierzylinders mit einem Hubraum von 2302 Kubikzentimetern entsprechen denen des M1-Triebwerks. Das neue Baumuster S14 kommt mit einem Vierventil-Zylinderkopf auf eine Leistung von 200 PS – fünf PS mehr als in der Katalysatorausführung für den deutschen Markt (der Kat macht den M3 nicht nur um 1800 Mark teurer, sondern auch um fünf km/h Spitze langsamer, der Sprint dauert 0,1 Sekunde länger). Zunächst lässt sich mit dieser Differenz leben, dennoch ist der Einbau eines Katalysators, der höheren Verbrauch und etwas geringere Leistung bedeutet, keineswegs überall verbreitet. Auch die unterschiedlichen Oktanzahlen des verfügbaren Benzins haben ihren Einfluss auf die Motorleistung. Konstruktive Abhilfe für dieses Problem schafft die Rücknahme des Verdichtungsverhältnisses von 10,5:1 auf 9,6:1. Der überschaubare Hubraum spricht natürlich nicht für überragende Chancen auf den Gesamtsieg in Tourenwagenrennen. Aber dank der hohen Steifigkeit des Kurbeltriebs verkraftet das M3-Triebwerk in der Rennversion sogar astronomisch anmutende Drehzahlen von 10.000/min. Diese parallel entwickelte Variante erreicht stolze 300 PS. Und dabei baut der Motor des M3 im Kern noch immer auf dem Gussblock der alten 1500er Limousine der „Neuen Klasse" auf. Verbunden ist ein Fünfgang-Schaltgetriebe mit nach links unten versetztem erstem Gang.

DAS AUSHÄNGESCHILD IM MOTORSPORT

Die Wettbewerbsambitionen des M3 sind unübersehbar. Die Kotflügel machen dicke Backen, die Stoßfänger werden umgestaltet, auf der Heckklappe thront ein Heckspoiler und die Seitenschweller sind aerodynamisch verkleidet. Im Hinblick auf die Homologation wird obendrein an den Pfunden gespart, wo es nur geht. Der M3 bringt lediglich 1200 Kilo auf die Waage – auch dank großzügiger Verwendung von Kunststoffen für Stoßfänger, Seitenverkleidungen und Heckklappe. Interessierte Amateure dürfen allerdings erst ab Früh-

Das Cockpit des M3 E30 ähnelt der Standardversion im 3er BMW. Sitzpolster mit Stoffbezug im Hahnentrittmuster sind Teil der Serienausstattung.

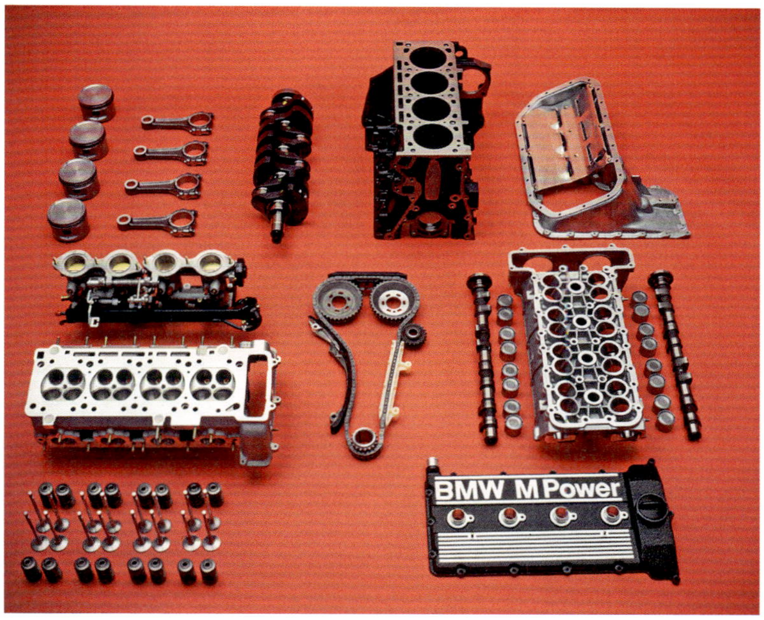

Eine kleine Abweichung von der seinerzeit geltenden Doktrin der M-Abteilung: Der Motor des M3 ist ein Vierzylinder mit 2,3 Litern Hubraum, aber auch mit vier Ventilen pro Zylinder.

Ausladende Karosseriekonturen, Kotflügelverbreiterungen und Heckspoiler: Der M3 setzt Akzente in der BMW-Modellpalette.

Kompaktes Kraftpaket: Statt der 200 PS im Serientrimm leistet das 2,3-Liter-Renn-triebwerk stattliche 300 PS bei sensationellen 8200 Umdrehungen pro Minute.

AUF DEN PISTEN DER WELT ZUHAUSE

Die homogene, ausgewogene Abstimmung des M3 ist auch dem Engländer David Richards nicht entgangen, dessen Domäne das Fahrzeugtuning für den Rallyeeinsatz ist. Am Steuer eines Richards-Wagens gelingen Bernard Béguin wahre Wunder, unter anderem der Sieg bei der Tour de Corse vor den Werks-Lancia Delta.

Der M3, der auf unterschiedlichsten Pisten in seinem Element ist, verhilft dem Team Bernard Béguin/Jean-Jacques Lenne 1987 zum ersten Platz bei der Tour der Corse.

jahr 1986 die Fahreindrücke dieses „Super-3ers" genießen. Der gut ausgestattete Innenraum wartet mit Schalensitzen vorn und einer Rückbank für zwei Personen auf. Geschaltet wird über ein Fünfgang-Sportgetriebe mit Schaltwegverkürzung. In der letzten Ausbaustufe wächst aus dem Glasfaser-Heckdeckel ein Flügel mit einstellbarer Spoilerlippe.

Die Autojournalisten können sich bereits bei den ersten Pressetagen auf der Rennstrecke von Mugello vom M3 als exzellente Sportmaschine überzeugen. Der 2,3-Liter-Vierzylinder geht beherzt und ohne Zögern oder Vibrationen bis zur Abriegelung bei 7250/min zur Sache. Auch bei den Fahrleistungen liegt er an der Spitze seiner Klasse. Die Höchstgeschwindigkeit beträgt 235 km/h, nach nur 6,7 Sekunden ist die 100 km/h-Marke passiert. Und in 28,32 Sekunden ist die 1000-Meter-Distanz aus dem Stand zurückgelegt. Den Mercedes 190 E 2,3-16 einmal ausgenommen, ist ein derartiges Leistungsniveau zu dieser Zeit reinrassigen Sportwagen vorbehalten.

BMW ist ein Meisterstück gelungen. Mit dem M3 gewinnt die Marke wieder deutlich an motorsportlichem Profil. Die Presse spart nicht mit Lobeshymnen für das Fahrverhalten des M3. Gefallen finden vor allem Abstimmung, Balance und Traktion. Dem ist eine intensive Überarbeitung des 3er-Fahrwerks durch die Werksingenieure vorausgegangen. Härtere Federn und straffere Stoßdämpfer unterstreichen in Kombination mit dem vergrößerten Stabilisatordurchmesser die sportliche Charakteristik. Die Vorderachse bekommt einen drei Mal so großen Nachlauf und die Lenkung ist direkter übersetzt. Dazu kommt ein tieferer Massenschwerpunkt in Verbindung mit geringerer Bodenfreiheit. Die in Profil und Breite betont sportliche 205/55 VR15-Bereifung sitzt auf 7x15-Zoll-Felgen und trägt merklich zur sportlichen Fahrwerkscharakteristik bei. Mit Uniroyal, Goodyear und Pirelli erhalten gleich drei Reifenmarken die Homologation als Ausrüster. Herzstück der Bremsanlage sind die innenbelüfteten Scheibenbremsen an der Vorderachse, die mit einer serienmäßigen ABS-Anlage kombiniert werden.

Trotz des recht gesalzenen Einstandspreises von knapp 59.000 Mark entwickelt sich der M3 sofort zu einem durchschlagenden Verkaufserfolg und die für die Homologation erforderliche Auflage von 5000 Stück lässt sich mühelos absetzen. Damit etabliert sich der M3 als Bestseller der Motorsport-Sparte, die mittlerweile in großzügigen Werksanlagen in Garching im Münchener Umland residiert. Insgesamt kommt die Produktion der ersten Generation des M3 auf 17.970 Stück (einschließlich der 220 PS starken Evolution-II-Version von 1988 und des in 600 Exemplaren aufgelegten Sport Evolution beziehungsweise Evolution III von 1990). Noch im Jahr 1987 laufen die Modellpflegemaßnahmen am M3 an. Als erster BMW erhält der M3 Stoßdämpfer mit elektronischer Einstellmöglichkeit.

Bei der Entwicklung des M3 stand von Beginn an der Motorsporteinsatz klar im Vordergrund: Der M3 und die Gruppe-A-Rennversion bei einer Präsentation auf der Rennstrecke von Monza. Für eine Homologation als Gruppe-A-Rennwagen müssen „innerhalb von zwölf aufeinanderfolgenden Monaten mindestens 5000 Einheiten" der Serienversion gebaut werden.

Mit einem Drehknopf neben dem Handbremshebel kann der Fahrer die Dämpfer nach persönlichen Vorlieben auf „Normal", „Komfort" oder „Sport" einstellen. Eine Kontrollleuchte im Kombiinstrument zeigt den eingestellten Modus an.

WIEDERSEHEN MIT DEM ERZRIVALEN FORD

Die Gruppe-A-Meisterschaft wird mittlerweile international ausgetragen und verspricht für die Saison 1987 hochinteressante Rennen. Neben den echten Spezialisten dieser Disziplin wagen auch zahlreiche alte Hasen – oft ehemalige Formel-1-Piloten – den Sprung in diese Klasse. Ärgerlich nur, dass bereits vor dem Saisonstart Sand ins Getriebe gerät. Bernie Ecclestone, der zum Vizepräsidenten der FISA aufgerückt ist, hat die Startgelder auf ein Niveau gebracht, das für Amateure und auch für viele Werke, deren Budgets nicht beliebig erweiterbar sind, völlig unrealistisch ausfällt. So treten schlussendlich gerade einmal fünfzehn Wagen an. BMW Motorsport entscheidet sich für eine offizielle Werksunterstützung der Teams von Schnitzer, CiBiEmme und Bigazzi. Ford bringt drei Sierra Cosworth an den Start, denen die Rolle des Angstgegners zufällt. Auch die Europameisterschaft hat lediglich 17 Fahrzeuge anlocken können. BMW mischt hier als einziger Hersteller über den Linder-Rennstall direkt mit. In der Weltmeisterschaft hat BMW aufgrund seines Leistungsmankos eigentlich keinerlei Siegchancen gegenüber den Ford-Modellen. Immerhin kann der M3 aber mit seiner perfekten Abstimmung und Standfestigkeit punkten, dank derer er auf jedem Rennkurs mitzuhalten vermag. Der erste Start der Saison 1987 in Monza wird zu einem triumphalen Erfolg.

Drei M3 fahren aufs Siegertreppchen. Leider folgt die Disqualifikation auf dem Fuße, denn BMW ist bei der Gewichtsverringerung verschiedener Baugruppen etwas zu weit gegangen. Zweifelsohne hätte die Saison besser beginnen können.

Doch auch dieser Fehltritt ist bald überwunden. Und während Ford noch Kinderkrankheiten auskuriert, sammeln die M3 dank ihrer überlegenen Wendigkeit fleißig Wertungspunkte. Das Gespann Grouillard/Sala, das zur Saisonmitte in der Wertung noch an der Spitze liegt, büßt seine Siegchancen allerdings in Silverstone ein, als es – in Führung liegend – nach einem Drift von der Fahrbahn abkommt. Am Ende holt sich der konstant verlässlich fahrende Italiener Roberto Ravaglia (Schnitzer) – auch dank der standfesten Yokohama-Bereifung seines M3 – den Weltmeistertitel, während der Konstrukteurstitel an Ford geht. In Spa triumphieren die Belgier Jean-Michel Martin, Didier Theys und Eric van de Poele mit ihrem M3. Van de Poele, Mitglied des BMW Junior Teams, entscheidet außerdem die Deutsche Tourenwagenmeisterschaft in seinem Zakspeed-BMW für sich.

Weltmeisterschaftslauf 1987 auf dem Nürburgring: Emanuele Pirro zieht auf seinem Schnitzer-M3 innen am Alpina-M3 von Fabien Giroix vorbei.

Zur Homologation neuer Rennsportkomponenten bringt BMW den M3 Evolution II (1988-1990) heraus, dessen 220 PS starkes Triebwerk auch optisch seine Herkunft dokumentiert.

VARIATIONEN DES M3

Neu kommen zum Jahr 1988 zwei besonders faszinierende Varianten hinzu: Eine Evo-Sonderserie (Evolutionsmodell, später als „Evolution II" bezeichnet) mit 220 PS und ein Cabriolet für die Riege der Offenfahrer. Vom Evolution II entstehen exakt 500 Stück. Neu sind hier aerodynamisch überarbeitete Karosserieelemente. Außerdem entfallen die Nebelscheinwerfer. Die damit freigelegten Luftschächte sollen stattdessen die Kühlluftströmung zu den Bremsen optimieren. Als weitere Besonderheit dieser Sonderserie sind Ventildeckel und Luftsammler in den Motorsport-Farben lackiert. Das auf Basis des 3er-Seriencabrios entwickelte M3 Cabriolet rangiert dank seines 215 PS starken Vierzylinders und einer Spitze von 239 km/h auf Anhieb als PS-stärkstes und schnellstes Viersitzer-Cabriolet. Insgesamt entstehen nur 786 Exemplare. Die Motorsport-Filiale erschließt sich damit aber neue Kundenkreise.

DER M3 MACHT FURORE AUF DEN RENNSTRECKEN

Wird BMW in der wieder auf europäischer Ebene ausgetragenen Tourenwagenmeisterschaft wohl seinen Titel verteidigen können? Auf dem Papier haben die Ford mit 480 PS die Nase vorn. Doch trotz des scheinbaren Kräfteungleichgewichts bleibt das Rennen um den Titel zwischen BMW und Ford lange offen. Bei BMW Motorsport ist man nicht untätig, um das Potenzial des M3 voll auszuschöpfen. Mit einem Sechsganggetriebe lässt sich das relativ schmale Leistungsband des 2,3-Liter-Vierzylinders noch besser nutzen. Dazu gibt es eine neue Vorderradaufhängung mit Magnesiumkomponenten, geänderte Stabilisatoren, eine verstärkte Bremsanlage sowie ein Saugrohr aus Kevlar. Zusätzlich ist die Gewichtsverteilung modifiziert worden. Obendrein hat der M3 um rund 40 Kilo abgespeckt. Am Ende zeigt sich, dass Leistung doch nicht alles ist, zumal die Ford allzu oft Opfer einer suboptimalen Rennstrategie werden. Und so darf sich Roberto Ravaglia 1988 erneut über den Tourenwagen-Meistertitel freuen, obwohl er in der Saison nur drei Siege einfährt. Dabei beweist er wiederholt Fighterqualitäten. In Zolder schafft Ravaglia den Sprung aufs Siegerpodest mit nur einer halben Sekunde Vorsprung. Und in Spa-Francorchamps macht die Boxenstrategie des M3 von Quester, Heger und Ravaglia den entscheidenden Unterschied. Der M3 mit der Nummer 52 des Bigazzi-Rennstalls mit Olivier Grouillard, Jacques Laffite und Jean-Michel Martin am Steuer ist zuvor die schnellste Zeit aller BMW gefahren, schafft es nach einem Vorderachsdefekt aber nur auf Rang 3.

Mit der Cabrioversion des M3 E30 sollen ab Mai 1988 neue Käuferkreise erschlossen werden.

Die Rennen in der Gruppe-A-Meisterschaft entwickeln sich häufig zur direkten Konfrontation verschiedener Rennställe, die auf BMW antreten.

Spektakuläre Rennverläufe sind bei der DTM an der Tagesordnung. Hier der Start 1991 auf der Berliner AVUS. Altfrid Heger liegt mit seinem M3 und der Nummer 16 auf der Außenbahn in Führung.

ALLES IM DIENSTE DES RENNSPORTS

Im Rennsport sammelt der M3 Siege in derartiger Menge, dass er mit Fug und Recht den Titel des meistgekrönten Tourenwagenmodells aller Zeiten für sich beanspruchen darf. Im Zuge der Weiterentwicklung nicht nur des Reglements, sondern auch der Konkurrenz muss jedoch auch BMW mit weiteren Evolutionsschritten reagieren. Und so folgt im Jahr 1990 der M3 Sport Evolution (auch als Evolution III bezeichnet). Bei dieser Version – der zweifellos begehrtesten Version der ersten Generation – greift das Werk auf bewährte Rezepte zurück: Eine Diät um 25 Kilo gepaart mit einem ordentlichen Leistungsschub. Mit einem Hubraum von 2,5 Litern (S14 B25) kommt der neue Vierzylinder auf 238 PS bei 7000/min – und in der Rennversion gar auf 360 PS.

Der Hubraumzuwachs auf 2,5 Liter resultiert aus einer von 84 auf 87 Millimeter vergrößerten Bohrung und einem von 93,4 auf 95,5 Millimeter verlängerten Hub. Zugleich wird die Verdichtung auf 10,2:1 zurückgenommen. Die Wanddicke zwischen den Zylindern beträgt nun aber nur noch 4,5 Millimeter. Wie bereits bei der Evolution-Vorgängerversion, findet sich auch hier das Getriebe mit Sportschaltkulisse wieder, bei der der erste Gang links unten liegt. Äußerlich zu erkennen ist der M3 Sport Evolution an seinem Aerodynamik-Paket mit spezieller Frontschürze, verstellbarem Heckspoiler und einer um weitere zehn Millimeter tiefergelegten Front. Um den Boliden nochmals abzuspecken werden die dreistufig einstellbaren Front- und Heckspoiler in Leichtbauweise ausgeführt, ebenso Heckklappe, Seitenscheiben und Heckscheibe. Das Straßenauto besitzt eine verstärkte Bremsanlage sowie 16 Zoll große Räder. Innen laden Alcantara-Lenkrad, rote Sicherheitsgurte, spezielle M-Sportsitze mitsamt Schaltknauf sowie Handbremshebel in Rauleder zur zügigen Autobahnhatz ein. Das Auto gibt es nur in brillantrot oder glanzschwarz. So viel Sport und maximal 248 km/h Spitze lassen sich die Bayern aber auch gut bezahlen. 93.000 Mark werden für den 1200 Kilo leichten Sport Evolution, von dem nur 600 Stück gebaut werden, aufgerufen.

Im Motorsport konzentriert sich BMW, nachdem keine Europameisterschaft mehr auf dem Kalender steht, im Wesentlichen auf die Deutsche Tourenwagenmeisterschaft (DTM), in der auch Audi, Mercedes und Opel kräftig mitmischen. Elf neue M3 werden zur Saison 1990 für insgesamt vier Rennställe bereitgestellt. Bei Schnitzer werden Fabien Giroix und

1990 legt BMW den M3 Sport Evolution III in einer Kleinserie von 600 Exemplaren auf. Der Hubraum beträgt nun 2,5 Liter, die Leistung ist auf 238 PS geklettert und das Cockpit wartet mit zahlreichen Neuerungen auf.

Der M3 prägt die Tourenwagen-EM 1987: Sieg im südfranzösischen Nogaro (Circuit Paul Armagnac) durch Fabien Giroix und Jean-Pierre Jaussaud. Mit auf dem Podium Dieter Quester (ganz links neben Markus Oesterreich), Platz 3 für Winfried Vogt (auf dem Weg zum Titelgewinn) und Altfrid Heger. Ganz rechts im Bild Niki Lauda, seinerzeit technischer Berater bei BMW Motorsport.

Mit der 3er-Generation E36 positioniert sich der M3 neu. Die relativ schlichte Linienführung bleibt ziemlich nah am Styling des serienmäßigen Coupés.

Johnny Cecotto teilweise von Roberto Ravaglia unterstützt, dessen Hauptaugenmerk indes dem Gewinn der italienischen Meisterschaft gilt. Linder schickt zwei Fahrzeuge für Nissen und Heger an den Start, Zakspeed meldet drei Wagen für Hahne, Quester und Meeuvissen. Bigazzi bietet zu seinem Einstand in der DTM mit Jacques Laffite, Steve Soper und Joachim Winkelhock ein Trio besonderer Fahrerkoryphäen auf. Auch diesmal fehlt Cecotto jedoch das letzte Quentchen Glück, und am Ende geht der Titel an Hans-Joachim Stuck auf einem Audi V8 quattro.

BMW tröstet sich dafür mit einem erneuten ersten Platz bei den 24 Stunden von Spa-Francorchamps – dem vierten Triumph des Schnitzer-Rennstalls unter der Leitung von Karl „Charly" Lamm. Im Rennen, das zwischendurch nach einem Unfall mehr als zweieinhalb Stunden unterbrochen werden muss, gelingt den Schnitzer-M3 sogar das Double, als Cecotto/Giroix/Oestreich vor Danner/Duez/Quester die Zielflagge sehen.

Das Fahrzeugaufgebot der DTM zur Saison 1990 ist bereits exzellent gewesen. Doch 1991 wird zu einem noch besseren Jahrgang. BMW setzt alles daran, Audi und Mercedes auszubremsen, und schickt acht M3 Evolution mit den Teams von Schnitzer, Linder und Bigazzi an den Start. Im gesamten Saisonverlauf wechseln die Siege fast gleichmäßig zwischen München, Untertürkheim und Ingolstadt. Angesichts dessen, was vor den Augen des deutschen Publikums auf dem Spiel steht, gewinnt auch bei BMW die Politik Oberhand über freizügiges Renngeschehen. Also haben sich in den BMW-Lagern alle der Stallorder für Johnny Cecotto zu unterwerfen, dem aussichtsreichsten M3-Piloten im Kampf um den Titel.

Mit dem letzten für die DTM gewerteten Rennen der Saison in Hockenheim sichert sich jedoch Frank Biela (Audi V8) den Weltmeistertitel, nachdem er beide Läufe gewinnt, Cecotto beim zweiten Lauf jedoch keine Punkte holen kann.

DER M3 POSITIONIERT SICH NEU

Als die letzten M3 E30 die Fertigungshallen verlassen, ist die dritte Generation des 3ers (E36) bereits im Straßenbild präsent. Die 1990 vorgestellte, vom Designerteam um Claus Luthe gezeichnete Baureihe trägt ihre Verwandtschaft mit den 5er- und 7er-Modellen in unbestreitbar eleganter Linie zur Schau. Die Rundscheinwerfer sitzen hinter einer Glasabdeckung, die typischen Stilmerkmale neuzeitlicher BMW sind an der vorwärtsstrebenden Fahrzeugsilhouette mit langem Radstand, geringen Überhängen und voll ausgefüllten Radläufen auszumachen. Als Zeichen des Reifeprozesses darf auch gelten, dass der 3er als Taktgeber unter den Sportlimousinen zuerst in der Viertürer-Version das Licht der Welt erblickt. Das

Bei der zweiten Generation des M3 dankt der Vierzylindermotor zugunsten eines 3-Liter-Reihensechszylinders ab, mit dem der M3 leistungsmäßig zum legendären M635 CSi aufschließt.

Coupé folgt 1992 wenige Monate vor dem Debüt des neuen M3. Bei diesem Generationswechsel entfallen bei den von der Motorsport-Dependance überarbeiteten 3er-Modellen auch die Kotflügelverbreiterungen und der Heckflügel. Der M3 ist nunmehr nur noch an Details vom Serien-Zweitürer zu unterscheiden, insbesondere an den in Wagenfarbe lackierten Außenschwellern und einer umgestalteten Frontschürze. Zum prägnantesten Unterscheidungsmerkmal des M3 E36 gegenüber den Serienversionen werden ausgerechnet die ausgeprägt aerodynamisch gestylten Außenspiegel.

DER M1 IST ÜBERFLÜGELT

Die zweite Modellgeneration bedeutet den endgültigen Ritterschlag für den M3. Das Konzept des ambitionierten 3ers hat sein Reifestadium erreicht. Und die Kundschaft ist begeistert. Unter der Haube hat der Vierzylinder einem Reihensechszylinder mit drei Litern Hubraum Platz gemacht. Damit reiht sich das neue Coupé in die Phalanx der Spitzenklasse ein und spricht gezielt eine Kundschaft an, die ihre GT-Träume ausleben will. Mit 286 PS zieht der M3 leistungsmäßig mit dem M635 CSi von 1984 gleich. Und auch der von Grund auf neu konstruierte Sechszylinder mit 2990 Kubikzentimetern hält an der Vierventiltechnik fest. Gegenüber dem vorherigen M3 legt die Leistung um satte 46 Prozent zu.

Das Drehmoment von 320 Nm bei 3600/min mag gegenüber heutigen Sportmodellen bescheiden anmuten, doch bei der Auslieferung der ersten Exemplare 1993 mischt man mit solchen Werten in der obersten Liga der Saugmotoren mit – nicht zuletzt, weil bereits ab 1500/min ein Drehmoment von 230 Nm abrufbar ist. Beim ersten M3 bedeutet dieser Wert noch das maximale Drehmoment. Auch die Literleistung von 95,2 PS ist beim Produktionsanlauf ein Wert der Extraklasse für den neuen Sechszylinder (Baumuster S50B30). Entscheidenden Anteil am Leistungszuwachs hat das neue VANOS-System (Variable Nockenwellen-Steuerung). Der Öffnungszeitpunkt der Einlassventile lässt sich damit drehzahl- und lastabhängig variieren. Dazu kommen eine indirekte Multipoint-Einspritzanlage und die elektronische Bosch Motronic M3.3-Motorsteuerung, mit der eine Vielzahl von Verbrennungsparametern überwacht werden kann. Die Rechenleistung der ersten von BMW selbst entwickelten Motorsteuerung beträgt 20 Millionen Befehle pro Sekunde.

LEISTUNGSZAHLEN, DIE EINES SPORTLERS WÜRDIG SIND

Leistungsmäßig braucht dieser M3 keinen Vergleich mit dem Porsche 911 zu scheuen, bietet zugleich aber den Nutzwert und Komfort eines vollwertigen Viersitzers. Der Bestseller von BMW Motorsport beschleunigt in sechs Sekunden von 0 auf 100 km/h, während die Höchstgeschwindigkeit bei 250 km/h abgeregelt wird (gemäß der stillschweigenden Übereinkunft der drei Premiummarken Audi, BMW und Mercedes). Auch bei der Verbrauchssenkung und Abgasreinigung leisten die Motorenentwickler ganze Arbeit. Der M3 begnügt sich nach ECE-Norm mit 9,1 Litern Benzin auf 100 Kilometer. Zur Optimierung der Abgaswerte wird eine Stereoregelung mithilfe von Lambdasonden eingeführt. Das Ergebnis übertrifft alle Erwartungen. Die Schadstoffemissionen liegen um die Hälfte unter den gesetzlichen Grenzwerten. Angesichts der Absatzschwäche des M3 E30 auf dem US-Markt verzichtet BMW dort anfangs auf eine Markteinführung des E36. Die Nachfrage zwingt jedoch bald zu einer Kehrtwende – und ab 1994 setzt der M3 auch zur Eroberung des US-Marktes an. Um den Listenpreis konkurrenzfähig zu halten, weicht die kostspielige Ansauganlage mit sechs Einzeldrosselklappen einem System mit einer einzigen, gemeinsamen Drosselklappe. Damit sinkt die Leistung allerdings auf 243 PS und verharrt ebenfalls beim späteren 3,2-Liter-Motor auf diesem Niveau.

Auch das Fahrwerk erfährt angesichts des Leistungszuwachses eine gründliche Überarbeitung. Die Vorderachse erhält verstärkte Federaufnahmen und Achsschenkel. Die aus dem Z1 entlehnte, an ihren Längslenkern für die Mehrleistung modifizierte Hinterachse zeichnet sich durch erheblich verringertes Eintauchen beim Anfahren und Aufstellen beim Bremsen aus. Gleichzeitig kommen härtere Stoßdämpfer und Stabilisatoren zum Einbau. Der M3 läuft nun auf 17-Zoll-Rädern mit 40er-Breitreifen. Damit liegt die Karosserie 31 Millimeter tiefer und die Querbeschleunigung kann bis zu 1,0 g erreichen. Innenbelüftete Schwimmsattel-Bremsen vorn und hinten sorgen für die nötige Verzögerung. Aus 100 km/h benötigt der M3 gerade einmal 2,8 Sekunden und 35 Meter, um bis zum Stillstand abzubremsen. Aus 200 km/h genügen weniger als sechs Sekunden.

Als Reaktion auf die gestiegenen Ansprüche der Kundschaft bietet BMW den M3 bald mit 3,2 Litern und sequenziellem Sechsganggetriebe an.

Mit dem GT wird der M3 seiner Tradition der Sonderserien untreu, denn diesmal dient die Sonderversion als Homologationsgrundlage für ein Rennmodell bei IMSA- und FIA-GT-Serien.

KOMFORT IN GEDIEGENER VERPACKUNG

Das Interieur des M3 E36 entspricht weitgehend dem des 3er Coupé. Ein paar zusätzliche Finessen dürfen aber nicht fehlen. Das Kombiinstrument hebt sich durch das M-Logo, rote Instrumentennadeln und eine Öltemperaturanzeige anstelle der Momentanverbrauchsanzeige ab. Zusätzlich besitzt das Cockpit einen Bordcomputer mit Check-Control. Auch die M-Embleme auf den Einstiegsblenden, der schwarze Dachhimmel und der Schalthebelknauf in Motorsport-Farben verraten, dass hier die Welt der M-Klasse beginnt. Die drei Farbstreifen verzieren außerdem die ergonomisch geformten Stoffsitze. Im Sonderausstattungskatalog finden sich Ledersitze, aber auch Metalliclackierung, Scheinwerferwaschanlage, Schiebedach, beheizte und elektrisch verstellbare Sitze, Heckscheibenjalousie, Tempomat oder Heckkopfstützen.

BRITISH RACING GREEN

Als im April 1994 das Cabriolet und im Oktober die Limousine debütieren (erstmals beim M3 sind beide Karosserievarianten von Anfang an geplant), bedeutet dies noch mehr Argumente, sich für einen M3 zu entscheiden. Das Cabriolet erhält eine Windschutzscheibe aus hochfestem Glas und zwei Überrollbügel hinter den Kopfstützen, die ausfahren, sobald die Sensoren eine kritische Schräglage des Fahrzeugs erkennen. Leistungsmäßig hat das Coupé die Nase vorn, denn das Cabriolet bringt mit 560 Kilo rund 100 Kilo mehr auf die Waage. Für die elektronisch auf 250 km/h abgeregelte Höchstgeschwindigkeit bleibt dies allerdings ohne Auswirkung. Von beiden Ausführungen entstehen mit dem 286-PS-Motor weniger als 2000 Stück.

Der erste Sechszylinder-M3 ist zwar – abgesehen von einem Einstieg im nicht sonderlich medienwirksamen ADAC Cup – ursprünglich nicht als Wettbewerbsfahrzeug konzipiert worden. Doch schon bald gönnt sich der Neuling eine Auszeit von seiner Rolle als reines Langstreckenfahrzeug. Im Frühjahr 1995 legt die BMW M GmbH eine Sonderserie von 350 M3 GT für die Homologation in den IMSA GT- und FIA GT-Meisterschaften auf. Die gesamte Produktion des M3 GT wird in der Einheitsfarbe British Racing Green ausgeliefert und von einem überarbeiteten Sechszylinder angetrieben. Neue Nockenwellen, kürzere Ansaugtrichter und ein neues Steuergerät sorgen für einen Leistungsschub auf 295 PS. Den Sprint von 0 auf 100 km/h absolviert er in 5,9 Sekunden. Als Clou an der überarbeiteten Aerodynamik fällt die verschraubte und in zwei Stellungen einstellbare Lippe am Frontspoiler auf. Der Heckflügel ähnelt dem des 318is für die Gruppe 2. Wer 91.000 Mark hinlegt, darf sich außerdem über die Räder des Cabriolet und Vollausstattung mit zwei Airbags, Sportsitzen mit Nappaleder und Kohlefasereinsätzen freuen. Die 356 gebauten Exemplare sind für den europäischen Markt bestimmt.

DAS COMPUTERGESTEUERTE GETRIEBE

Parallel zum M3 GT erklimmt auch der serienmäßige M3 mit einem neuen Evolutionsmodell die nächste Sprosse der Karriereleiter. Weiße Blinkergläser und „M Double Spoke II"-Felgen bilden für Kenner die äußeren Unterscheidungsmerkmale. Der S52B32-Motor des M3 E36 LCI (Life Cycle Impulse) erhält ein Doppel-VANOS-System. Über die variable Nockenwellensteuerung können jetzt sowohl Einlass als auch Auslass verstellt werden. Dies bringt nicht nur ein Leistungsplus,

DER M3 BLEIBT AUF DER SIEGERSTRASSE

Jenseits des Atlantiks holt sich BMW in der IMSA-Meisterschaft 1996 den Konstrukteurstitel in der GTS2-Klasse mit M3-Wettbewerbsmodellen, die von Schnitzer entwickelt und von der Performance Technology Group an den Start gebracht werden.

1993 stellt BMW einen M3 GTR für Langstreckenrennen vor. Vor allem Hans-Joachim Stuck reüssiert in der Saison 1995 damit in den USA.

sondern senkt auch die Abgasemissionen weiter. Der neue Sechszylinder entpuppt sich als besonders drehzahlfest – wie eigentlich alle M-Motoren. Durch die Hubraumvergrößerung auf 3,2 Liter ist auch die 300-PS-Hürde genommen und es stehen nun 321 PS bei 7400/min auf Abruf bereit. Gleichzeitig spendiert BMW ein neues Sechsganggetriebe und ein überarbeitetes Fahrwerk. Die Compound-Bremsanlage ermöglicht eine gewisse Flexibilität der Vorderachs-Bremsscheiben und beugt damit vorzeitigem Verziehen der Scheiben vor. 1997 – ein Jahr nach dem Verkaufsstart des Updates – reicht BMW ein sequenzielles Sechsganggetriebe nach. Allerdings lediglich beim Coupé. Es ist ein Novum bei einem Großserienmodell. Ferrari bietet bei seinem F355 eine ähnliche, Getriebekonstruktion ohne Kupplung an, doch im Unterschied zum weiß-blauen M-Modell werden die Gänge dort über Tasten am Lenkrad betätigt. So weit ist man in München noch nicht. Der Gangwechsel erfolgt durch Impulse beim Antippen des Schalthebels in Längsrichtung.

Eine der Besonderheiten dieses elektrohydraulisch betätigten Getriebes ist sein vollautomatisches Schaltprogramm. Die ersten Gehversuche von BMW mit einem computergesteuerten Getriebe fallen allerdings durchwachsen aus. Das Schaltverhalten des Automatikprogramms passt nicht sonderlich gut zur sportlichen Charakteristik des M3. Trotz des verbesserungswürdigen Schaltkomforts steigt der Anteil der M3 mit dem SMG-Getriebe jedoch bis zum Produktionsende auf ungefähr 50 Prozent. Ab dem Modelljahr 1997 übernimmt auch der M3 das aufgefrischte Styling der 3er-Basismodelle in Form eines rundlicheren Nierengrills und weißer Blinkergläser. Den Umstieg auf den Sechszylinder muss BMW jedenfalls zu keiner Zeit bereuen. Die Karriere des Cabriolets geht 1999 nach 12.113 produzierten Einheiten zu Ende. Auf kaum mehr Exemplare kommt mit genau 12.603 Stück die familientauglichste Version des M3 – die Limousine, die sich durch ihr besonderes Finish mit Veloursledersitzen und Holzeinlagen im Innenraum abhebt. Mit 46.693 Einheiten bleibt das M3 Coupé die mit Abstand beliebteste Karosserieform.

Hans-Joachim Stuck, Sohn des Rennfahrers Hans Stuck, fuhr sein erstes Rennen auf einem BMW – und zwar 1969 beim 300-Kilometer-Rennen auf dem Nürburgring im Koepchen-BMW 2002. Schon ein Jahr später siegte er auf dem gleichen Auto beim dortigen 24h-Rennen. Der spätere BMW-Motorsportchef Jochen Neerpasch holte ihn als Werksfahrer zu Ford, wo er 1972 Deutscher Rennsportmeister auf Ford Capri RS wurde. Als Neerpasch zu BMW wechselte, um dort die Motorsportabteilung aufzubauen, nahm er Stuck mit. Unter Neerpasch wurde er 1974 Formel-2-Vize-Europameister auf March-BMW 742, fuhr im gleichen Jahr sein erstes Formel-1-Rennen beim GP von Argentinien im March-Ford, sicherte sich 1975 den 3. Platz in der nordamerikanischen IMSA-Serie USA im BMW 3.5 CSL und siegte im gleichen Jahr beim 12-Stunden-Rennen in Sebring, ebenfalls auf BMW 3.5 CSL. 1979 schnappte er sich den Sieg der BMW Procar-Serie auf BMW M1. 1981 und 1982 belegte er jeweils den 2. Platz in der Deutschen Rennsportmeisterschaft auf BMW 320, 1984 war es der zweite Platz bei der Tourenwagen-Europameisterschaft auf BMW 635 CSi. Danach wechselte Stuck zu Porsche.

>> ES WAR EINE TOLLE ZEIT<<

Ihre Karriere begann auf einem BMW. Wie kam es dazu?

Hans-Joachim Stuck: 1969 absolvierte ich einen Lehrgang der Scuderia Hanseat, dort war mein Vater Hans Stuck Instruktor – genauso wie Hans-Peter Koepchen. Der beobachtete mich und erkannte mein Talent. Ich sollte gleich am kommenden Wochenende ein Nordschleifen-Rennen auf seinem BMW 2002 fahren und wurde auf Anhieb Dritter.

Wie haben Sie Jochen Neerpasch kennen gelernt?

Stuck: Mein Papi kannte ihn. Neerpasch war ständig am Nürburgring, da hat er mich fahren gesehen. Er sprach meinen Vater an, dass er mich gerne für Ford verpflichten wollte, um mich als Werksfahrer in der Deutschen Rennsportmeisterschaft einzusetzen.

Wie hat Neerpasch damals auf Sie gewirkt?

Stuck: Vor dieser Person hatte jeder sofort absoluten Respekt – und so ist es heute noch. Der Jochen ist zwar zum Lachen in den Keller gegangen, aber er war eine große Persönlichkeit und hatte eine unglaubliche Ausstrahlung. Da wusste man gleich: Wenn man hier Mist baut, ist man schnell weg von Fenster. Neerpasch hatte ein super Gespür für alles, was irgendwie von Vorteil war – er hat ja auch dafür gesorgt, dass BMW mit seinem Motor in die Formel II ging. Er hat immer alles richtig gemacht.

Und er hat Sie gefördert?

Stuck: Absolut – besonders durch die Formel II. Ich konnte bei March Formel II fahren, weil Paul Rosche den Motor dafür gebaut hatte. 1974, als sich für mich eine Formel-1-Karriere anbot, kam von Neerpasch das Angebot, 1975 mit BMW die IMSA-Serie zu fahren. Ich bin dann mitgegangen, weil ich ihm viel zu verdanken hatte. Und es stellte sich heraus: Dort drüben zu racen war megacool. Ich konnte meine Freundin mitnehmen, und Zahnpasta und Shampoo habe ich auch eingepackt – weil ich nicht wusste, dass es sowas dort auch gibt.

Machte die Arbeit Spaß – trotz eines gestrengen Chefs?

Stuck: Allerdings – es war eine tolle Zeit. Die beste Geschichte passierte 1975 in Riverside, Kalifornien. Da bin ich beim Sechsstunden-Rennen mit Dieter Quester gefahren – der wollte immer mal die Oberweite meiner Freundin Mucki sehen. Beim Training stand ich mit ihr immer am Turn Nummer 9 und habe beobachtet, wie Quester fuhr. Und als der Dieter das dritte Mal an der Kurve vorbeikam, habe ich der Mucki von hinten das T-Shirt hochgezogen. Der Dieter sah das und warf prompt sein Auto in die Leitplanken. Danach mussten wir beide bei Neerpasch antreten. Der schimpfte, weil Amerika doch so prüde wäre und wir dem Image von BMW geschadet hätten. Die Strafe: Reparatur des Rennwagens aus eigener Tasche zahlen, die Reisespesen ebenso. Questers Kommentar: „Die Peep-Show war es wert..."

Neerpasch hat Sie nicht rausgeschmissen?

Stuck: Zum Glück nicht. Aber einmal war es fast so weit. Es gab eine Zeit, da bin ich mit Ronnie Peterson BMW 3.5 CSL gefahren. Bei einem Sechsstundenrennen in Brands Hatch in England, irgendwann in der fünften oder sechsten Runde, habe ich das Auto über die Leitplanke abgelegt. Dann bin ich zu Fuß zurück zur Box und beichtete dem Ronnie, dass das Auto kaputt sei. Der schlug vor, nach Hause zu fahren – was wir auch taten. Am nächsten Morgen rief die Sekretärin vom Neerpasch an, ich solle sofort in sein Büro kommen. Neerpasch war stocksauer. Der Grund: Nach unserer Abreise verunfallte ein anderes Auto, mein Crashauto wurde bis zum Restart repariert. Aber leider war kein Pilot mehr da... Neerpasch sagte: „Du hast Glück. Wärst Du mit jemand anderem gefahren, hätte ich euch beide entlassen. Aber ich kann keinen Ronnie Peterson rausschmeißen..." Jeder von uns musste dann zehntausend Mark Strafe zahlen.

Haben Sie auch Schabernack mit Neerpasch selbst getrieben?

Stuck: Klar. Wir waren mal mit Neerpasch groß essen. Abgemacht war: Jeder begleicht seine eigene Rechnung. Kurz bevor sie kam, haben wir auf Kommando fluchtartig das Restaurant verlassen, nur der Neerpasch wusste von nix. Der hat dann für alle bezahlen müssen.

Sie waren bei der Entwicklung des BMW M1 hautnah dabei. Woran können Sie sich am besten erinnern?

Stuck: Jeder Werksfahrer hat pro Tag etwa drei Stunden das Auto auf öffentlichen Straßen getestet, das waren so 300 Kilometer. Gestartet sind wir bei der M GmbH, danach ging es über die Autobahn nach Landshut. Nach einer Woche standen die Bauern mit Mistgabeln an der Straße, weil wir mit den lauten Autos ihre Kühe verjagten. Einmal hatte ich mit einem Techniker auf dem Beifahrersitz einen Reifenplatzer auf der Autobahn bei 240 km/h. Wir haben uns dreimal gedreht – und sind nirgendwo angeschlagen.

Sie sind auch in der Procar-Serie gefahren.

Stuck: Das war wohl der geilste Markenpokal aller Zeiten – auch eine Idee von Neerpasch. Tatsächlich habe ich 1979 die Serie gewonnen, und damit den Cassani-Uher-M1. Zumindest die Hälfte – die andere Hälfte gehörte Teamchef Manfred Cassani. Ich hätte ihm die Hälfte des Wertes in bar geben müssen, das Geld hatte ich aber nicht. Leider. Der Gipfel aber war ein Jahr Rennsportmeisterschaft im M1 vom Schnitzer mit einem 1000-PS-Doppelturbo-Motor. Da hat leider nix gehalten, alles um den Antrieb herum war zu schwach. Trotzdem war es der Wahnsinn, so viel Feuer unterm Hinterm.

Welcher Renn-BMW hat Sie außerdem besonders fasziniert?

Stuck: Ganz klar: der 3.5 CSL mit dem Aeropaket. Das war ein Meilenstein, sowohl wegen der Aerodynamik als auch wegen der Bremse, denn in diesem Wagen wurde zum ersten Mal ABS in den Rennsport eingeführt. Auf der Nordschleife waren wir mit dem Flügelwerk und ABS mal eben 30 Sekunden schneller als ohne, und Reifenschäden waren auch passé.

Warum haben Sie Ende 1984 BMW verlassen?

Stuck: Für mich eröffnete sich die Chance, mit Porsche und Derek Bell eine Langstreckenmeisterschaft zu fahren samt mehrjährigem Vertrag. Außerdem ging es bei BMW nicht mehr weiter. Für die Formel 1 war ich nicht gut genug und hatte keine Sponsoren, zuletzt bin ich für BMW sozusagen in Erding rund um den Kirchturm gefahren. Neerpasch hatte für meine Entscheidung volles Verständnis.

Ende der 1990er Jahre stellt die M-Abteilung ein neues Zugpferd auf die Räder, als dem Z3 in der Roadster- und Coupéversion der Motor des M3 implantiert wird.

FAMILIENZUWACHS BEIM M3

Für BMW Motorsport gewinnt der Bau eines neuen Einsteigermodells immer mehr an Bedeutung. Die M-Modellfamilie ist mittlerweile immer weniger von einer Wettbewerbshomologation abhängig, obwohl nach wie vor verschiedene M-Modelle ihre Eignung als Basis für Rennversionen unter Beweis stellen. Der Produktionsschwerpunkt der M-Palette verlagert sich jedoch zunehmend auf den Sportwagensektor. Dabei fällt der M-Abteilung die Aufgabe zu, leistungsstärkere Varianten der immer vielfältigeren Palette an Basismodellen für die Serienfertigung zu entwickeln. Nach diesen Leitlinien betreibt BMW Motorsport bekanntermaßen bereits seit dem M1 von 1979 die konsequente Weiterentwicklung. Seit den 1980er Jahren hat sich nach und nach die Tradition etabliert, dass von jeder neuen 3er- und 5er-Modellgeneration auch ein M-Ableger das Licht der Welt erblickt. Mit der zunehmenden Ausweitung des BMW-Modellprogramms eröffnen sich gleichzeitig immer neue Diversifizierungsmöglichkeiten für die BMW M GmbH. Anfang der 2000er Jahre soll sich die Modellpalette in rascher Folge weiterentwickeln.

DER Z3 WIRD ZUM M

Um sich aus der Abhängigkeit von den 3er- und 5er-Baureihen zu lösen, auf die immer noch das Gros der Absatzzahlen entfällt, aber auch, um neue Käuferkreise zu erschließen und sich in bestimmten Exportregionen noch besser zu positionieren, verordnet Eberhard von Kuenheim dem Konzern Ende der 1980er Jahre eine modellpolitische Neuausrichtung.

Dass die ehrgeizige Modellpolitik das sportliche Image der Marke aufgefrischt hat, genügt München nicht. Neue Projekte werden in jenen Jahren mit einem noch nie dagewesenen Elan vorangetrieben. Nach dem gelungenen Einstand des Z1-Roadsters, der von BMW Technik in München entwickelt worden ist, setzt München mit dem kompakten Zweisitzer-Cabriolet Z3 noch eins drauf und reitet damit auf der Welle der wieder in Mode gekommenen, relativ einfachen und preisgünstigen Roadster mit. Als Fertigungsort für den Z3 wird das neue Werk in Spartanburg im US-Bundesstaat South Carolina bestimmt.

Beim Genfer Salon 1996 schlägt ein erstarkter Z3 neue Töne an. Zur Verblüffung mancher Standbesucher verbirgt sich unter der Haube des M Roadsters jetzt der wohlbekannte, 321 PS starke 3,2-Liter-Sechszylinder des M3. Der Vorstandsvorsitzende Bernd Pischetsrieder spricht von einem fulminanten Fahrerlebnis im Z3, das keinen Zweifel am ungestümen Naturell des Roadsters lässt. Die Presse spart nicht mit Lobeshymnen auf die Entwickler, denen es gelungen sei, diesem PS-Monster zu mustergültigen Fahreigenschaften zu verhelfen. Allerdings zu einem Preis von 91.500 Mark.

Die Radlaufverbreiterungen und die 17-Zoll-Räder verraten den am Fahrwerk betriebenen Aufwand, zumal etliche Hinterachskomponenten den in der Deutschen Tourenwagenmeisterschaft erfolgreichen 3er-Modellen entlehnt worden sind. Mit seiner markant profilierten Frontschürze, seinen vier

Das Z3 M Coupé bietet auf der Mittelkonsole eine reichhaltige Zusatzinstrumentierung.

Über 15.000 Käufer entscheiden sich zwischen 1997 und 2002 für den in der Basisversion rund 91.000 DM teuren Z3 M Roadster.

Endrohren und den verchromten, mit dem M-Logo dekorierten Lufteinlässen in der Seite hebt sich der Z3 M unübersehbar von allen sonstigen Z3 ab. Auch das Cockpit setzt exklusive Akzente. Die Rundinstrumente erhalten eine Chromeinfassung und in den meisten ausgelieferten Exemplaren finden sich elektrisch verstellbare Schalensitze mit zweifarbigem Lederbezug. Dabei wandert die Batterie des Fünfgang-Sportlers in den Kofferraum. Auch das Reserverad fällt weg und stattdessen wird ein Reifenfüll-Set mit kleinem Kompressor mitgeliefert.

Rund drei Jahre nach dem Roadster erhält das Z3-Coupé dieselbe M-Veredelung. Die größten Unterschiede zum Roadster, außer dem festen Dach? Der Wagen ist 25 Kilo schwerer und sorgt für heftige Diskussionen. Denn die Form ähnelt eher einem Kombi als einem Coupé, die Proportionen schmeicheln dem verwöhnten Auge nicht unbedingt. Die BMW-Interessierten spalten sich in jene, die diese Konstruktion genial finden und jene, die sich wegen der Form mit Grausen abwenden. Die Leistungsdaten entsprechen denen des Roadsters, inklusive der elektronisch abgeregelten Höchstgeschwindigkeit. Allerdings ist das Coupé bauartbedingt steifer als der Roadster und macht den Fahrern deshalb auch mehr Spaß. Der Einstiegspreis fürs Coupé ist happig: 95.000 Mark.

Nach kurzer Fertigungsunterbrechung taucht der Z3 M im Juni 2001 mit dem aus dem neuen M3 E46 entlehnten S54-Motor wieder im Katalog auf. Einziger äußerer Unterschied gegenüber dem Vorläufer sind die Felgen mit ihrer dunkleren Optik. Die Leistung des 3,2-Liter-Motors liegt nach einer Hubraumvergrößerung von 3201 auf 3246 Kubikzentimetern nun bei 325 PS.

DER M3 WIRD VERKÜRZT

1996 wird bei BMW M erwogen, einen Wagen aufzulegen, der preislich unter dem M3 angesiedelt ist. Der ungedrosselte Motor des M3 mit 321 PS wird in eine Karosserie des 3er-Compact gezwängt. Die Kombination ist zwar 150 Kilo leichter und agiler als ein M3, kommt aber nicht über das Prototypenstadium hinaus.

DER M3 MIT BUCKEL AUF DER MOTORHAUBE

Während der M5 allmählich dem Ende seiner Laufbahn entgegen fährt, erhält der M3, der anderthalb Jahre aus dem Programm verschwunden ist, eine Frischzellenkur. Zwischen der Vorstellung beim Pariser Salon 2000 und dem Serienanlauf des E46 Ende des ersten Quartals 2001 dürfen sich die Interessenten an seine noch kompromisslosere und aggressivere Karosserielinie gewöhnen, die immer wieder in der Autopresse zu sehen ist. Die Linienführung wirkt ungestümer, der „Power Dome" auf der Motorhaube lässt geballte Motorkraft erahnen, die Frontschürze trägt groß dimensionierte Lufteinlässe. Dazu kommen Breitreifen, die in Größen bis 19 Zoll lieferbar sind, dazu obligatorische Kotflügelverbreiterungen und zwei Doppelendrohre am Heck. Das Ziergitter in den Vorderkotflügeln wird durch die Motorsport-Farben und das M3-Logo akzentuiert.

Wichtigstes Unterscheidungsmerkmal des neuen M3 bleibt aber die Motorhaube mit Power Dome, obwohl die Wünsche mancher, die auf einen V8 anstelle des Reihensechszylinders gehofft haben, unerfüllt bleiben. Der Hubraum wächst um 45

Mit der beim Pariser Salon im Oktober 2000 vorgestellten dritten Generation des M3 (E46) wird das Konzept des extrem sportbetonten Familien-Zweitürers weiter verfeinert.

Die M-Limousine verschwindet aus dem Modellprogramm. Vom M3 E46 gibt es neben dem Coupé lediglich ein Cabriolet.

Kubik auf 3246 Kubikzentimeter, die Leistung beträgt nun 343 PS bei satten 8000 Touren. Damit setzt der M3-Motor mit seiner phänomenalen Literleistung von 106 PS pro Liter weiterhin Maßstäbe unter den leistungsstärksten Sportmotoren. Mittlerweile ist das Triebwerk jedoch derart hochgezüchtet, dass BMW dem M3 sicherheitshalber den Drehzahlmesser des M5 mit variablem Drehzahllimit spendiert. Orangerote Leuchtdioden signalisieren den roten Bereich in der Warmlaufphase bei 4000/min. Höhere Drehzahlen werden erst nach und nach in Schritten von 500/min durch Erlöschen der Leuchtdioden freigegeben. Auch diesmal wird die Höchstgeschwindigkeit bei 250 km/h elektronisch abgeregelt. Dafür drücken die 343 PS aber die Beschleunigungszeit von 0 auf 100 km/h auf nur noch 5,2 Sekunden.

ELEKTRONISCHE HELFERLEIN ALLERORTEN

Inzwischen gehört das Sechsganggetriebe zur Grundausstattung. Mitte 2002 kehrt aber auch das sequenzielle Schaltgetriebe (SMG) wieder ins Ausstattungsprogramm zurück. Vom alten Motorblock sind lediglich die Abmessungen und der Schmierkreislauf beibehalten worden. Der übrige Aufbau des Hochleistungstriebwerks ist völlig neu, zumal es gegensätzliche Anforderungen unter einen Hut zu bringen hat. Einerseits steht die Einhaltung der verschärften Schadstoff- und Geräuschemissionsgrenzwerte auf der Agenda, andererseits die Drehmoment- und Leistungssteigerung über einen noch breiteren Drehzahlbereich. Beide Hürden meistert das neue Aggregat mit Bravour und erfüllt sämtliche Vorgaben. Obendrein ist es nicht nur sechs Prozent leichter als sein Vorgänger, sondern hat auch seinen Anteil daran, dass der Massenschwerpunkt des M3 weiter nach unten wandert. Angesichts der zunehmend höheren Querbeschleunigungswerte im Fahrbetrieb erfolgt die Ölversorgung über eine Quasi-Trockensumpfschmierung. Um den Motor bei seinen höheren Betriebsdrehzahlen bei Laune zu halten, erhält der 3,2-Liter das elektronische Motormanagement MSS 54 mit einer phänomenalen Rechenleistung von 25 Millionen Operationen pro Sekunde. Über das Doppel-VANOS-System werden die Nockenwellensteuerzeiten auf der Einlass- und Auslassseite feinjustiert. Neu ist außerdem, dass der Fahrer per Knopfdruck an der Instrumententafel auf einen sportlicheren Modus umschalten kann, der den Gaspedalweg und den Drosselklappen-Öffnungswinkel verstellt. Zwischen 2001 und 2006 wird dieser Motor mehrfach mit dem begehrten *Engine of the Year Award* ausgezeichnet. Im Antriebsstrang bietet das mit dem Dynamic Stability Control (DSC III) kombinierte, variable Sperrdifferenzial jetzt einen variablen Sperrwert zwischen Null und 100 Prozent.

KARBONFASERDACH ALS SERIENAUSSTATTUNG

Natürlich soll das M3-Coupé nicht alleine bleiben. Und so zieht BMW noch im Jahr 2001 mit einem Cabriolet nach. Die Limousine wird zwar nicht wieder aufgelegt. Highlight des Jahres wird aber – neben dem Titelgewinn des M3 GTR in

Für das neue M3-Sondermodell reaktiviert BMW Motorsport das aus früheren Jahrzehnten bekannte Modellkürzel CSL.

„Competition, Sport, Leichtbau“: Ein traditionsreiches Konzept, das auch im Jubiläumsjahr 2022 mit dem M4 CSL fortgesetzt wird.

der American Le Mans Series – die Konzeptstudie M3 CSL, die auf der IAA ins Rampenlicht rückt. Die Studie entsteht zum dreißigsten Geburtstag der CSL-Baureihe in kaum fünf Monaten unter der Ägide von Siegfried Friedmann, dem Leiter des M3-Programms bei der M GmbH und soll eine Serienversion vorwegnehmen. Allerdings stellt BMW die Nerven der Markenfans auf eine harte Geduldsprobe, denn erst Ende 2003 kommen die ersten Exemplare auf die Straße. Aber die Wartezeit ist nicht vergeblich.

Der M3 CSL setzt auf das bewährte Rezept einer Kombination von Verschlankungskur und Leistungssteigerung. Statt einzelne Bauteile einzusparen und damit womöglich Leistung und Fahrverhalten zu beeinträchtigen, gilt das vorrangige Augenmerk einer konsequenten Leichtbauweise. Dass der neue CSL insgesamt 110 Kilo leichter ausfällt ist der Alu-Motorhaube, den Glasfaser-verstärkten Thermoplast-Karosserieschürzen, einer Heckklappe mit integriertem Heckspoiler aus Verbundwerkstoff, dem Leichtbau-Bodenblech, ultradünnem Glas für die hinteren Seitenscheiben und der Heckscheibe sowie dem Karbonfaserdach – eine Premiere beim M3 – zu verdanken.

Der neue CSL wiegt jetzt nur noch 1380 Kilo und kommt damit auf ein beeindruckendes Leistungsgewicht von 3,85 Kilo pro PS. Denn gleichzeitig ist die Leistung des 3,2-Liter-Reihensechszylinders um 17 Pferde auf 360 PS bei 7900/min gestiegen, was einer schmeichelhaften Literleistung von 111 PS pro Liter entspricht. Hinter dem Motor sitzt ein automatisiertes

Ein puristisches Sportambiente im Innenraum gehört zum Konzept.

Vom Leichtbau-M3 CSL entstehen 383 Exemplare – ein Einzelstück bleibt hingegen der Versuchsträger mit dem V8 S65VB40 aus dem M5 (E39) mit zwei Lufteinlässen an der Frontschürze aus dem Jahre 2003.

Sechsgang-Schaltgetriebe (SMG), das über Paddel am Lenkrad betätigt wird und elf Schaltprogramme bietet – von der Vollautomatik mit Doppelkupplung bis zum ultrasportlichen manuellen Modus. Auch die Fahrleistungen zeigen weiter aufwärts. 100 km/h sind aus dem Stand in 4,9 Sekunden erreicht, 200 km/h in 16,8 Sekunden. Der heisere, ungestüme Motorsound rundet das sportliche Ambiente des Coupés ab, dessen Insassen in einem großzügig mit Veloursleder ausgekleideten Cockpit Platz finden. Als Zeichen für unverfälschten Fahrspaß wird beim M3 CSL auf Klimaautomatik und eine Radio-CD-Kombination verzichtet, doch können diese auf Anfrage gratis nachgerüstet werden. Dank seiner außerordentlich homogenen Gesamtkonzeption nimmt der M3 CSL unter den M3-Varianten eine Sonderstellung ein. Insgesamt verlassen 1383 Stück das Werk.

DER ANDERE M-ROADSTER

Der Z4 (E85), der 2003 seinen Einstand gibt, soll die Erfolgsgeschichte des Z3 fortschreiben. Am neuen Roadster wird die stilistische Revolution augenfällig, die Designer Chris Bangle eingeleitet hat. Auf der Karosseriehaut wechseln sich konkave und konvexe Flächen ab, das Heck wirkt wie abgeschnitten, der sehr rundlichen Frontpartie fehlt es einigen Fans allerdings an Finesse. Ziel von BMW ist, mit dem Z4 das nächsthöhere Marktsegment zu besetzen. Zur Serienmotorisierung zählen daher zunächst nur Sechszylinder.

Als Krönung gibt es ab Jahresende 2005 eine M-Version, die vom 343 PS starken Reihensechszylinder des M3 samt reinrassiger Rennsporttechnik angetrieben wird. Man sieht zwar die geschmiedeten Pleuel nicht, auch nicht die graphitbeschichteten Kolben oder die separaten und elektronisch gesteuerten Drosselklappen für jeden Zylinder – aber man spürt sie. Das Fahrwerk stammt zum Teil vom M3 CSL. In rund zehn Sekunden ist beim rund 58.000 Euro teuren Roadster das Dach versenkt, eine Persenning oder Verdeckklappe ist nicht nötig. Wie auch bei den anderen M-Modellen ist der starke Z4 besonders an breiten Rädern und vier Auspuffrohren zu erkennen. Die Kunden sind begeistert von den exakten Fahrmanövern, die die Abstimmung des Autos dank enormer Steifigkeit der Konstruktion zulässt.

Auch das im Jahresverlauf 2006 mit aufgenommene Z4-Coupé erhält auf Wunsch den M-Motor. Gegenüber dem 3.0i hat die M-Variante verstärkte Stoßdämpfer, ein Differenzial mit variablem Sperrgrad und ein noch exklusiver gestaltetes Interieur vorzuweisen. Am Z4 M, der ein Mehrgewicht von 100 Kilo mitschleppt, wird mancherorts die Gesamtabstimmung bemängelt, die gegenüber der 3,0-Liter-Version unharmonisch wirkt. Anfang 2009 verschwindet er aus dem Lieferprogramm, ohne bei vielen einen bleibenden Eindruck zu hinterlassen. Trotzdem baut die M GmbH auch 12 Z4 M Coupé-Werksrennwagen mit je 430 PS für die Langstreckenmeisterschaft.

Doppelsieg für BMW bei den 24 Stunden auf dem Nürburgring 2005. Der M3 GTR von Lamy, Said, Huisman und Priaulx geht vor dem M3 von Dirk und Jörg Müller sowie Hans-Joachim Stuck durchs Ziel.

BMW KÄMPFT BIS ZUM ENDE UM DEN TITEL

Seit 2002 konzentriert BMW sein Engagement auf die Europäische Tourenwagenmeisterschaft der FIA, die mit Fahrzeugen nach dem Super-2000-Reglement ausgetragen wird. Zur Saison 2002 trifft BMW auf die Hauptrivalen Alfa Romeo und Volvo. Die 320i-Limousinen von Dirk und Jörg Müller vermögen den Durchmarsch des Alfa vom siegreichen Italiener Giovanardi allerdings nicht zu stoppen. Die Saison 2003 wird zu einer Neuauflage der Vorjahressaison. Mit vier Siegen liegt der Schnitzer-BMW von Jörg Müller vor dem Finale nach Punkten gleichauf mit Tarquini (Alfa Romeo 156 GTA). Da Müller im ersten Lauf aber null Punkte einfährt, verpasst er den Titel um einen einzigen Zähler.

Trotz fünf Rennsiegen fehlt Jörg Müller am Steuer seines Schnitzer-320i am Ende ein einziger Punkt zum Titel des europäischen Tourenwagenmeisters 2003.

LG Mobile Phone
Jörg Müller
+40
Original BMW Teile
und Zubehör
Castrol
BBS
MICHELIN
KW
BMW Financial Services
42
SELENIA
KW
RGZ

HARTE KONTRASTE: 12-ZYLINDER UND DIESEL

Erst im Jahr 2010 lüftete sich das Geheimnis um den Sportwagen der Superlative.

ANFANG DER 1990ER JAHRE STEHEN DIE ZEICHEN BEI BMW WIEDER AUF STURM, DENN DAS GESPENST DER KRITISCHEN UNTERNEHMENSGRÖSSE GEHT UM. KANN DIE STÄRKE DER MÜNCHENER AUSREICHEN, UM IHRE EIGENSTÄNDIGKEIT IN EINEM UMFELD ZU BEHAUPTEN, DAS DURCH GLOBALISIERUNG, MASSIV STEIGENDE FORSCHUNGSKOSTEN, WIRTSCHAFTLICHE UND POLITISCHE RISIKEN SOWIE DURCH DEN AB 1993 ETABLIERTEN EUROPÄISCHEN BINNENMARKT GEPRÄGT WIRD?

Alles Faktoren, die sich nachhaltig auf die strategische Ausrichtung von BMW auswirken. Die Bayerischen Motoren Werke haben aufgrund ihrer Geschichte gute Gründe, an dem ehernen Grundsatz einer gewissen Distanz zu Allianzen oder Zusammenschlüssen festzuhalten und sich gegen feindliche Übernahmen zu wappnen. Kein Wunder, dass München seine Unabhängigkeit mit Zähnen und Klauen verteidigt. Eine der Voraussetzungen hierfür ist jedoch, sich stetig weiterzuentwickeln.

NICHT ALLE PROJEKTE FÜHREN ZUM ZIEL

In dieser Umbruchphase wird erstmals ein Produktionsvolumen von 500.000 Fahrzeugen pro Jahr überschritten. BMW darf sich über Rekordgewinne freuen. Um die anhaltend hohe Nachfrage befriedigen zu können, wird auch die industrielle Basis unaufhörlich erweitert. Nach der Maueröffnung in der Nacht des 9. Novembers 1989 und dem Zusammenbruch der DDR kann sich BMW auch sein Werk in Eisenach wieder zurückholen. Eine symbolträchtigere Aktion hätte es weniger als zwei Jahre vor dem 75. Firmenjubiläum nicht geben können. Um dieses Ereignis gebührend zu feiern, lässt sich BMW ganz besondere Aktivitäten einfallen. Image und Renommee der Marke werden bekanntermaßen seit jeher durch besonders sportliche Fahrzeuge für die sprichwörtliche „Freude am Fahren" geprägt, die ihre Bestätigung nicht zuletzt im Rennsportengagement findet. Und so liegt nichts näher als der Bau eines echten Boliden. Das Coupé der 8er-Reihe (E31), das bei der IAA 1989 sein Debüt feiert, bietet sich da als optimale Basis an.

Das neue Konzernflaggschiff, das die 6er-Reihe nach einer erfolgreichen Karriere ablöst und als Aushängeschild für das Technologie-Know-how der Münchener fungiert, wartet mit Finessen in Hülle und Fülle auf. Stilistisch lehnt es sich an den M1 an. Die betont flache Frontpartie mit versenkbaren Scheinwerfern geht in eine scheinbar endlos lange Motorhaube über. Diese Proportionen sind keineswegs Zufall. Unter der Haube sitzt der neue 5-Liter-V12-Motor mit 300 PS, ein alter Bekannter aus dem 750i. Doch damit nicht genug. Insgeheim hegen die Ingenieure bei BMW Motorsport den Traum, dem

„Supersportlicher Gran Turismo mit Hang zum Understatement": Eine Höchstgeschwindigkeit von über 300 km/h wären möglich gewesen – schneller als der damalige Porsche 911 turbo (964).

Dauerrivalen Mercedes mit einem Überflieger den Rang abzulaufen und sich endgültig einen Platz unter der Elite der Premium-Sportwagen zu sichern.

Paul Rosche fällt die Aufgabe zu, auch noch die allerletzten Reserven des 5-Liter-V12 zu mobilisieren. Im Laufe des Jahres 1990 stellt BMW Motorsport der Chefetage das Ergebnis vor. Der Prototyp mit dem Markenkürzel M8 verspricht Leistung im Überfluss. Die Front- und Heckschürzen sind weiter herumgezogen, die Außenspiegel strömungsgünstig verkleidet, in den verbreiterten Heckkotflügeln sitzen groß dimensionierte Lufteinlassschächte. Auch die Motorhaube deutet mit ihrer Wölbung an, dass es darunter eng zugeht. Nicht ohne Grund. Der Hubraum des V12-Triebwerks ist auf sechs Liter (6064 Kubikzentimeter) vergrößert worden. Die Leistung erreicht nun 550 PS bei 7500/min (bis zu 640 PS möglich), das Drehmoment 650 Nm bei 5600/min. Damit liegt der M8 an der Spitze der Supercars seiner Zeit. Kaum verwunderlich, denn der V12-Motor ist ja für den Renneinsatz konzipiert worden, was unter anderem an seinem Ansaugrohr aus Kohlefaser augenfällig wird. Auch an der Karosserie finden sich reichlich Bauteile aus Kohlefaser – mit einer entsprechenden Gewichtsreduzierung als Folge. Selbst eine Durchführbarkeitsstudie liegt bereit. Eigentlich ist das Puzzle vollständig und der Fertigungsaufnahme scheint nichts mehr im Wege zu stehen. Und doch fehlt ein einziges, aber entscheidendes Teil: Auf dem US-Markt braut sich ein schweres Unwetter zusammen. Nach Experteneinschätzung ist dort mit einem neuerlichen Einbruch der Absatzzahlen zu rechnen. Und eine einschneidende Rezession ist in den USA – dem absehbar wichtigsten Markt des M8 – nicht auszuschließen. Letzten Endes siegt die Vorsicht – die Invasion des Irak in Kuwait im August 1990 scheint die Entscheidung von BMW, das Projekt zu streichen, sogar noch zu bestätigen. Denn mit dem ersten Golfkrieg bricht eine neue Phase allgemeiner Verunsicherung an. Die Indikatoren springen auf Rot und in den westlichen Staaten steuert die Wirtschaft auf eine Rezession zu. Auch auf dem Automarkt werden die Bremslichter immer deutlicher. Bei BMW Motorsport ist aber immerhin das Kerngeschäft gesichert. Der Erfolgskurs von M3 und M5 setzt sich fort.

DER GROSSE ACHTER

Wenn es schon keinen M8 geben soll, so kommt BMW den Wünschen seiner sportbegeisterten Kunden wenigstens mit einer 8er-Reihe nach, die beim Pariser Salon 1992 debütiert und mit einem von Motorsport überarbeiteten V12 aufwartet. Der neue 850 CSi hat einen Hubraum von 5,6 Litern. Das Saugrohr besteht nach Machart der M-Motoren aus einem Kunstharz-Verbundwerkstoff, allerdings besitzt jede Zylinderreihe nach wie vor nur eine einzige Nockenwelle sowie zwei Ventile pro Zylinder. Die Leistung beträgt 380 PS bei 5300/min, das Drehmoment 549 Nm bei 4000/min. Im Vergleich zum 850 Ci hat der 850 CSi damit 600 Kubikzentimeter, 80 PS und 98 Nm mehr zu bieten. Damit kann das neue Flaggschiff der Weiß-Blauen sogar dem Porsche 928 GTS, seinem ärgsten Rivalen, die Rücklichter zeigen.

Stilistisch sticht das neue Coupé durch ausladendere Front- und Heckschürzen, profilierte Außenspiegel und die vom neuesten M5 entlehnten 17-Zoll-Räder sowie vier imposante Auspuffendrohre hervor. Am Fahrwerk wird dem 850 CSi eine neu konstruierte Hinterachse mit aktiver Spurregelung spendiert. Das System wird jedoch nur oberhalb von 40 km/h aktiviert, wobei die Hinterräder maximal um 2,2 Grad in glei-

Unter der Federführung von Paul Rosche mobilisieren die Motorenspezialisten von BMW Motorsport 550 PS aus dem hauseigenen, auf volle sechs Liter vergrößerten 12-Zylinder-Prototyp. Die vollständig aus Kohlefaser gefertigte Ansauganlage und die anstelle klassischer Drosselklappen eingesetzten Walzenschieber ermöglichen eine ungehinderte Durchströmung bei Volllast: So sind bis zu 640 PS möglich – der 850 CSi leistet seinerzeit 380 PS.

cher Richtung wie die Vorderräder mitlenken. Das französische Fachblatt *Sport Auto* merkt dazu in seinem Testbericht an: „Das Coupé scheint trotz seines Gewichts besser auf der Straße zu liegen. Wankneigungen kommen nicht mehr vor und das Fahrwerk reagiert williger und präziser. Der 850 CSi liegt sauber und agil in der Kurve und auch bei sehr hohen Geschwindigkeiten ist seine Stabilität beeindruckend." Zum Fahrverhalten auf offener Strecke äußert sich der Tester verhaltener. „Problem Nummer 1: Die Lenkung. Die Servowirkung der Servotronic variiert je nach Geschwindigkeit. Und zwar so sehr, dass sie sich unentwegt in ihrer Straffheit ändert und das Lenkgefühl um den Nullpunkt durchweg unpräzise bleibt. Zweiter Kritikpunkt: Das Gewicht. Mit 1,9 Tonnen bringt das Coupé die Bremsanlage – obwohl diese verstärkt wurde – sehr rasch an ihre Grenzen."

M&Ms

Schokostücke für den internen Gebrauch

DIE BMW M GMBH HAT NICHT NUR SERIENFAHRZEUGE GEBAUT, SONDERN AUCH EIN PAAR SEHR INTERESSANTE EINZELSTÜCKE. HIER SIND SIE!

Der beliebteste BMW M ist der M3, seitdem es ihn gibt. Kein Wunder, dass die M GmbH im Laufe der Zeit ein bisschen experimentiert hat, was man damit noch alles machen kann. Zum Beispiel einsetzen für den standesgemäßen Transport von Arbeitsgeräten und Bauteilen auf dem Werksgelände. Der Kofferraum ist allerdings dazu nicht ideal – flugs schneidern die Karosseriespezialisten 1986 aus einem Cabriolet ein Pickup, der nur für den internen Gebrauch gedacht ist. Wie der Zufall es will, steht ein passendes Cabriolet gerade nutzlos herum. Die offene Variante bietet sich als perfekte Basis an wegen den schon werksmäßig eingebauten Karosserieversteifungen.

Der M3 Pickup wird nicht ganz so sportlich wie das Coupé – er verfügt nicht über die ausgestellten Kotflügel. Man hat sich für die schmale Karosserie des zivilen Großserien-Bruders entschieden. Unter der Haube kommt zunächst der Motor des sogenannten „Italien-M3" zum Einsatz, der wegen der dort

Weit mehr als bloße Spielerei oder eine kleine Fingerübung: Die hier gezeigten Unikate sind nicht nur perfekt auf ihren jeweiligen Aufgabenbereich abgestimmt, sie erfüllen noch einen weiteren Zweck. All diese Prototypen entstehen unter Mitwirkung der Auszubildenden, Diplomanten und Praktikanten im Hause BMW.

Leider nie in Serie gegangen: der M3 compact. Die eingepferchten 321 PS haben leichtes Spiel mit dem Sportler, aber das Management lässt trotzdem keine Kunden ans Steuer.

geltenden Steuerbestimmungen auf zwei Liter Hubraum reduziert ist und „nur" 192 PS leistet. Später korrigieren die Ingenieure den Lapsus und bauen das Auto um auf den originalen, 2,3 Liter großen Vierzylinder mit 200 PS. Mehr als 26 Jahre verrichtet der BMW M3 Pickup auf dem Werksgelände zuverlässig seinen Dienst, bis er 2012 in den wohlverdienten Ruhestand verabschiedet wird.

1996 baut der stärkste Buchstabe der Welt einen M3 compact. Dahinter steckt die Idee, speziell jüngeren Kunden ein Einstiegsmodell in die Welt der M Fahrzeuge zu präsentieren. Im Prototyp dürfen geballte 321 PS zu Werke gehen, die mit dem nur 1,3 Tonnen schweren Fahrzeug leichtes Spiel haben. Trotzdem schafft es das Auto nicht in die Serie.

Auch der Prototyp des BMW M3 touring aus dem Jahr 2000 ist das Ergebnis von Überlegungen zur Serienproduktion eines entsprechenden Modells. Anders als der M3 compact, der als Imageträger und zum Ausloten des Kundeninteresses unter anderem auch Journalisten für Testfahrten zur Verfügung gestellt wird, dient der M3 touring ausschließlich internen Zwecken. Hans Rahn, verantwortlich für den Fahrzeug-Musterbau und Prototypenbau, weiß sehr gut, woran das liegt. Denn er kennt die Geschichte des ersten M3 touring-Versuchs. Der entsteht auf Basis der dritten M3-Generation, dem E46. Rahn: „Wir waren schon damals davon überzeugt, die reinen Gene von einem M3 mit der Variabilität und dem Alltagsnutzen eines touring kreuzen zu können. Und zwar ohne Abstriche an den typischen Eigenschaften eines M3."

V8-Eiltransporter: BMW stellt am 1. April 2011 den nach eigenen Angaben weltweit ersten High-Performance-Pickup vor: Das 300 km/h schnelle Einzelstück - laut Zulassung ein Lastkraftwagen - ist zunächst als Werkstatt- und Transportfahrzeug für die M GmbH vorgesehen.

Ein einziges Konzeptauto wird gebaut mit allen M-Insignien wie Powerdome auf der Fronthaube und Kiemen links und rechts in den vorderen Kotflügeln, die damals neu am M3 sind. Als großes Problem stellt sich heraus, die kurze vordere Seitenwand des touring zu kombinieren mit der längeren Seitenwand des Coupés und gleichzeitig noch die Kiemen unterzubringen. Rahn erzählt: „Wir mussten die Seitenwand zerschneiden und neu zusammensetzen. Dazu kamen der typische M-Außenspiegel und die spezifischen Schweller. Hinten wollten wir die Türen des normalen Touring nutzen, mussten aber gleichzeitig die breite Achse des M3 einfügen. So ist das ausgestellte Radhaus entstanden, das die Kraft und Stabilität symbolisiert. Wir passten schließlich die hintere Stoßfängerverkleidung an den dynamischen Radlauf an. Das Heck wurde ganz bewusst nicht überbetont, sondern mit den typischen Insignien versehen – vier Endrohre, Diffusor und M-Badge." Trotz des großen Aufwandes kommt das Auto nie auf den Markt, der Vorstand entscheidet sich gegen den Sport-Transporter. „Das lag an der technischen Komplexität. Der Sprung vom Coupé zum Touring war sehr groß. Wir hätten die Karosserie bis in den Rohbau ändern müssen," erklärt Rahn

2011 soll ein neuer M3 Pickup die verschlissene Erstversion ersetzen. Wie schon bei der Premiere wählen die Verantwortlichen wegen der bereits vorhandenen Verstärkungen eine Cabrio-Karosserie. Weil das Auto allerdings fast zu schade ist, der Welt vorenthalten zu werden, kommen die Bayern auf die Idee, das Einzelstück der Allgemeinheit als Aprilscherz zu verkaufen. Der wird generalstabsmäßig vorbereitet – zum Beispiel mit lancierten „Erlkönig-Fotos" von Abstimmungsfahrten auf der Nürburgring-Nordschleife. Viele Journalisten und Blogger fallen darauf herein und berichten über die vermeintliche Sensation.

Die am 1. April 2011 veröffentlichte offizielle Pressemitteilung dazu klärt die Angelegenheit schließlich nur hintergründig auf. BMW spricht zunächst von einer „vierten Karosserievariante" nach Limousine, Coupé und Cabrio. „420 PS unter der Motorhaube und bis zu 450 Kilogramm Nutzlast über der Hinterachse heben das für BMW M Automobile typische Verhältnis zwischen rennsportorientierter Fahrfreude und Alltagstauglichkeit in eine ganz neue Dimension," heißt es. Der cw-Wert soll nur knapp über dem des BMW M3 Coupé liegen, der Wagen 50 Kilogramm leichter sein als das Cabrio und sich durch Herausnehmen des 20 Kilogramm schweren „Targadachs" zur zusätzlichen Optimierung der Fahrdynamik der Schwerpunkt weiter senken lassen. Originaltext: „Nicht weniger eindrucksvoll fallen die praktischen Qualitäten des BMW M3 Pickup aus. Seine maximale Zuladung wurde auf 450 Kilogramm hochgeschraubt. Die Ladefläche des BMW M3 Pickup ist mit einem hochwertigen Aluminium-Strukturblech verkleidet und bietet die höchsten jemals bei einem BMW M Automobil realisierten Transportkapazitäten. In der für exklusive Premium-Automobile üblichen Maßeinheit ausgedrückt, bedeutet dies, dass sich im Heckabteil des BMW M3 Pickup bis zu 20 Golfbags im international gebräuchlichen 46-Zoll-Format verstauen lassen..." Erst im letzten Absatz folgt der dezente Hinweis, dass es sich um ein Einzelstück für den Einsatz als Werkstatt-Transportfahrzeug handelt – das aber im Gegensatz zu seinem Vorgänger sogar über eine Straßenzulassung verfüge.

Kaum bekannt sind ein M5 als Cabriolet, ein M5 touring mit Hochdach-Umbau, ein Z3 mit V12 und 400 Newtonmetern maximalem Drehmoment und ein M8 Coupé der Baureihe E31 (siehe Seite 133), das bis zum Jahr 2010 fast hermetisch unter Verschluss gehalten wurde. Die meisten dieser Schätze stehen in einer gut geschützten Garage in Garching ...

Interne Machbarkeitsstudie im Praxistest: Der BMW M3 touring soll im Jahr 2000 beweisen, dass eine solche Variante aus rein technischer Sicht weitgehend problemlos – ohne teure Spezialwerkzeuge – in eine laufende Serienproduktion des normalen 3er touring integrieren ließe.

Der 850 CSi wartet mit einer neuen Hinterachse, aktiver Spurregelung und einer Lenkung mit variabler Servounterstützung auf.

DAS UNERWARTETE COMEBACK DES 12-ZYLINDERS

Anfang der 1990er Jahre gibt sich der englische McLaren-Rennstall nicht mehr damit zufrieden, lediglich die Formel 1 zu beherrschen. Rennstallchef Ron Dennis und sein Chefingenieur Gordon Murray, der Designer der weiß-roten Monoposti, haben mittlerweile auch die Liga der Supercars fest im Blick. Murray entwirft dazu ein Automobil, das der ultimative Supersportwagen aller Zeiten werden soll. Am 28. Mai 1992 darf die Öffentlichkeit beim Großen Preis von Monaco erste Blicke auf den Boliden werfen. Technisch leitet der McLaren F1 eine Revolution in der Klasse ein, nicht zuletzt dank der Verwendung von Formel-1-erprobten Verbundwerkstoffen, der Mittellenkung und den drei Vordersitzen. Gordon Murray hat dabei eine besondere Herausforderung gemeistert. Mit 1080 Kilogramm gerät der F1 leichter als jeder seiner Konkurrenten.

Und unter der Motorhaube sitzt nicht der aus den Formel-1-Rennern bekannte V10 von Honda, sondern der noble BMW-V12 aus dem gescheiterten M8-Projekt. Paul Rosche ist verständlicherweise stolz, dass die BMW-Direktion grünes Licht zu dieser Allianz gibt. Aus etwas mehr als sechs Litern (bei 86 Millimeter Bohrung und 87 Millimeter Hub) werden 627 PS bei 7400/min und ein Drehmoment von 651 Nm bei 5600/min freigesetzt. Jeder Zylinderkopf besitzt zwei obenliegende Nockenwellen und vier Ventile je Zylinder. Nach 6,35 Sekunden sind bereits 160 km/h erreicht, nach 28 Sekunden sogar 320 km/h. Die englisch-deutsche Koproduktion bietet alles auf, was technisch gut und teuer ist, und kann ab Ende

Der V12 des M8 ist noch keineswegs tot. In dem von Ingenieur Gordon Murray entwickelten McLaren F1 erlebt er eine neue Blüte.

1993 erworben werden. Da dafür allerdings die Kleinigkeit von 1,5 Millionen Mark aufgerufen wird, stehen die Käufer nicht gerade Schlange. Doch dann tut sich mit dem Motorsport ein unerwartetes Betätigungsfeld für den McLaren F1 auf.

Der McLaren F1 bietet allerorts höchst effizientes Styling und wartet mit einer originellen 3er-Sitzkonzeption mit Fahrersitz in der Mitte auf.

MIT DEM V12 AN DER STARTLINIE

Unter dem Eindruck der BPR Global GT Series (benannt nach ihren Initiatoren Barth, Peter und Ratel) und einer Reglementänderung der 24 Stunden von Le Mans, die GT-Fahrzeuge begünstigt, machen sich McLaren und BMW an die Entwicklung einer Rennversion des F1. In Langstreckenwettbewerben beweisen die dergestalt aufgeputschten F1 schon bald eine haushohe Überlegenheit und dominieren die BPR-Serie in den Jahren 1995 und 1996. Dem Wagen von Dalmas, Lehto und Sekiya gelingt mit einem 1995er Sieg in Le Mans sogar der Sprung in die Annalen der Renngeschichte.

Nach dem Ausfall der Favoriten boxt sich der F1 GTR des Trios Dalmas/Lehto/Sekiya 1995 bei den 24 Stunden von Le Mans durch und geht als überraschender Erster durchs Ziel.

Als die GT-Läufe ab der Saison 1997 als FIA-Meisterschaft ausgetragen werden, ändert sich auch ihr Charakter. An die Stelle der Gentlemen-Driver treten jetzt finanzstarke Werksteams, die die Kosten, welche sich innerhalb eines Jahres verdoppelt haben, nach wie vor aufbringen können. BMW Motorsport tritt offiziell mit zwei umfassend überarbeiteten und aerodynamisch optimierten Long-Tail-McLaren an, davon einer für Lehto und Soper, ein weiterer für Kox und Ravaglia. Die erste Saisonhälfte gehört auch prompt den F1, bis dann doch die Mercedes-AMG CLK-GTR die Oberhand gewinnen. Auf dem Nürburgring müssen die McLaren die Schmach erdulden, das Rennen mit einer Runde Rückstand auf den Mercedes von Bernd Schneider zu beenden. Am Saisonende hat die Marke mit dem Stern die Nase vorne. Der zweite Platz des F1 GTR von Raphanel, Gounon und Olofsson (Gulf Team Davidoff) in Le Mans hinter einem TWR-Porsche von Joest Racing ist jedoch nicht genug, um McLaren über die Niederlage hinwegzutrösten.

Hervé Poulain kann nicht von seinen Art Cars lassen und überträgt dem Bildhauer César das Dekor des McLaren F1 GTR, den er 1995 in Le Mans gemeinsam mit Jean-Luc Maury-Laribière zu pilotieren gedenkt.

Bei BMW ist man derweil ernsthaft verstimmt über die Art und Weise, wie Mercedes den Geist des Reglements durch den Bau eines kaum getarnten Prototyps unterläuft, und zieht sich zum Saisonende aus der Rennserie zurück. Insgesamt stellt McLaren 106 Exemplare des einzigartigen F1 fertig, darunter 64 straßenzugelassene Exemplare, 28 Wettbewerbsfahrzeuge, fünf LM-Wagen und zwei GT-Exemplare. Mit einer Straßenversion aus dem BMW-Fuhrpark überschlägt sich ausgerechnet BMW-Chef Pischetsrieder vielbeachtet auf einer Landstraße am Chiemsee und landet – ebenso wie die mitfahrende Ehefrau und ein weiterer Beifahrer – leicht verletzt in einem Acker. Was nichts am Rennsport-Engagement der Bayern ändert. Die Münchener fokussieren auch durch den indirekten Druck von Mercedes-Benz die Entwicklung eines

Nachdem die GT-Meisterschaft ab 1997 als Weltmeisterschaft ausgetragen wird, tritt BMW Motorsport mit zwei McLaren F1 an. Die Nummer 42 von Lehto, Soper und Piquet scheidet in Le Mans nach 236 Runden aus. Das Schwesterfahrzeug aus dem Schnitzer-Rennstall mit Kox, Ravaglia und Hélary schafft es dafür auf den dritten Platz im Gesamtklassement.

Prototyps, der bessere Chancen für einen Sieg bei den 24 Stunden von Le Mans verspricht. Dabei assistiert die britische Dependance, die in Kooperation mit McLaren und Gordon Murray ins Leben gerufen wurde und bereits bei der Entwicklung der 3er-Reihe für die englische Tourenwagenmeisterschaft hervorragende Arbeit geleistet hat.

AUF SIEGESKURS IN LE MANS

Nach dem Achtungserfolg des McLaren F1 GTR mit BMW-V12-Motor träumt man in München verständlicherweise von einem vollständigen Le-Mans-Sieg unter eigener Flagge. Am 8. September 1997 verkündet BMW offiziell, ab der Saison 2000 mit dem englischen Williams-Team wieder in die Formel 1 einsteigen zu wollen. Teil dieses Plans ist obendrein ein Start bei den 24 Stunden von Le Mans, bereits im Folgejahr – mit eigens entwickelten Rennern, die von dem aus dem McLaren F1 abgeleiteten V12-Motor befeuert werden sollen. Die Prototypen werden dem Bigazzi-Rennstall anvertraut. Eine tragende Rolle bei dem neuen Rennprogramm fällt BMW Motorsport Ltd. zu, der neuen Produktionsabteilung in Grove unweit des Sitzes des Williams-Rennstalls. Die beiden Exemplare, die im Juni in Le Mans an den Start gehen, sind allerdings noch nicht ausgereift genug, um mit den überlegenen Porsche GT1 mithalten zu können. Der Auftritt der beiden V12 LM-Spyder endet bereits nach wenigen Stunden. Angesichts übermäßiger Vibrationen und wiederholt nötiger Wechsel der Radnabenträger entscheidet die Firmenleitung, die Fahrzeuge sicherheitshalber aus dem Rennen zu nehmen.

Ein Jahr als Lehrzeit – und ein Jahr bis zum Sieg. So kann man das Credo des BMW-Teams zusammenfassen, das 1999 wesentlich besser gerüstet mit drei nagelneuen V12 LMR-Roadstern antritt. Chassis und Aerodynamik sind unter der Projektleitung von Ulrich Schiefer in der Zweigstelle in Grove entstanden, der Motor kommt direkt aus München. Beim betreuenden Rennstall fällt die Wahl auf Schnitzer. Augenfälligste Neuerung ist der Überrollkäfig in Formel-1-Manier.

Bei den 12 Stunden von Sebring 1999 kann BMW wieder an glanzvolle Siege von früher anknüpfen, als der Roadster von J.J. Lehto, Jörg Müller und Tom Kristensen als Erster durchs Ziel geht. Die Vorqualifikationsläufe für Le Mans Anfang Mai werden dann zu einem Wechselbad der Gefühle und Yannick Dalmas erlebt den Schreck seines Lebens, als er in den Leitplanken landet und seine Heckklappe bei vollem Tempo abreißt. Am Ende des Testtags gibt BMW den Rückzug seines dritten Wagens bekannt. Der Grund: Nach dem kapitalen Unfall von Dalmas erscheint es dem Team sinnvoller, sich auf zwei Fahrzeuge zu konzentrieren, anstatt sich mit drei Wagen zu verzetteln. Beim Rennen im Juni gelten die BMW einstweilen noch als Außenseiter. Beim Qualifying, das durch einen spektakulären Crash eines Mercedes in Erinnerung bleibt, fährt allerdings Toyota die schnellsten Zeiten.

Das Rennen in Le Mans 1999 wird zu einer Materialschlacht, in der sich das Feld merklich lichtet – diesmal zum Vorteil der Mannen aus München. Die Nummer 17 von J.J. Lehto, Jörg Müller und Tom Kristensen liegt noch wenige Stunden vor dem Ziel in Führung. Aber dann kommt Lehto infolge eines Fahrwerkbruches abrupt von der Bahn ab – und sein Bolide ist Schrott. Damit rückt das Trio um Joachim Winkelhock, Pierluigi Martini und Yannick Dalmas auf und kann den Lohn für ein ausgeglichenes Rennen ernten. Nach 365 Runden und 4968 Kilometern wird die Nummer 15 um 16 Uhr als Erster im Ziel abgewinkt. Dieser erste Le-Mans-Erfolg von BMW hat besondere Bedeutung, denn in jenem Jahr dürfen sich gleich mehrere Teams Siegchancen ausrechnen. Für den Franzosen Dalmas bedeutet der Erfolg den vierten Le-Mans-Sieg seiner Rennfahrerkarriere. Wie er sich jedoch später erinnert, hat Rennstallleiter Gerhard Berger für das Siegerteam nicht einmal einen Glückwunsch übrig. Offenbar hat Berger ganz auf den Sieg von Nummer 17 gesetzt.

In den USA entgeht BMW unterdessen der Titel in der ALMS-Serie ganz knapp wegen zwei fehlenden Punkten. Nichtsdestotrotz bleiben die Bayern auch in der Saison 2000 im US-Renngeschehen präsent. Die V12 LMR-Roadster können gegenüber den Audi R8 allerdings ihr Alter nicht mehr leugnen. Daher fällt zum Saisonende der Vorhang – ab sofort liegt der Fokus des Rennengagements auf den GT-Läufen. Bei BMW entsteht dazu ein M3 mit V8-Motor – ein Schritt, der mancherorts als eine besonders kreative Interpretation des Reglements aufgefasst wird, denn der M3 GTR wird nie wirklich an Endkunden ausgeliefert. Es dauert tatsächlich bis 2007, ehe BMW einen Serien-M3 mit V8-Aggregat auf die Räder stellt. Mit sechs Siegen in Folge sichert sich Jörg Müller in der Saison 2001 den GT-Titel der ALMS-Meisterschaft.

Das Cockpit des McLaren F1 GTR, der für die FIA-GT-Meisterschaft gemeldet wurde.

Nach dem Erfolg von McLaren in Le Mans will BMW es wissen und tritt mit Prototypen auf eigene Rechnung an. Der erste Auftritt im Jahr 1998 findet infolge technischer Probleme ein vorzeitiges Ende.

12 Monate nach dem Fiasko 1998 in Le Mans tritt BMW zur Auflage 1999 wesentlich besser präpariert an und schickt zwei brandneue V12 LMR-Prototypen ins Rennen. Nach der 24-Stunden-Gesamtdistanz erkämpft sich das Trio Winkelhock/Martini/Dalmas den Platz auf dem Siegertreppchen.

EXPERIMENTE MIT DIESELMOTOR

Trotz der unberechenbaren Reglements, die zudem von Land zu Land variieren, hält BMW weiter am Tourenwagensport als Standbein der hausinternen Rennsportaktivitäten fest. Von 1994 bis 1998 heimst BMW mit einem 2-Liter-Modell in Spa-Francorchamps fünf weitere Siege in Folge ein. Auch die 24-Stunden-Rennen auf dem Nürburgring werden immer mehr zum Heimspiel für die Weiß-Blauen. 1998 bringen Duez, Stuck, Menzel und Bovensiepen sogar einen 3er mit Dieselmotor als Sieger ins Ziel – eine Premiere in der Rennbilanz der Marke. Am Ende liegt der Diesel vor vier weiteren Fahrzeugen der Münchener – als Krönung mehrjähriger Entwicklungsarbeiten an einer Motorentechnik, der die Fachwelt noch wenige Jahre zuvor keinen einzigen Wettbewerbserfolg zugetraut hätte.

Bereits 1997 haben der dritte Platz eines 318 tds hinter zwei BMW 320i (von Radiguès, Duez und Hélary sowie Cecotto, Piquet und Winkelhock) in Spa sowie die Pole Position von Marc Duez am Steuer eines 320d auf dem Nürburgring aufhorchen lassen und das Rennsportpotenzial des Diesels unterstrichen. Doch die innerhalb weniger Jahre eingetretene Kostenexplosion und die zunehmende Dominanz von Frontantriebsmodellen in der Tourenwagenmeisterschaft überzeugen BMW, sich zum Saisonende 1998 aus diesen Disziplinen zu verabschieden. Auch das 25-Kilo-Mehrgewicht der BMW-Limousinen gilt in München als schwer zu verkraftendes Handicap. Auf dem Salzburgring, dem schnellsten Kurs des Super-Tourenwagen-Cups, fehlen den BMW-Piloten gegenüber der Fronttriebler-Konkurrenz rund zehn km/h in der Höchstgeschwindigkeit. „Unser schräger angestellter Heckflügel hat uns schwer behindert", konstatiert Motorsport-Urgestein Charly Lamm. „Aber wir brauchen ihn beim Bremsen und in den Kurven."

Beim 1999er ALMS-Meisterschaftslauf im kanadischen Mosport zieht BMW seine beiden Prototypen nach dem Training zurück, denn die Piste erscheint den Verantwortlichen zu gefährlich. Christian Menzel und Hans-Joachim Stuck steuern ihren M3 GTR auf den 17. Platz.

Beim 24-Stunden-Lauf auf dem Nürburgring siegt 1998 erstmals eine Limousine mit Dieselmotor. Nach dem Ausfall des 320d von Stuck, Soper und Radiguès geht der Sieg an das typengleiche Fahrzeug von Duez, Menzel und Bovensiepen (zu denen sich noch Hans-Joachim Stuck gesellt).

DIE MAGIE
DER FORMEL 1

Der Kolumbianer Juan-Pablo Montoya, der für die Saison 2001 als Ersatz für Jenson Button verpflichtet wird, bringt es dank seines entschlossenen Fahrstils zum Sieg im High-Speed-Tempel von Monza.

NACH DEM ERFOLGREICHEN AUFTRITT IN LE MANS UND 12 JAHRE NACH DEM AUSSTIEG AUS DEM FORMEL-RENNZIRKUS SCHIELT BMW ABERMALS AUF DIE KÖNIGSKLASSE. KEIN ZWEIFEL – DIE WELTMEISTERSCHAFT BIETET EINE EINZIGARTIGE BÜHNE FÜR MEDIENPRÄSENZ UND ALS TECHNOLOGIESCHAUFENSTER. GETREU DER POLITIK DES HAUSES MELDET SICH BMW ALS MOTORENLIEFERANT ZURÜCK UND GIBT AM 8. SEPTEMBER 1997 IN FRANKFURT DIE UNTERZEICHNUNG EINES FÜNFJAHRESVERTRAGS MIT DEM DAMALS DOMINIERENDEN WILLIAMS-RENNSTALL BEKANNT.

Die Motorenlieferung soll im Jahr 2000 beginnen. Die Zeiten haben sich allerdings geändert. Zwar sind Saugmotoren mit bis zu 12 Zylindern und drei Litern Hubraum zulässig. Ab 2001 schreibt das Formel-1-Reglement jedoch V10-Motoren mit drei Litern Hubraum vor. Bei der Entwicklung des neuen Renntriebwerks setzt BMW Motorsport, anders als bei der Prototypenserie, nun nicht mehr auf England, zumal die Motorsportabteilung in der Nähe des Forschungs- und Innovationszentrums (FIZ) des Stammhauses ein neues Gebäude errichtet hat. Paul Rosche, Spiritus Rector des Vierzylinder-Turbomotorenprogramms, übernimmt noch die Leitung des V10-Programms, übergibt das Zepter zum Ruhestand aber an Werner Laurenz. Wenige Monate vor der Rückkehr von BMW ins Starterfeld der Formel 1 wird die Leitung der Rennsportaktivitäten bei BMW Motorsport einem erfahrenen Duo übertragen: Mario Theissen ist für die Technik zuständig, Gerhard Berger fungiert als

Geballte Ingenieurskunst: der kompakte V10-Motor (P80) für die Formel-1-Saison 2001.

Beim Wiedereinstieg von BMW in die Formel 1 im Jahr 2000 teilen sich Gerhard Berger und Mario Theissen die Aufgaben. Berger wird Motorsportdirektor, Theissen technischer Direktor.

Motorsportdirektor. Theissen ist nach seinem Eintritt 1977 bei BMW in die Motorenentwicklung geholt worden und zuletzt als Direktor der M Technik GmbH tätig. Berger kann seinerseits auf eine eindrucksvolle Rennfahrerkarriere mit insgesamt zehn Grand-Prix-Siegen zurückblicken. Am 27. April 1999 läuft der V10-Motor erstmals auf der BMW-eigenen Rennstrecke im südfranzösischen Miramas. Und am 5. Oktober folgt der erste Probelauf auf der Formel-1-Rennstrecke von Spielberg.

NICHTS KANN ZU SCHÖN SEIN

Die deutsch-englische Kooperation lässt sich für beide Seiten vielversprechend an. Die weiß-blauen Monoposti von Jenson Button und Ralf Schumacher haben unstrittig Potenzial. Beim Saisonauftakt in Australien 2000 schafft es Schumacher als Nutznießer der Pannenserie der McLaren-Mercedes gleich auf den dritten Platz (hinter den beiden Ferrari von Michael Schumacher und Rubens Barrichello). Die Williams etablieren sich nach und nach als dritte Kraft hinter Ferrari und McLaren. In Spa-Francorchamps sowie Monza holt Ralf Schumacher weitere dritte Plätze. Bei der Schlussabrechnung ist Theissen und Berger freilich klar, welche Verbesserungen notwendig sind, um den eigenen Ansprüchen gerecht zu werden. Die Wagen müssen möglichst oft ins Ziel kommen und bis Jahresende 2001 auch einen Grand Prix gewinnen.

Nur ist der Motor immer noch arg sperrig und schwer. Doch dabei muss es ja nicht bleiben. Um die Kluft zu den beiden Top-Teams zu überwinden, entwirft BMW ein von Grund auf neues, technisch wegweisendes Aggregat. Der Zylinderwinkel des von Heinz Paschen gezeichneten V10 von 2001 beträgt 90 statt 72 Grad. Gleichzeitig werden bei den Williams FW23 die Kinderkrankheiten des Vorgängermodells ausgemerzt. Nachdem Button zu Benetton-Renault wechselt, heuern Frank Williams und Patrick Head den Kolumbianer Juan-Pablo Montoya an, den Meister der CART-Serie 1999 und Sieger der 500 Meilen von Indianapolis.

Als Krönung des Ganzen gelingt es dem deutsch-englischen Rennteam, Michelin wieder als Lieferanten der Formel-1-Reifen zu gewinnen. Es ist auch kein Aprilscherz, dass Montoya bereits am 1. April in Brasilien einem verdienten Sieg entgegen fährt, bevor ihn eine Kollision mit dem Arrows von Jos Verstappen von der Bahn wirft. Aber aufgeschoben ist nicht aufgehoben. Beim nächsten Grand-Prix-Lauf in San Marino auf der Rennstrecke von Imola ist das Siegerglück dann Ralf Schumacher hold.

Der Williams-BMW etabliert sich bereits in seiner ersten Saison als Nummer 3 unter den Favoriten der Formel 1.

DIE FORMEL BMW – DAS NACHWUCHSPROGRAMM

Seit der Gründung des Motorsport-Ablegers hat BMW stets Wert auf Präsenz in sämtlichen Spielarten des Automobilrennsports gelegt. Parallel zum Auftritt bei den internationalen Spitzenveranstaltungen richtet BMW ab 1998 eine eigene Nachwuchsformel aus. Bei diesem Förderprogramm können junge Fahrertalente am Steuer eines Monoposto-Einheitsmodells, dessen Chassis die französische Firma Mygale liefert und das von einem Motorradmotor angetrieben wird, ihr Können unter Beweis stellen. 2004 wird die Formel BMW neben Deutschland auch in England, den USA und in Asien ausgetragen. Zu den renommiertesten Entdeckungen dieser Formel zählen len Timo Glock (2001), Nico Rosberg (2002), Sebastian Vettel (2004) und Nico Hülkenberg (2005).

Bei den Läufen der Formel BMW verdiente sich auch der junge Sebastian Vettel (im Bild vorn links) in der Saison 2004 seine ersten Sporen.

DAS DREHZAHLKARUSSELL DREHT SICH IMMER SCHNELLER

Die Kombination Williams-BMW-Michelin funktioniert in der Saison 2001 mittlerweile wie am Schnürchen, vor allem auf schnellen Kursen und bei großer Hitze. Der neue BMW-V10 ist zweifelsohne das potenteste Triebwerk des gesamten Feldes – und das bei bemerkenswerter Elastizität und Sparsamkeit. Die Höchstleistung liegt bei fast 850 PS, die Motordrehzahl übersteigt die Marke von 18.000/min. In Kanada hat der „kleine" Schumacher sogar die Nase vor seinem großen Bruder vorn und sichert sich seinen zweiten Grand-Prix-Sieg. Beim Großen Preis von Europa auf dem Nürburgring scheint ihm eine Neuauflage zu glücken. Eine Stop-and-Go-Strafe wegen regelwidrigen Überfahrens einer Markierung in der Boxengasse wirft ihn jedoch auf Platz 4 zurück. Ab dem Großen Preis von Belgien bringt Williams eine deutlich überarbeitete Ausführung seines Monoposto an den Start, die den FW24 von 2002 vorwegnimmt. Mit dieser Mobilisierung aller Kräfte unterstreichen Williams und BMW nachdrücklich, wie ernst es ihnen mit ihren Plänen ist, ab der dritten Saison in den Kampf um den Weltmeistertitel einzugreifen.

Gleichzeitig sehen die beiden Partner darin ein Mittel, dem neu beschlossenen Verbot aller privaten Trainingsläufe zuvorzukommen, das ab dem Abend des letzten Grand Prix der Saison in Kraft treten und bis zum 31. Dezember gelten soll. Beim Großen Preis von Deutschland, wo eigentlich Mercedes ein Heimspiel hat, holt Ralf Schumacher seinen dritten Sai-

Jenson Button und Ralf Schumacher, die beiden Piloten des Williams-BMW-Rennstalls, bei der Fahrzeugpräsentation des FW 22 im Jahr 2000.

Ralf Schumacher startet aus der Pole Position, doch den Sieg beim Großen Preis von Monaco 2003 holt sich Montoya mit seinem Williams-BMW.

In der Saison 2005 fährt der Brasilianer Antonio Pizzonia ab dem Großen Preis von Monza für den verletzten Nick Heidfeld.

sonsieg. In Spa sprechen die V10-BMW ein leistungsmäßiges Machtwort und beide Williams belegen im Qualifying vorderste Plätze. Beim Start stirbt Montoya aber der Motor ab, so dass er dem Feld nur noch hinterherfährt und bis Monza – fünf Tage nach den Terrorangriffen in den USA – warten muss, um endlich auf das Siegertreppchen zu dürfen. Trotz der vier Siege reicht es für Williams-BMW in der Schlussbilanz der Konstrukteurswertung aber nur zum dritten Platz.

Inzwischen hat sich ein Prestigewettlauf mit Mercedes um die Vormachtstellung im Premiumsegment entwickelt, bei dem BMW seine gesammelte Rennsporterfahrung in die Waagschale zu werfen gedenkt. Der Doppelsieg in Malaysia, beim zweiten Grand-Prix-Rennen der Saison 2002, täuscht allerdings. Trotz sieben Pole Positions kann BMW seine Stellung im weiteren Meisterschaftsverlauf nicht behaupten. Michael Schumacher, der bereits ab dem Großen Preis von Frankreich als Meister feststeht, und sein Ferrari erweisen sich als unschlagbare Kombination. Dass der V10 sich leistungsmäßig nicht verstecken muss, beweist Montoya aber auf dem schnellen Kurs von Monza, wo er mit einem Rundendurchschnitt von 259,8 km/h bis dahin die schnellste Pole Position der gesamten Formel-1-Geschichte herausfährt.

INTERNE RIVALITÄTEN

Um die Dominanz des Teams Ferrari-Schumacher einzudämmen, ändert die FIA zur Saison 2003 die Spielregeln. Ab sofort werden die Monoposti zwischen dem Qualifying und dem Grand Prix in den Parc Fermé verbannt. Die Jagd um die Pole Position ist somit eine Frage der Rennstrategie der Fahrer und des mitgeführten Tankinhalts. Der von Ingenieur Frank Dernie entworfene FW25 mit seinem kurzen Radstand erweist sich als perfekter Untersatz für den V10 aus München, der mit über 900 PS bei 19.200/min erneut als das potenteste aller Formel-1-Triebwerke gelten darf. Nach dem Sieg von Montoya in Monaco wird Williams mehr und mehr zu dem Rennstall, den es zu schlagen gilt. Da sich Williams und BMW aber ganz auf die Konstrukteursweltmeisterschaft konzentrieren, können sie nicht von der Schwächephase bei Ferrari während der Sommermonate profitieren und haben umgekehrt unter dem Duell ihrer beiden Fahrer zu leiden. Am Saisonende reicht es für das deutsch-englische Team abermals nur für den zweiten Rang – 14 Punkte hinter Ferrari. Montoya rangiert elf Punkte hinter Michael Schumacher auf dem dritten Platz der Fahrerwertung.

In München macht sich mittlerweile eine gewisse Unruhe breit. Im letzten Jahr des Vertrags von BMW mit Williams ist abzusehen, dass es für BMW Motorsport bei Wunschträumen bleiben wird – sofern man nicht ausgesprochenes Glück hat und das Duo Ferrari-Schumacher plötzlich schwächelt. Doch schon beim Auftaktrennen 2004 im australischen Albert Park kommt die Ernüchterung: Ferrari und Schumacher fahren die gesamte Konkurrenz in Grund und Boden. Die Williams-BMW liegen satte anderthalb Sekunden pro Runde im Rückstand. Obendrein erreicht der FW26 nicht mehr die Höchstgeschwindigkeiten der Vorjahre.

In Indianapolis kollidiert Ralf Schumacher bei Tempo 327 mit der Streckenmauer und fällt bis zum Lauf in China Ende September aus. Interimsweise wird er durch Marc Gené und anschließend durch Antonio Pizzonia ersetzt. Williams und BMW müssen sich bis zum letzten Lauf der Saison in Interlagos gedulden, um sich dort mit dem Sieg von Montoya – seinem einzigen der Saison – einen Abgang in Würde zu verschaffen. In München tröstet man sich mit dem Gedanken, dass 2004 ja ohnehin eine Übergangssaison gewesen ist. Zur Saison 2005 meldet sich BMW mit einem neuen Fahrergespann zurück. Mark Webber und Nick Heidfeld sollen den Williams FW27 steuern. Der Wind hat sich jedoch inzwischen gedreht und es gelten neue Leistungsmaßstäbe. Die stärkste Teamleistung bieten nun Renault und Fernando Alonso. In Monaco holen sich die Williams-BMW mit Platz 2 und 3 das beste Ergebnis der Saison. Dass es ansonsten leistungsmäßig nicht so recht rund läuft, wird Mängeln bei den Windkanalversuchen in Grove zugeschrieben.

BMW verkraftet diesen Dämpfer umso schwerer, weil man die ganze Zeit überzeugt war, den leistungsstärksten Motor des Felds ins Rennen zu schicken. Die ohnehin bereits gespannten Beziehungen führen schlussendlich zur Trennung, als BMW eine strategische Neuausrichtung beschließt und durch die Übernahme des Sauber-Rennstalls nach mehr Eigenverantwortung strebt.

UMSTIEG AUF V8-TRIEBWERKE

Mit dem Sauber-Team aus dem schweizerischen Hinwil beginnt für BMW ein neues Kapitel im Formel-1-Engagement. Der F1-06, der als erster BMW-Sauber Anfang 2006 bei einer atemberaubenden Show in Valencia präsentiert wird, ähnelt

Nick Heidfeld beim GP Monaco 2006: Im Fürstentum belegte der Formel-3000-Meister von 1999 am Ende Rang 7. In der WM sicherte er sich Platz 9 in der Fahrerwertung - mit 10 Punkten mehr als die Team-Kollegen Kubica und Villneuve zusammen.

in vielerlei Hinsicht dem Sauber C25 der Vorjahressaison. Das Fahrwerkskonzept basiert auf dem Monoposto von 2005, völlig neu ist jedoch der Motor. Im Sinne des weiterentwickelten Reglements entsteht in der Motorenabteilung von BMW ein 2,4-Liter-V8 (Werkskürzel P86). Der Saisonauftakt lässt sich allerdings zäh an. Nick Heidfeld und Jacques Villeneuve bewegen sich meist im Mittelfeld. Anscheinend hat der Rennstall bei der Aerodynamik zu verhalten agiert. Nach mehreren spektakulären Ausflügen in die Botanik wird Villeneuve nach dem Großen Preis von Deutschland auf dem Hockenheimring von Robert Kubica abgelöst. Auch die tiefgreifenden Eingriffe in der Aerodynamik zeigen endlich Früchte. Im letzten Teil der Saison 2006 darf sich der BMW-Sauber Chancen auf Podiumsplätze ausrechnen. Und in Monza schafft es der Pole Kubica auf den dritten Platz. Die Schlussbilanz der ersten Saison von BMW als Konstrukteur kann mit einem fünften Platz aber nur wie folgt lauten: „Schwamm drüber!"

STETIGE FORTSCHRITTE

Die Wintermonate werden für umfangreiche Weiterentwicklungen genutzt, um zu den führenden Rennställen aufschließen zu können. Der F1-07 für Kubica und Heidfeld besitzt jetzt eine deutlich höhere und kantigere Frontpartie, kompakte, profilierte Seitenkästen und neue Luftleitbleche. Die Kühler wandern in eine neue Einbaulage und ihr Fassungsvermögen legt um 20 Prozent zu. Dies kommt auch der Standfestigkeit des BMW-V8-Triebwerks (P86/7) zugute. Die ambitionierten Hoffnungen von Rennstallleiter Mario Theissen sind also nicht unbegründet, zumal die Saison vielversprechend beginnt. Beim Qualifying zum Großen Preis von Australien fährt Heidfeld die drittbeste Zeit und belegt beim Rennen den vierten Platz. Allmählich etabliert sich BMW als dritter Hauptakteur des Starterfelds hinter Ferrari und McLaren-Mercedes.

PETRONAS
DELL

Beim Großen Preis von Kanada 2007 hat Robert Kubica in der 26. Runde einen spektakulären Unfall nach einer Kollision mit dem Toyota von Jarno Trulli.

Der seit 2005 bei BMW unter Vertrag stehende und 2006 zum dritten Werksfahrer beförderte Sebastian Vettel gibt 2007 in Indianapolis seinen Einstand als Ersatzfahrer für Kubica. Als Achter holt er seinen ersten Weltmeisterschaftspunkt.

Mario Theissen darf sich freuen: Ein Jahr nach seinem Unfall gewinnt Kubica den Grand Prix von Montreal. Mit Heidfeld an zweiter Stelle macht BMW das Doppel perfekt.

Nach zehn Rennsaisons in der Formel 1 gibt BMW den Ausstieg zum Saisonende 2009 bekannt.

Der Große Preis von Montreal 2007 bietet dann ein Wechselbad der Gefühle. In Runde 26 beschert Kubica den Formel-1-Fans den Schreck ihres Lebens. Beim Anbremsen in der Haarnadelkurve fährt sein Monoposto auf den Toyota von Jarno Trulli auf, kommt von der Fahrbahn ab und wird über eine Bodenwelle mit voller Geschwindigkeit in die Betonmauer und zurück auf die Fahrbahn katapultiert, wo er sich in seine Einzelteile zerlegt. Der Pole kommt mit dem Schrecken und einer simplen Verstauchung davon. Zweiter des haarsträubenden Rennens wird Heidfeld. Beim nächsten Grand Prix in Indianapolis darf erstmals Sebastian Vettel – als Ersatz für den noch nicht kurierten Kubica – ans Steuer. Vettel landet auf Platz 8 und schreibt prompt Motorsportgeschichte, als er mit 19 Jahren, elf Monaten und 14 Tagen der bis dahin jüngster Formel-1-Pilot aller Zeiten wird, der es in die Punktewertung schafft. BMW gelingt kein Rennsieg. Die gleichmäßigen Leistungen im Saisonverlauf werden aber mit dem zweiten Platz der Weltmeisterschaft belohnt, nachdem McLaren infolge der Spionageaffäre aus der Konstrukteurswertung ausgeschlossen wird.

DIE ANSTRENGUNGEN REICHEN NICHT

Nach drei Lehrjahren rechnet sich Mario Theissen gute Chancen aus, das Programmziel zu erreichen. Trotz mühsamer Testfahrten in der Zwischensaison kann BMW Boden zu den Spitzenteams gut machen. In Auftaktrennen der Saison 2008 in Australien qualifiziert sich Kubica für einen Startplatz in der ersten Reihe und Heidfeld beendet das von zahlreichen Ausfällen geprägte Rennen als Zweiter. In Monaco kommt Kubica als Zweiter ins Ziel. Damit ist Monaco zur Generalprobe für Kanada geworden, wo die BMW, die auf diesem für Motoren maßgeschneiderten Kurs in ihrem Element sind, einen Doppelsieg mit Kubica vor Heidfeld einfahren. So wenig es auch hilft, verpassten Gelegenheiten nachzutrauern – in der Saisonbilanz verfestigt sich in München abermals der Eindruck, dass man die Siegchancen wieder nicht nutzen konnte. Und das, obwohl man am Saisonanfang beide Meisterschaften anführte. Mit einem dritten Platz in der Konstrukteurswertung verfehlt BMW 2008 jedenfalls erneut das selbst gesteckte Ziel.

NACH DEM KERS FOLGT DAS AUS

Nach einer tapfer bis zum Ende durchgestandenen Saison 2008 sind die Hoffnungen in Hinwil groß. Nach elf Jahren mit Profilreifen wird ab 2009 wieder mit Slicks gefahren. Neu ist zur noch jungen Saison auch das Energierückführungssystem KERS (Kinetic Energy Recovery System), mit dem sich durch Bremsenergierückgewinnung eine punktuelle Leistungssteigerung erreichen lässt – nur macht das Mehrgewicht den theoretischen Vorteil meist wieder zunichte.

Der für sein Styling oft kritisierte 5er BMW der Ära Bangle bedeutet nichts weniger als eine Revolution und wartet in der M5-Version mit einem V10-Motor unter der Haube auf.

Das Reglement schreibt außerdem eine doppelt so lange Lebensdauer der Motoren vor. Bald zeigt sich, dass der F1-09 die in ihn gesetzten Hoffnungen nicht erfüllen kann. BMW-Sauber verliert an Boden, startet meist nur im hinteren Mittelfeld und schafft es im Qualifying oft nicht über den Q2-Abschnitt hinaus. Die Saison 2009 gerät zunehmend zum Alptraum. Mangels erhoffter Ergebnisse verdüstert sich auch die Stimmung im Team. Dass der Rennstall nur noch auf dem achten Rang liegt, lässt das Schlimmste befürchten. Auf höchster Ebene ist bereits von einem „Ende mit Schrecken" die Rede. Was, wenn BMW sich wirklich aus der Formel 1 zurückzieht? Das Urteil fällt am 29. Juli 2009. Norbert Reithofer, der zum dritten Quartal 2006 das Amt des BMW-Vorstandsvorsitzenden angetreten hat, bestätigt bei einer Pressekonferenz den Ausstieg aus der Formel 1. Die Kräfte des Unternehmens sollen stattdessen um die „Number One"-Strategie gebündelt werden. Ziel ist es dabei, den Fahrzeugausstoß bis 2020 auf zwei Millionen Fahrzeuge zu steigern und verstärkt auf Modelle mit besonders geringen CO_2-Emissionen zu setzen. In München hat sich die Erkenntnis durchgesetzt, dass sich das Gesicht des Automobils im 21. Jahrhundert grundlegend ändern wird. Die damit verbundenen Transformationsprozesse erfordern enorme Investitionen. Die Finanz- und Wirtschaftskrise, die im September 2008 nach dem Kollaps der Lehman-Bank ausgebrochen ist, liefert BMW quasi auf dem Silbertablett ein Alibi für das eigene Handeln. Doch trotz der Konzentration der Unternehmensressourcen auf die Entwicklung einer besonders sauberen Modellfamilie geraten die Motorsportaktivitäten nicht ganz in Vergessenheit.

EIN V10 UNTER DER HAUBE DES M5

Es ist wohl nicht allzu vermessen, den Einbau eines Rennmotors unter die Motorhaube eines Straßenmodells als besondere Existenzberechtigung für die M GmbH zu bezeichnen. Mit dem im Oktober 2004 enthüllten M5 E60 schlägt BMW ein neues Kapitel auf, bei dem der PS-Wettlauf mit den Hauptkonkurrenten und die Frage, wer die meisten Zylinder vorweisen kann, erneut Fahrt aufnimmt. Die von Chris Bangle entworfene, neue 5er-Reihe bietet sich als Plattform für einen V10-Saugmotor an, der sich eng an das Triebwerk der Williams-BMW aus der Formel 1 anlehnt. „Nichts ist unmöglich", verkündet Ernst Bruhne, ehemals Ingenieur bei Mercedes-AMG und mittlerweile Chef der BMW Motorsport-Abteilung, bei der Vorstellung der vierten Generation des M5 im September 2004. Bruhne macht keinen Hehl daraus, dass die Entwicklungs- und Konstruktionskosten des V10 denen eines völlig neuen Fahrzeugmodells nicht nachstehen. Doch dank der Fortschritte auf dem Gebiet der Elektronik ist diese Höllenkombination jetzt straßentauglich. Als Aushängeschild lässt der neue M5 keine Wünsche offen. Der 5-Liter-V10 verfügt über unterschiedliche Motorprogramme. Im Komfortmodus für den Stadtverkehr oder auf trockener Landstraße verharrt die Motorleistung bei 400 PS.

Ein Knopfdruck auf die M-Taste am Lenkrad setzt dann die volle Leistung von 507 PS bei 7750/min frei. Der V10 des M5 dreht sogar bis 8250/min und stößt damit in Drehzahlbereiche vor, die nicht lange zuvor noch die Domäne reinrassiger

Sportwagen mit Dachreling und 1650 Liter Laderaumvolumen: Dank seiner 507 PS kommt der ab 2005 angebotene M5 Touring (E61) auf ein Leistungsgewicht von 3,7 Kilogramm pro PS. Allerdings lassen sich gerade einmal 1025 Käufer vom Versprechen „100 Prozent Sportwagen, 100 Prozent Touring" überzeugen ...

Rennwagen waren. Viel Elektronik sorgt für optimale Zylinderfüllungen und perfekte Zündzeitpunkte. Die Motorelektronik schafft 200 Millionen Kalkulationen pro Sekunde. Als weitere Glanzleistung der Motorenkonstrukteure wiegt der V10 nicht einmal mehr als sein V8-Vorgänger.

Die beiden Zylinderreihen sind in einem 90-Grad-Winkel zueinander angeordnet, so dass ein hinsichtlich Laufkultur optimaler Massenausgleich des Kurbeltriebs erreicht wird. Die besonders verwindungssteife Kurbelwelle läuft in sechs Hauptlagern. Die variablen VANOS-Nockenwellen und Einzeldrosselklappensteuerung bewirken – wie bei den Rennmotoren – eine zusätzliche Leistungssteigerung. An den Motor ist ein neues, sequenzielles SMG-Drivelogic-Siebenganggetriebe angekoppelt, das elf Fahrprogramme von vollautomatisiert bis manuell-sportlich für Starts in Formel-1-Manier bietet und über zwei Paddel am Lenkrad geschaltet wird.

Trotz des stattlichen Gewichts von 1800 kg, das Rückschlüsse auf die luxuriöse Vollausstattung zulässt, sprintet der M5 in 4,7 Sekunden von 0 auf 100 km/h und erreicht 200 km/h in 15 Sekunden. Wer die Tempobegrenzung umgeht, kann mit dem wuchtigen 5er gut 330 km/h schnell fahren. Eine effiziente Übertragung der 507 Pferdestärken auf die Hinterräder wird

Der Motor des M5 von 2004 lehnt sich an den Formel-1-V10 an und kommt auf eine Spitzenleistung von 507 PS.

Beim M5 mit V10-Motor verschieben sich die Leistungsgrenzen weiter nach oben. Folgerichtig reicht der Tacho jetzt bis 330 km/h.

BMW BEHAUPTET DIE FÜHRUNG IM TOURENWAGENRENNSPORT

Im Jahr 2005 wird die Tourenwagenmeisterschaft wieder als Weltmeisterschaft gefahren. BMW, der größte Name in dieser Disziplin, darf da nicht fehlen. Andy Priaulx, der Europameister des Jahres 2004, liefert sich unter britischer Flagge fahrend einen Dauerzweikampf mit Dirk Müller, der mit einem von Schnitzer präparierten 320i des Teams BMW Deutschland antritt. Beim letzten Lauf in Macao kann der Engländer die Meisterschaft für sich entscheiden.

Bei der Europäischen Tourenwagenmeisterschaft 2004 holt sich der Brite Andy Priaulx den Titel auf einer von BMW Großbritannien gemeldeten 320i-Limousine.

BMW IN DER WELTMEISTERSCHAFT

Mit dem neuen 320Si, der bei der IAA 2005 seinen Einstand gibt, drückt BMW der Tourenwagen-Weltmeisterschaft weiterhin seinen Stempel auf. Mit einer Leistungsausbeute von 275 PS bei einem Gewicht von nur 1140 Kilo (einschließlich Fahrer) ist der 320Si potent genug, um Andy Priaulx und BMW nach dem Titel von 2005 zu zwei weiteren Meisterschaften zu verhelfen.

Der Engländer Andy Priaulx sichert sich mit einem 320Si in den Jahren 2006 und 2007 den WTCC-Meistertitel.

durch das mit einem variablen Sperrdifferenzial optimierte Sportfahrwerk, eine neu abgestimmte elektronische Stabilitätsregelung (DSC) und eine elektronische Fahrdynamikregelung (EDC) mit drei wählbaren Programmen gewährleistet. Dabei dienen alle technischen Innovationen dem Fahrkomfort und der Sicherheit. Auch adaptives Kurvenlicht und ein Head-Up-Display gehören zum Serienumfang. In fast sechs Jahren Bauzeit werden vom vierten M5 genau 19.523 Limousinen und 1.025 Touring-Kombis produziert.

EIN COUPÉ FÜR DIE OBERSTE FÜHRUNGSETAGE

Im Jahr 2005 findet der sagenhafte V10 obendrein unter der Haube der seit 2003 produzierten 6er-Reihe Platz. Das Styling des eleganten Flaggschiffs bezieht seine Anleihen aus etlichen Elementen des Z9-Concept Cars von 1999. Es bietet sich geradezu an, die 4,82 Meter lange Karosserie auch als Basis für ein M-Luxuscoupé zu nutzen, wie es seit dem Abgang des M635 CSi nicht mehr produziert wurde. Auch die Erfahrungen mit dem M3 CSL fließen in den M6 ein, der zudem

Das in luxuriösem Understatement gehaltene Interieur des M5 E60 hebt sich durch eine neue Armaturentafel mit paarweisen Instrumentenhutzen ab, wie sie zum ersten Mal in den 7er-Modellen von 2002 zu sehen waren.

Die 6er-Reihe wird durch eine M6-Sportversion ergänzt, die von dem legendären V10-Saugmotor mit üppigen 507 PS angetrieben wird. Im Jahr 2005 gibt es einen CSL-Prototyp mit aktiver Aerodynamik (ausfahrbarer Front- und Heckspoiler) und den später M-typischen Doppelsteg-Außenspiegeln.

Das M6-Cabriolet bietet nicht ganz die Sportqualitäten des Coupés, dafür aber noch mehr unverfälschten Open-Air-Fahrspaß.

ein Karbondach erhält. Wie bereits der M5 wird auch das Luxuscoupé in Dingolfing montiert, während der V10 – wie die Formel-1-Motoren – vom Werk Landshut beigesteuert werden. Die meisten Technikkomponenten des M6 sind mit denen des M5 baugleich, aber auf der Nordschleife des Nürburgrings beweist der M6, dass er eben doch schneller ist. Entscheidende Pluspunkte sind vor allem der niedrigere Massenschwerpunkt, der kürzere Radstand, die Gewichtsreduzierung um 45 Kilo und die modellspezifische Fahrwerksabstimmung. Zur Serienausstattung des M6 gehören eine Sprachsteuerung, HiFi-Lautsprecher und ein Head-Up-Display, das im M-Drive-Modus die Fahrgeschwindigkeit, den eingelegten Gang und die Motordrehzahl als Kennlinie anzeigt, die von Grün in Rot übergeht. Als zusätzliches Verkaufsargument ist der M6 nun auch als Cabriolet lieferbar – für den Einstandspreis von 131.000 Euro. Für das Stoffverdeck anstelle des festen Stahldachs muss die Karosserie jedoch aufwendig versteift werden, was sich in einem Mehrgewicht von 220 Kilogramm

Der beim Genfer Salon 2007 vorgestellte M3-Prototyp nimmt die vom E92-Coupé abgeleitete Serienversion vorweg.
Der Reihensechszylinder darf zugunsten eines 4-Liter-V8 weichen, der auf dem V10 basiert.

Unter Haube des E92 mit seiner zeitlos schönen Linienführung sitzt formatfüllend das neue 4,0-Liter-V8-Triebwerk mit 414 PS – mehr als doppelt so viel als beim ersten M3.

M-Arbeitsplatz: Das Cockpit präsentiert sich aufgeräumt, sportlich und gleichzeitig edel.

niederschlägt. Doch der Genuss des ungefilterten V10-Sounds an der frischen Luft ist vielen Käufern ein paar Kilos wert.

Die Stoßdämpfer lassen sich in „Komfort", „Normal" und „Sport" einstellen. Die Schaltgeschwindigkeit des Siebengang-SMG lässt sich verändern. Die Stabilitätskontrolle ist teilweise oder komplett abschaltbar. Normalerweise ist bei 250 km/h Spitze Schluss. Wer aber einen Fahrerlehrgang bei BMW für 2350 Euro absolviert, darf dank elektronischer Freischaltung mit seinem Wagen bis zu 305 km/h schnell sein. Insgesamt werden gut 14.000 M6 der Baureihe E63 gebaut, davon etwa 9000 Coupés und 5000 Cabrios.

DER M3 IM TAKT DER FORMEL 1

Mit der vierten Generation des M3 (E92) vollzieht sich bei BMW M ein neuerlicher Technologietransfer zwischen Rennsport und Serie. Bei dem jüngsten Spross, der im Juli 2007 der Presse vorgestellt wird, weicht der Sechszylinder einem V8-Motor – nachgerade eine kleine Revolution, die auch äußerlich an der Wölbung in der Alu-Motorhaube zu erkennen ist. Dass die Wahl auf einen V8 fällt, spiegelt die Entwicklung in der Formel 1 wider, in der diese Bauform seit Saisonbeginn 2006 den Takt angibt. Der Block des neuen V8-Triebwerks lehnt sich eng an das 5-Liter-V10-Aggregat des M5 an und stammt ebenfalls aus dem auf Leichtmetallkonstruktionen spezialisierten Werk Landshut, in dem auch die Triebwerke für die Sauber-Rennwagen der Formel 1 entstehen. Der V8 kommt auf einen Hubraum von 3999 Kubikzentimeter (Bohrung 92 Millimeter, Hub 75,2 Millimeter) und bildet mit zwei zueinander um 17 Millimeter versetzten und in 90 Grad angeordneten Zylinderreihen ein kompaktes Ganzes. Auch ohne Aufladung lassen sich 420 PS bei 8300/min mobilisieren, 85 Prozent des maximalen

Drehmomentes von 400 Nm sind über eine Drehzahlspanne von 6500/min abzurufen – ein weiteres Beispiel für das Können der M-Motorenschmiede. Vor allem dank der Ölwanne aus Alu-Silizium bringt der V8 sogar 15 Kilo weniger auf die Waage als der alte Sechszylinder. Auch anderswo packt BMW alles in den Neuling, was gut und teuer ist: Die variable Nockenwellensteuerung des VANOS-Systems, eine eigene, elektronisch angesteuerte Ansaugdrosselklappe für jeden Zylinder sowie ein Bremsenergie-Rückgewinnungssystem.

Damit nicht genug der technischen Delikatessen: Ansprechverhalten des Gaspedals, Stoßdämpfereinstellung, Charakteristik des elektronischen Stabilitätsprogramms und Servolenkung lassen sich über den iDrive-Controller steuern. Auch die bevorzugte Fahrkonfiguration des Fahrers kann gespeichert und (wie beim M5) über die M-Taste direkt am Lenkrad abgerufen werden.

DAS NEUE DOPPELKUPPLUNGSGETRIEBE

Auch beim neuen M3 setzt BMW konsequent auf Leichtbau und spendiert neue Alu-Radaufhängungen und – erstmals bei einem Standard-M – ein Dach aus Kohlefaser. Fahrbereit wiegt der M3 trotzdem knapp 100 Kilo mehr als sein Vorgänger. Dennoch steht er in den Fahrleistungen dem Porsche 911 nicht nennenswert nach. Der Sprint von 0 auf 100 km/h dauert gerade einmal 4,8 Sekunden. Während des ersten Produktionsjahres des M3 taucht in den Prospekten ein neues Siebengang-Doppelkupplungsgetriebe auf. Das hochkomplexe Drivelogic-Getriebe umfasst insgesamt elf Fahrprogramme in M-spezifischer Abstimmung, davon fünf Schaltprograme im Automatikmodus und sechs Schaltprogramme im manuellen Modus, einschließlich automatisiertem Formel-1-Anfahrmodus. Als eigenständiges Modell der 3er-Reihe hat der M3 mit Chassis, Türen und Heckklappe nur noch wenige baugleiche

Teile mit dem 3er Coupé gemein. Sämtliche anderen Karosserieteile sind typenspezifische M3-Komponenten.

Ende 2007 gesellt sich zum Coupé die Limousine, die es seit dem E36 nicht mehr gab. Auch das Cabriolet steht wieder im Katalog, allerdings – wie das 3er-Cabriolet – mit einem „versenkbaren Hardtop". In nur 23 Sekunden lässt sich das dreiteilige Dach auf Knopfdruck im Kofferraum versenken. Dessen Stauraum verringert sich damit allerdings von 350 auf 210 Liter. Konstruktionsbedingt hat das M3-Cabrio fast 200 Kilo mehr mitzuschleppen, was den sportlichen Elan etwas dämpft.

Neben dem Cabriolet gibt auch die M3-Limousine mit der E90-Generation ihr Comeback. Der viertürige Hochleistungs-Fünfsitzer bleibt aber eine Rarität: Insgesamt fanden nur knapp 10.000 Exemplare ihre Käufer.

Innovation. Crafted at BMW M.

Die Markteinführung des BMW M3 GTS in Deutschland erfolgt ab Juli 2010. Für 136.850 Euro Anschaffungspreis bekommt der Käufer die Gelegenheit, die „Freude am Fahren" für sich neu zu definieren: in nur 4,4 Sekunden von 0 auf 100 km/h, 1000 Meter aus dem Stand in 22,5 Sekunden und eine Höchstgeschwindigkeit von 305 km/h.

CLOCKWORK ORANGE

Wie bereits bei den Vorgängergenerationen setzt sich auch beim V8-M3 die Tradition der Sonderserien fort. Die RS-Versionen von Porsche haben bei BMW offenbar Gedanken an eine „Clubsport"-Serie reifen lassen, die vor allem Amateurfahrer bei Rundstreckenrennen ansprechen soll. Von dem hierfür lancierten GTS entstehen im Jahr 2011 insgesamt 135 nummerierte Exemplare, die durchweg in Feuerorange lackiert sind. Mit seinem mattschwarzen 19-Zoll-Felgen, der um 16 Millimeter vorne und 12 Millimeter hinten minimierten Bodenfreiheit und dem auf zwei Auslegern auf dem Kofferraumdeckel montierten Heckflügel weckt der M3 GTS unverhohlen Erinnerungen an die potenten CSL-Wagen der 1970er Jahre. Der GTS, dessen Betätigungsfeld vor allem schnelle Runden auf topfebenem Asphalt sein sollen, ist auf reine Effizienz optimiert. Der Wegfall von Klimaanlage, Radio und Rücksitzbank (an deren Stelle ein verschweißter Überrollkäfig den Innenraum belegt), hintere Seitenscheiben aus Polykarbonat sowie Recaro-Schalensitze anstelle der elektrisch verstellbaren Komfortsitze bedeuten eine Gewichtsersparnis von 75 Kilo. Ein um 362 Kubikzentimeter vergrößerter Hubraum bewirkt eine Leistungssteigerung auf 450 PS. Abgesehen von den Tieffliegerqualitäten – der Spurt von 0 auf 100 km/h ist in 4,4 Sekunden absolviert – kommen auch die Fahreindrücke im 136.850 Euro teuren GTS denen eines reinrassigen Rennwagens nahe. Wer kein Exemplar dieser Exklusivserie ergattern kann, darf sich einige Monate später mit dem M3 CRT trösten, einer in nur 67 Stück aufgelegten Limousine mit zahlreichen Kohlefaser-Karosserieelementen, die nach dem hausinternen Verfahren entwickelt worden sind.

„Carbon Racing Technology“: Der extreme Einsatz von carbonfaserverstärktem Kunststoff verhilft dem limitierten 450 PS starken M3 CRT zu einem Leistungsgewicht von 3,5 Kilogramm pro PS!

DIE SIRENENRUFE DER LANGSTRECKENRENNEN

BMW hat zwar seine Präsenz in der Formel 1 beendet, doch damit ist das Motorsportengagement in München keineswegs ad acta gelegt. Nachdem die Enttäuschungen des Sauber-Abenteuers überwunden sind, ergeht an Mario Theissen die Order, ein neues Programm als absatzfördernde Begleitaktion für die Serienmodelle – insbesondere die Limousinen – zu erarbeiten. Erste Entscheidung ist der schrittweise Rückzug von BMW aus der 2005 ins Leben gerufenen WTCC, in der mittlerweile die Seat Leon mit Dieselmotor dominieren. Hinzu kommen Vorbereitungen für die offizielle Rückkehr in die DTM. Für die Übergangszeit rückt die Entwicklung eines Langstreckenrenners für die GT-Klasse in den Mittelpunkt. Bei BMW Motorsport ist inzwischen ein M3 GT2 mit 4-Liter-V8-Motor und 480 PS gereift, der bereits seit dem Vorjahr vom Rahal Letterman Racing-Team in den USA in der American Le Mans Series (ALMS) eingesetzt wird. Wie die Hauptkonkurrenten – der Porsche 911 GT3 RSR und der Ferrari F430 GT – holt sich der M3 GT2 den Klassensieg.

Zur Saison 2010 beschließt BMW, selbst in die ALMS einzusteigen. Das V8-Coupé wird für das europäische Reglement überarbeitet – sowohl am Motor als auch am Fahrwerk. Der Wagen erweist sich als schnell und standfest. Bei den 24 Stunden auf dem Nürburgring geht das Schnitzer-Team mit dem Wagen Nummer 25 und den Fahrern Jörg Müller, Augusto Farfus, Uwe Alzen und Pedro Lamy als Erster durchs Ziel. Ein beachtlicher Erfolg, nachdem BMW dieses Prestigerennen seit 2005 nicht mehr hat gewinnen können. Auch den GT-Titel in der ALMS-Meisterschaft sichert sich BMW mit einem einzigen Punkt Vorsprung nach einem Herzschlag-Finish, bei dem sich

Nach fünf sieglosen Jahren in der Eifel kann BMW im Jahr 2010 mit dem Schnitzer-M3 GT2 von Lamy, Farfus, Alzen und Müller endlich wieder an frühere Erfolge anknüpfen.

LETZTER AUFTRITT IN DER WTCC

In ihrer sechsten Saison (2010) büßt die Tourenwagen-Weltmeisterschaft viel von ihrem Glanz ein. Seat kündigt den Rückzug zum Saisonende an und BMW Motorsport leistet nur noch Werksunterstützung für das private RBM-Team, das mit zwei 320Si-Limousinen unter Farfus und Priaulx antritt. Dank des Rennformats, bei dem das Starterfeld zum zweiten Lauf in umgekehrter Aufstellung antritt, mischt der Brite lange um den Titel mit. Doch letztlich geht dieser an Yvan Muller. Dass die 3er nicht mehr das absolute Optimum aufbieten, ist sicher auch darauf zurückzuführen, dass BMW sich ab 2012 wieder auf die deutsche DTM konzentrieren will. Ab 2011 wird die Marke nur noch von unabhängigen Rennställen repräsentiert.

Vor dem Rückzug aus der WTCC-Meisterschaft, deren Reglement die Diesel-Seat begünstigt, holt sich BMW 2009 mit Augusto Farfus am Steuer den Sieg beim zweiten Lauf des Rennens in Macao.

die Titelchancen von Toni Vilander und seinem Ferrari in der letzten Runde in Road Atlanta in Luft auflösen. Ihm ist schlicht der Sprit ausgegangen. Höhepunkt der Saison ist natürlich die Rückkehr von BMW auf den Circuit de la Sarthe zu den 24 Stunden von Le Mans.

Und auch hier bleibt BMW gewissen Traditionen treu. 35 Jahre nach dem Debüt des von Alexander Calder dekorierten Wagens erscheint diesmal der M3 mit der Nummer 79 in Art-Car-Lackierung. Der vom Amerikaner Jeff Koons gestaltete BMW – mittlerweile der Siebzehnte – ist somit das fünfte BMW-Art Car bei den 24 Stunden von Le Mans. Die Vorpremiere findet am 2. Juni im Centre Pompidou in Paris im Kreis ausgewählter Prominenz statt. In der Pressemappe heißt es: „Für das Design hat der Künstler Jeff Koons Bilder von Rennwagengrafiken, lebhaften Farben und Darstellungen von Geschwindigkeit und Explosionen gesammelt. Mit der Farbenpracht dieses Kunstwerks entsteht ein Gefühl von Leistung, Bewegung und Explosivität. Das ausdrucksstarke Design mit den für Koons typischen, knalligen Farben in Kombination mit dem silbernen Interieur verleiht dem Auto selbst im Stillstand kraftvolle Dynamik." Über die Karosserie des M3 Art Car ziehen sich Farbstreifen in leuchtenden Tönen, die am Bug zusammenlaufen und bereits im Stand den Eindruck echten Tempos vermitteln.

Schade nur, dass das Kunstwerk von Koons dem Team von Dirk Müller, Andy Priaulx und Dirk Werner kein Glück bringt. Der M3 muss in der siebten Stunde wegen Defekts an der Kraftstoffanlage aufgeben. Der zweite M3 unter Alzen, Farfus und Müller beendet das Rennen auf dem 19. Platz. Der eigentliche Triumph der Saison stellt sich durch den Gewinn der ALMS-Meisterschaft in den USA ein.

Höhepunkt der Saison 2010 ist der Auftritt des M3 Art Cars mit einem Karosseriedekor des US-Künstlers Jeff Koons bei den 24 Stunden von Le Mans.

DIE TURBO-
ÄRA DER
M-MODELLE

Zwei Zylinder weniger bedeuten beim M5 noch lange keine Leistungseinbußen. Der Twin-Scroll-Doppelturbo verhilft dem V8 zu 560 PS.

ALS DIE BMW M GMBH SICH ANSCHICKT, IHREN DREISSIGSTEN JAHRESTAG ZU FEIERN, HAT SIE ALLEN GRUND ZUM JUBELN. IN DREI JAHRZEHNTEN SIND MEHR ALS 300.000 FAHRZEUGE AUSGELIEFERT WORDEN. UND IM JUBILÄUMSJAHR ERZIELT DIE MOTORSPORT-DEPENDANCE DES MÜNCHENER STAMMHAUSES MIT 24.186 VERKAUFTEN M-MODELLEN DAS ZWEITBESTE ERGEBNIS IHRER GESCHICHTE.

Im Jahr 2008 trägt der Z4 M mit 1438 Exemplaren, darunter 739 Coupés, zum Absatzerfolg bei. Beststeller der M-Familie bleibt indes der M3 mit 18.000 verkauften Fahrzeugen. Weltweit steigen die Bestellungen für die M-Modelle. Doch der M GmbH bleibt keine Zeit, um sich auf den Lorbeeren auszuruhen. Die Konzernmutter BMW muss – wie die gesamte Branche – nicht nur Umsatzrückgänge auf wichtigen Märkten in Folge der Finanz- und Wirtschaftskrise von 2008 verkraften, sondern hat obendrein eine hausinterne Revolution ausgerufen.

Seit seiner Gründung hat BMW Motorsport den Saugmotor in Straßenfahrzeugen zum scheinbar ewig währenden Dogma erhoben. Als das erste Jahrzehnt nach dem Millennium zu Ende geht, führt jedoch auch für die Münchener kein Weg mehr an der Einsicht vorbei, dass man im Angesicht immer strengerer Abgasnormen und der verordneten Senkung der CO_2-Emissionen um die Turboaufladung nicht herum kommt. Auch wenn dies eine Abkehr von der Doktrin des Hauses BMW bedeutet, lässt sich mit der Aufladung immerhin die notwendige Hubraumreduzierung sowie die Verringerung der Zylinderzahl kompensieren. Zumal Abstriche am Leistungsniveau ohnehin tabu sind. Im erbitterten Kampf von Audi, BMW und Mercedes im Premium-Segment ist dabei nicht nur Technologie, sondern genauso Psychologie gefragt. Doch obgleich die Münchener mehr aus Sachzwängen denn aus Begeisterung beim Turbolader landen, wäre BMW nicht BMW, wenn man nicht auch diese Herausforderung offensiv anpackt.

DIE SUV ALS VORREITER

Vom neuen Z4-Roadster (E89), der im Dezember 2008 debütiert, aber erst ab Frühjahr 2009 die Händler erreicht, wird keine M-Variante mehr aufgelegt. Die großen SUV-Oberklassemodelle X5 und X6 erhalten jedoch schon bald das M-Emblem – und als erste Serienmodelle der Marke auch einen Turbomotor. Denn BMW steht unter Zugzwang. Es gilt, den absatzträchtigen Wachstumsmarkt der PS-starken Freizeitboliden mit eigenen Repräsentanten zu besetzen. Bei Mercedes steht bereits seit 2000 eine AMG-Version des ML-Serie im Programm, die sich vor allem in den USA großer Beliebtheit erfreut.

In die Amtszeit von Ludwig Willisch als Vorstand der BMW M GmbH fällt die Auslieferung des dreihunderttausendsten M.

Im April 2009 präsentiert BMW schließlich die M-Ableger seiner beiden großen SUV-Modelle, um damit den leistungsstärksten Ausführungen von Porsche Cayenne und Mercedes ML AMG das Leben schwer zu machen. Die beiden ersten M-SUV der Markengeschichte warten mit einer Evolutionsstufe des V8 mit Benzin-Direkteinspritzung und 4395 Kubikzentimetern auf. Neu sind auch der gemeinsame Auspuffkrümmer für beide Zylinderreihen und die Twin-Scroll-Technologie der Doppelturbos, die dem V8 im M-Gewand zu einer Leistung von 550 PS bei 6000/min und einem maximalen Drehmoment von 680 Nm verhelfen, das konstant von 1500 bis 5650/min zur Verfügung steht. Auch das Fahrwerk wird für die Fahrleistungen optimiert. 100 km/h können aus dem Stand in 4,7 Sekunden erreicht werden. Die Spitze liegt bei 275 km/h. Dem V8-M-Motor ist ein Sechsstufen-Automatikgetriebe nachgeschaltet, in das die aktuellsten Neuerungen der Entwicklungsabteilung einfließen, unter anderem ein Bremsenergierückführungssystem. Die intelligente Getriebesteuerung sorgt für eine stufenlose Verteilung der Antriebskräfte zwischen Vorder- und Hinterachse, das Dynamic Performance Control-System steuert das Antriebsmoment zwischen linkem und rechtem Hinterrad. Auch dank der massiven 20-Zoll-Räder machen die beiden SUV im M-Gewand mächtig Eindruck. Von der Standardausführung hebt sich die M-Version durch eine Frontschürze mit voluminösen Lufteinlässen, Lufteintrittsschächten in den Vorderkotflügeln und Doppelendrohre am Heck ab.

Eine um zehn Millimeter tiefergelegte Karosserie, Luftfederung mit Niveauregulierung, die aktive Wankstabilisierung und eine adaptive Federungseinstellung runden das Ausstattungspaket von X5 M und X6 M ab. Der Innenraum wird durch Materialien und Polster aus dem BMW Individual-Programm akzentuiert, die die exklusive M-Charakteristik der beiden SUV unterstreichen. Zum Serienumfang zählen außerdem eine elektrische Sitzverstellung mit Speicherfunktion und Sitzheizung für die Vordersitze, die automatische Zweizonen-Klimaanlage, die lederbezogene BMW-Individual-Armaturentafel, Merino-Lederpolster, Einstiegsverkleidungen in M-Optik und M-Fußstützen.

Der X6 M ist das Auto für all diejenigen, denen ein X5 M zu sehr nach Offroader aussieht. BMW nennt das Auto SAC (Sport Activity Coupé). Alle anderen sehen darin einen Crossover aus SUV und Coupé. Der Preis liegt bei 109.000 Euro.

Die großen X5- und X6-SUV bereichern die M-Modellpalette im Jahresverlauf 2009. Herzstück ist der 550 PS starke 4,4-Liter-V8 mit Doppelturbo.

AUCH DER M5 KOMMT NICHT AM TURBO VORBEI

Ende des Jahres 2011 schlägt auch für den M5 die Stunde des Downsizing. Im Motorraum der fünften Generation der M-Limousine sitzt nun eine Weiterentwicklung des turbogeladenen 4,4-Liter-V8 aus der M-Version von X5 und X6. Puristen und Verfechter drehzahlfreudiger PS-Boliden dürfen sich freuen.

Die Motoreningenieure haben ihre Hausaufgaben gemacht. Mit zehn Prozent mehr Leistung und einem um 30 Prozent höheren Drehmoment sowie zeitgleich 30 Prozent niedrigerem Benzinverbrauch ist das Entwicklungsziel des M5 zweifellos erreicht. Dank dem Druck zweier Twin-Scroll-Turbolader setzt der 4,4-Liter-V8-Motor 560 PS bei 6000 bis 7000/min frei. Gegenüber dem V10 legt das Drehmoment um 160 Nm auf 680 Nm zu, die zwischen 1500 und 5750/min abgerufen werden können. Die Literleistung klettert damit auf 127,3 PS, während der Verbrauch sich umgekehrt zum Leistungsanstieg entwickelt. Von den 14,8 Litern auf 100 Kilometer, die der V10 im Drittelmix konsumiert hat, sinkt der Verbrauch beim V8 auf 9,9 Liter. Diese phänomenale Benzinersparnis ist der Einführung der voll variablen, hier debütierenden Ventilsteuerung Valvetronic sowie dem Doppel-VANOS-System für die Nockenwellensteuerung, dem Stop-Start-System und dem Bremsenergierückgewinnungssystem zu verdanken. Auch die Direkteinspritzanlage namens High-Precision-Injection hat ihren Anteil am Fortschritt. Sie sorgt mit Einspritzdrücken von bis zu 200 bar und optimiertem Timing für eine besonders homogene Verbrennung. Das nach wie vor mit sieben Vorwärtsgängen ausgestattete Getriebe erhält nun eine Doppelkupplung. Die Reaktionszeiten werden gegenüber dem SMG-III-Getrag-Getriebe weiter verkürzt. Um die Leistung möglichst effizient auf die Hinterräder zu bringen, sitzt unter dem M5 ein aktives Differenzial, welches das Antriebsmoment zwischen den beiden Antriebsrädern verteilt und dessen Sperrwert sich zwischen 0 und 100 Prozent variieren lässt. Dabei kommuniziert das System kontinuierlich mit dem Steuergerät, das die Parameter der elektronischen Stabilitätsregelung, der Lenkung sowie von Motor, Getriebe und Stoßdämpfern steuert. Wie bei einem Rennwagen lassen sich sämtliche Komponenten nach Vorliebe des Fahrers einstellen. Es können sogar zwei Fahrer ihre eigenen bevorzugten Einstellungen parametrieren und speichern. Anschließend lässt sich per Knopfdruck die gewünschte Konfiguration aktivieren.

Im M5 steckt noch allerhand Potenzial. Mit dem Competition-Paket erreicht er anfangs 575, später sogar 600 PS.

LEISTUNGSVERDOPPELUNG INNERHALB VON 30 JAHREN

An der Leistungsentwicklung wird die Potenz des V8-Triebwerks deutlich. Für die Beschleunigung von 0 auf 100 km/h werden nur noch 4,4 Sekunden benötigt und bereits nach 13 Sekunden ist die 200 km/h-Marke passiert. Im Jahr 2013 wird dem M5 eine weitere Verjüngungskur zuteil. Äußeres Erkennungszeichen: Sein Schriftzug befindet sich nun am Kühlergrill und an den Leichtmetallfelgen. Als Alternative zu den serienmäßigen Xenonscheinwerfern sind nunmehr adaptive LED-Scheinwerfer lieferbar, die ein besonders leuchtstarkes Weißlicht abgeben. Der Fahrer sitzt hinter einem neuen M-Lenkrad. Und als Option gibt es einen Controller mit taktiler Bedienfläche, über den beispielsweise der Bestimmungsort ins Navigationsgerät eingegeben werden kann. In der Optionsliste finden sich auch ein Competition-Paket, mit dem sich die Leistung auf 575 PS erhöht, sowie Kohlenstoff-Keramik-Bremsscheiben. Zum dreißigsten Modelljubiläum im Folgejahr reicht BMW Motorsport sogar eine noch potentere Sonderversion „30 Jahre M5" mit 600 PS bei 6250/min und einem Drehmoment von 700 Nm nach. Teil der Grundausstattung dieser Version sind eine direktere Lenkung, eine um zehn Millimeter tiefergelegte und deutlich versteifte Karosserie.

EIN ROADSTER IM GT-GEWAND

Das GT3-Reglement der FIA bringt unterschiedlichste Fahrzeuge in verschiedensten Wettbewerben an den Start – von der FIA-GT-Meisterschaft bis zur Blancpain Endurance Series. Nicht zu vergessen die beiden 24-Stunden-Highlights, die auf dem Nürburgring beziehungsweise in Spa-Francorchamps ausgetragen werden. Im Jahr 2010 entwickelt BMW neben dem M3 auch einen Z4 GT3. Anders als der Serien-Roadster wird die Rennversion von einem 500 PS starken 4,4-Liter-V8 angetrieben. In der Blancpain-Rennserie gilt der Z4 des belgischen Marc VDS Racing-Teams lange als sicherer Favorit, nachdem er die beiden ersten Rennen der Saison 2012 für sich entschied. Am Schluss reicht es jedoch nur für einen zweiten Platz in der Teamwertung. Erst im Folgejahr 2013 schafft es das VDS-Team in der Pro-Cup-Teamwertung aufs Siegertreppchen. Mit den Fahrern Maxime Martin, Yelmer Buurman, Andrea Piccini und Richard Göransson wird der Marc VDS-Rennstall außerdem in der Saison 2013 Zweiter bei den 24 Stunden vom Nürburgring - ein Rennen, das zwischendurch neun Stunden lang wegen Regen und Nebel unterbrochen werden muss. Das gleiche Spiel wiederholt sich 2014 in Spa-Francorchamps. Der Z4 GT3 verpasst abermals den Sieg in einem Rennen, bei dem innerhalb von 24 Stunden sechs Mal ein Safety Car ausrücken muss. Dabei lassen es Lucas Luhr, Dirk Werner und Markus Palttala nicht an Einsatz fehlen, um ihre Führungsposition zu verteidigen. Um die Dauer des letzten Tankstopps zu verkürzen, pokert das VDS-Team hoch und verzichtet auf einen Reifenwechsel. Aber die Strategie geht nach hinten los. Werner kann sich den Angriffen des Audi R8 von René Rast nicht mehr erwehren. Achtzehn Minuten vorm Ende ist das Rennen entschieden und Werner, der mit dem Handicap seiner langsam in Auflösung begriffenen Reifen kämpft, verliert seine Führungsposition in der Kurve von La Source.

Doch der Z4 GT3 ist mittlerweile ausgereift und nimmt Kurs auf die USA und die USSC-Meisterschaft. In der Saison 2015 gerät der dortige Auftritt fast zur Pilgerfahrt. Geradezu symbolträchtig ist, dass vierzig Jahre nach dem ersten großen Sieg von BMW jenseits des Atlantiks die beiden Z4 GT LM des RLL-Rennstalls bei den 12 Stunden von Sebring in den Motorsport-Farben des 3.0 CSL der 1970er Jahre antreten. Lucas Luhr, John Edwards und Jens Klingmann verpassen jedoch den Sprung aufs Podium in der GT LM-Kategorie. Doch das Blatt wendet sich schon bald. Ab dem dritten Rennen entwickeln sich die Z4 des RLL-Teams zu ernstzunehmenden Titelanwärtern. Nach ihrem Sieg in Long Beach kommen Auberlen und Werner in Laguna Seca hinter Edwards und Luhr ins Ziel, womit das Double für BMW perfekt ist. Damit spricht BMW bei der Titelvergabe bis zum letzten Rennen, dem „Petit Le Mans" in Road Atlanta, ein gewichtiges Wort mit. Wieder einmal fehlt aber die entscheidende Portion Glück, als das Rennen wegen Starkregens zwei Stunden vor Schluss abgebrochen werden muss und Porsche damit der Sieg zufällt. In Europa schlägt sich der Z4 des belgischen Marc VDS-Teams in der Eifel erneut bravourös und überquert 40 Sekunden nach dem Siegerfahrzeug die Ziellinie. Knapper ist bei diesem Rennen seit 1970 kein Finish mehr ausgefallen. Ein denkwürdiger Auftritt folgt in diesem Jahr auch für Alessandro Zanardi. Zur Vorbereitung auf seinen Start bei den 24 Stunden von Spa-Francorchamps lässt BMW ihn beim 6-Stunden-Rennen auf dem Circuit Paul Ricard in der Blancpain-Meisterschaft mit einem speziell für sein Handicap umgebauten Z4 starten. Beim Klassiker in Spa teilt sich der Italiener dann den Z4 GT3, der in den Farben von Michel Vaillant startet, mit Timo Glock und Bruno Spengler.

M-MODELLE IN BESONDERS EDLER VERPACKUNG

Noch vor dem Sommer 2012 findet sich der 4,4-Liter-V8-Doppelturbomotor des M5 unter der Haube der zweiten Generation der 6er-Serie wieder, die im Jahr 2011 ihren Einstand gibt. Bei dem um 74 Millimeter verlängerten Debütanten hat BMW zu einer harmonischeren Linienführung als beim Vorgänger zurückgefunden. Besonderes Aufsehen erregt die Cabrioversion. Das Verdeck lässt sich bei Fahrgeschwindigkeiten bis 40 km/h automatisch auf Knopfdruck vom Innenraum aus oder per Fernbedienung (dies allerdings nur im Stand) versenken und die Ledersitze sind mit einem Wärmesensor kombiniert, der eine übermäßige Aufheizung der Sitzflächen bei längerer Parkdauer in praller Sonne verhindert. Kaufinteressenten dürfen zwischen den Karosserievarianten Coupé, Cabriolet und Gran Coupé wählen. Beim Gran Coupé kombiniert BMW erstmals die Viertürer-Karosserie mit dem 560 PS starken M-Motor. Allen drei Varianten gemeinsam sind spezielle Frontschürzen, 20-Zoll-Räder, seitliche „M"-Luftöffnungen in den Vorderkotflügeln und die Doppelendrohre. Coupé und Gran Coupé erhalten ein Dach aus Kohlefaser. Die Höchstgeschwindigkeit des M6 wird bei 250 km/h abgeregelt. Mit dem optionalen M-Driver-Paket hat der Fahrer jedoch freie Fahrt bis 305 km/h. Zum Ende seiner Bauzeit kommt auch der M6 in den Genuss der Modellpflegemaßnahmen des M5 in Form des „Competition"-Pakets. Dank der 600 PS des V8 mit 4395 Kubikzentimetern sprintet das M6-Coupé in nur 11,8 Sekunden von 0 auf 200 km/h.

EIN COUPÉ ALS ALLZWECKWAFFE

Die mit dem Z4 GT3 gesammelten Erfahrungen fließen in die Entwicklung einer neuen Wunderwaffe ein. Um die privaten Kunden und Rennställe auch weiterhin mit konkurrenzfähigem Material für die GT-Rennserien in aller Welt versorgen zu können, legt BMW Motorsport einen M6 GT3 auf. Ausgewählte europäische Kunden können das neue Sportgerät im Mai 2015 bei einer Vorabpremiere anlässlich der 24 Stunden auf dem Nürburgring inspizieren. Für US-Kunden folgt eine

Für den Einsatz bei GT-Langstreckenrennen packt BMW den V8 unter die Haube des Z4. In der Saison 2013 fährt der Marc VDS Racing-Rennstall einen der Z4 GT3 bei den 24 Stunden auf dem Nürburgring auf den zweiten Platz.

Die potenten Z4 GT LM des US-Teams RLL mischen bis zum Saisonende beim Kampf um den Titel mit.

Der Z4 GT LM tritt 2015 in den USA wieder in der Farbgebung der legendären 3.0 CSL an.

24 h Spa 2015: Das Dream-Team Glock-Spengler-Zanardi zählt beim belgischen Langstreckenklassiker zu den Favoriten. Sieger wird aber das Schwesterfahrzeug (links) mit Palttala, Luhr und Catsburg. Insgesamt treten elf Z4 GT3 an, die sich auf acht Teams verteilen.

Vorstellung in Watkins Glen. Und der erste offizielle Auftritt schließt sich im September bei der IAA in Frankfurt an. Für den Vortrieb sorgen ein 4,4-Liter-V8 mit 585 PS (P83) und ein im Heck montiertes Transaxle-Getriebe. Zahlungskräftige Kunden können den M6 GT3 für den Betrag von 379.000 Euro sofort ordern. Am BMW-Stand fragt sich natürlich jeder, ob der M6 GT3 sich genauso gut wie der Z4 GT3 schlagen wird, mit dem sich BMW im Juli seinen 22. Sieg in den belgischen Ardennen gesichert hat – ein neuer Rekord, der genau 50 Jahre nach dem ersten BMW-Erfolg in Spa stattfindet. Vor dem Jahresausklang laufen die letzten Abstimmungen des M6 in der GT3-Europaversion und der amerikanischen GT LM-Version auf Hochtouren. Schließlich haben die Bayern einen Ruf zu verteidigen, insbesondere in der IMSA-Serie, in der sich BMW in der GT-Klasse der Phalanx von Chevrolet, Ferrari, Ford und Porsche gegenübersieht. Nach dem Auftakt Ende Januar bei den 24 Stunden von Daytona, bei denen die Nummer 25 (einer der beiden offiziellen M6 GT LM) Elfter im Gesamtklassement und Fünfter in der GT LM-Klasse wird, zeigt die neue Wunderwaffe von BMW bereits im zweiten Rennen am 19. März 2016 in Sebring ihr Potenzial, sichert sich die Pole Position und bringt Bill Auberlen, Dirk Werner und Bruno Spengler nach 12 Stunden Renndauer auf den zweiten Platz ihrer Klasse. Auch in Europa legt der M6 GT3 einen furiosen Saisonauftakt hin. Der Wagen von Schubert Motorsport, der von Jesse Krohn (einem der Mitglieder des BMW Junior Teams) und Martin Tomczyk gesteuert wird, fährt im ersten Rennen der ADAC Masters in Oschersleben einen fünften Platz ein. Beim ADAC-Qualifikationsrennen zu den 24 Stunden auf dem Nürburgring im April landen Maxime Martin, Philipp Eng und Alexander Sims mit dem M6 von Rowe Racing auf dem dritten Platz.

Als Nachfolger des Bangle-M6 erhält der Neue eine weniger polarisierende Linienführung. Die Karosserie ist in drei Varianten lieferbar: Coupé, Cabriolet und Gran Coupé.

Wie bereits der M5 erhält auch der weiterentwickelte M6 das Competition-Paket, mit dem die Motorleistung atemberaubende 600 PS erreicht.

Am 14. Mai 2016 holen – abermals in der Eifel – Jesse Krohn, Jörg Müller und Marco Wittmann beim dritten Lauf der VLN-Langstreckenmeisterschaft den ersten Sieg für den M6 GT3, und zwar als lupenreinen Dreifachsieg. Einen Monat später gehen die 24 Stunden in der grünen Hölle in einem Hagelsturm unter, so dass der Rennverlauf zur Lotterie wird. Am Ende kommt der beste M6 GT3 als erster Nicht-Mercedes mit einer Runde Rückstand auf den Sieger auf Platz 5. Zum Luftholen bleibt allerdings kaum Zeit. Alle Augen sind bereits auf die belgischen Ardennen gerichtet, zumal der Rundkurs von Spa als Domäne von BMW gilt. Nach Ablauf der 24 Stunden macht der M6 GT3 von Maxime Martin, Philipp Eng und Alexander Sims den 23. Sieg der Weiß-Blauen in Spa-Francorchamps perfekt (siehe auch Seite 204). Einen schöneren Erfolg kann es für BMW im hundertsten Jahr des Bestehens der Marke kaum geben.

Auf der anderen Seite des Atlantiks eröffnen Jens Klingmann und Bret Curtis in Kanada beim IMSA-Rennen im „Canadian Tire Motorsport Park" die Siegesserie für BMW mit dem von Turner Motorsport in der GTD-Klasse gemeldeten M6 GT3.

Als Appetitanreger für rennsportambitionierte Kunden gibt BMW bei der IAA 2015 die Einführung eines M6 GT3 zur Saison 2016 bekannt.

EIN COUPÉ ALS TÜRÖFFNER

BMW ist seit jeher darauf bedacht, unterschiedlichste Rennsportmodelle anbieten zu können, mit denen sich praktisch sämtliche Disziplinen des GT- und Tourenwagenrennsports besetzen lassen. Also legt BMW M Anfang 2014 den M235i Racing als Einstiegsmodell für den Motorsport auf. Von dieser quasi in Serie produzierten Version zum Preis von 59.500 Euro werden 170 Stück gebaut.

Der BMW M235i Racing bietet Amateur- und Nachwuchsfahrern eine ideale Einstiegsplattform und entsteht in 170 Exemplaren.

DIE KUNST ERNEUT IN BEWEGUNG

Nach der guten Bilanz des M6 GT3 in seiner ersten Rennsaison darf BMW die Messlatte mit gutem Recht noch höher legen. Bei den 24 Stunden von Daytona Ende Januar 2017, dem prestigeträchtigsten Lauf der IMSA-Meisterschaft, haben die Münchener wieder eine handfeste Überraschung parat. Hinter der Nummer 19 auf einem der gemeldeten M6 GT LM verbirgt sich nichts Geringeres als das neunzehnte Art Car von BMW. Der im Januar 2020 verstorbene Amerikaner John Baldessari, ein führender Vertreter der Konzeptkunst, kombiniert Punkte in Primärfarben sowie Texte und Bilder auf der

Anlässlich des 100. Firmenjubiläums trägt der M6 GT3 von Schubert Motorsport und dem Fahrerteam Edwards, Klingmann, Luhr und Tomczyk beim 24-Stunden-Rennen auf dem Nürburgring 2016 die Startnummer 100. Bester BMW-Vertreter wird der Wagen des Rowe-Rennstalls auf Platz 5 (unten).

Auf der US-Rennstrecke von „Petit Le Mans" kann BMW den 400. Sieg seiner Rennsportgeschichte feiern.

Karosserie des M6. Auf den Türen steht groß und breit „FAST", dennoch müssen sich Auberlen, Spengler, Sims und Farfus mit Platz 8 in ihrer Klasse begnügen. Im weiteren Verlauf der Saison fahren die M6 GT LM wieder in den traditionellen Farben von BMW Motorsport.

In Europa holt die Schnitzer-Mannschaft den ersten Platz beim ADAC GT Masters-Lauf in Oschersleben mit Philipp Eng und Ricky Collard aus dem Junior-Team. Ende Mai kommt es bei den 24 Stunden auf dem Nürburgring erneut zu einem spektakulären Rennverlauf bei fast nicht enden wollendem Regen. Letztlich hat das Team von Rowe Racing allen Grund zur Freude.

In den USA reiht sich unterdessen Rennmeeting an Rennmeeting – mit zeitweise auffallenden Parallelen im Verlauf. An zwei aufeinanderfolgenden Wochenenden räumen Auberlen und Sims in Watkins Glen und Mosport Klassensiege ab. Trotz eines weiteren Siegs von John Edwards und Martin Tomczyk in Laguna Seca scheitert BMW im Kampf um den GT-Meistertitel jedoch mit sechs Punkten Rückstand an Chevrolet. Doch kein Grund zur Resignation – am Saisonende laufen bei den BMW-Ingenieuren umgehend die Arbeiten für ein neues Aerodynamik-Paket an.

GERADE ODER UNGERADE?

Kaum verwunderlich, dass der Turbo auch vor dem neuen M3 nicht Halt macht, der zur Jahresmitte 2014 zur Auslieferung kommt. Der sportive Ableger der M GmbH übernimmt nun auch die neuen Modellcodes, bei denen gerade Zahlen jetzt den Coupés vorbehalten sind. Also wird aus dem M3-Coupé der M4. Und damit sorgt der Sechszylinder gleich im Doppelpack für Furore. Der Motorblock des Dreiliters wird für einen Doppelturbo aufgerüstet, mit dem sich ein ansehnliches Leistungsniveau gegen die Konkurrenz halten lässt, die ebenfalls mächtige Leistungsoffensiven fährt. PS-besessene Aficionados kommen jedenfalls nicht zu kurz. „In diesem Motor stecken die Gene aus dem Motorsport. Er bietet aber zugleich perfekte Alltagstauglichkeit", betont Friedrich Nitschke, Vorstand der BMW M GmbH. Im Vergleich zum V8 legt die

In den Ardennen sorgt das Jahr 2016 für den 23. Sieg für BMW – diesmal mit dem Trio Martin/Eng/Sims aus dem Rowe-Racing-Rennstall.

In der amerikanischen ALMS-Meisterschaft fährt der M6 GT3 von Beginn an wiederholt hervorragende Platzierungen ein.

FESTAKT FÜR DEN 3.0 CSL

Bei der 2015er Auflage des Concorso d'Eleganza an der Villa d'Este in Como lässt es sich BMW-Designdirektor Karim Habib nicht nehmen, den Concept Car 3.0 CSL Hommage auf dem edlen Schotter vorzufahren. Seit drei Jahren hat er bereits die Neuinterpretation des Urahns aller M-Modelle im Kopf. Das Grundkonzept ist erhalten geblieben. In den vergangenen vierzig Jahren scheint das Coupé aber eine Steroidkur durchlaufen zu haben. Anfang 2016 weicht die gelbe Lackierung der Studie den Motorsport-Farben – einer weißen Karosserie mit M-Dekor.

BMW-Designchef Karim Habib treibt beharrlich die Entwicklung des Concept Cars 3.0 CSL Hommage voran, der beim Concorso d'Eleganza in Como 2015 erstmals gezeigt wird.

Leistung um elf PS zu, das Drehmoment um 150 Nm, während der Verbrauch um 25 Prozent sinkt. M3 und M4 erreichen jetzt 431 PS im Bereich zwischen 5500 und 7300/min. Das gegenüber dem Vorgänger um 40 Prozent gesteigerte Drehmoment beträgt nun 550 Nm – und zwar über den Drehzahlbereich von 1800 bis 5500/min. Die Höchstdrehzahl liegt bei 7600/min – schlagkräftige Argumente für einen Turbomotor. Mit dem 71.500 Euro teuren Familiensportler samt Schaltgetriebe schafft der Pilot den Sprint von 0 auf 100 km/h in 4,3 Sekunden. Wie inzwischen üblich hat der Kunde bei M3 und M4 die Wahl zwischen dem serienmäßigen Sechsganggetriebe und einem (40 Kilo schwereren) Siebengang-Doppelkupplungsgetriebe. Letzteres besitzt das Drivelogic-System für M-Hochdrehzahlmotoren. Es erkennt die beste Gangwahl für diverse Fahrbahnbeschaffenheiten, verfügt über eine Launch Control, unterstützt mit Low Speed Assistance und bietet außerdem eine Start-Stop-Funktion. Im Lenkrad stecken zusätzlich zwei programmierbare „M"-Tasten, mit denen der Pilot die Charakteristik von Gaspedal, Lenkung, Schaltung und Stoßdämpfern in drei verschiedenen Stufen seinem präferierten Fahrstil anpassen kann. Mit dem aufpreispflichtigen BMW Drivers Package darf der M3-Lenker 280 km/h statt 250 km/h Spitze fahren. Seit Anfang 2016 bietet BMW auch wieder ein Competition-Modell an. Es überzeugt mit 450 PS, was einen noch kürzeren Sprint verspricht. Mit dieser neuen Fahrzeuggeneration gelingt es BMW übrigens, die scheinbar unaufhörliche Gewichtszunahme zu stoppen.

Durch umfassenden Einsatz von Leichtbauwerkstoffen – Kohlefaser und Verbundwerkstoffe für das Dach, die Heckklappe und die Kardanwelle, Aluminium für die Motorhaube und die Vorderkotflügel sowie für bestimmte Vorderachsbauteile – verringert sich das Gesamtgewicht um rund 80 Kilo. Damit wiegt der M4 gerade einmal 1497 Kilo. Erstmals erhält auch die Limousine ein kohlenstoffverstärktes Dach. Dass die fünfte Generation des M3 und M4 eine abermals optimierte und noch effizientere Leistungsumsetzung bei sportlicher Fahrweise bietet, ist nicht zuletzt das Ergebnis der Erpro-

Bei den 24 Stunden von Daytona 2017 tritt der M6 GT LM Nummer 19 als das neunzehnte Art Car von BMW an - gestaltet von der Chinesin Cao Fei und dem US-Konzeptkunstmeister John Baldessari.

Eine Revolution für den M-Ableger der 3er-Modelle: Der Sechszylinder wird jetzt als Turboversion verbaut und die Coupés erhalten das Modellkürzel M4.

bungsfahrten unter den Händen der erfahrenen DTM-Piloten Bruno Spengler und Timo Glock auf der Nordschleife des Nürburgrings. Vor allem für das Fahrwerk ist nichts zu teuer oder zu aufwendig. Die Achslenker bestehen aus einer Aluminiumlegierung. Dazu gibt es ein aktives M-Differenzial, 18-Zoll-Leichtmetallräder und eine optionale Stoßdämpferregelung.

Die Doppelendrohre des Sechszylinders im M3 und M4 sollen im Sportmodus über Stellklappen zusätzliche Dezibel freisetzen. Im Innenraum ist die Klangkulisse jedoch kaum wahrnehmbar. Immer auf das richtige Ambiente im Cockpit bedacht, lassen sich die Ingenieure einen besonderen Kniff einfallen, um dem Motor zu seiner Stimme zu verhelfen. Sein Sound wird auf der Ansaugseite erfasst, gefiltert und vom Audiosystem wiedergegeben. Eine einfallsreiche Lösung, auch wenn viele angesichts des dumpfen, künstlichen Tons dem unvergleichlichen Soundambiente des alten Sechszylinder-Saugmotors nachtrauern. Das kompakte Lederlenkrad, der kurze Schalthebel, die lederbezogenen Schalensitze und eine Head-Up-Drehzahlmesseranzeige runden das M-Ambiente ab.

Mit der Markteinführung der neuen M-Generation überarbeitet BMW auch die Fertigungsorganisation von Grund auf. Der M3 wird nach wie vor im Werk Regensburg produziert, wo von den drei vorherigen M3-Generationen insgesamt 222.293 Einheiten entstanden. Für das M4-Coupé werden dagegen in München Kapazitäten freigeräumt. Ab Frühjahr 2014 ist der M4 auch als Cabriolet erhältlich.

Die vom 4er abgeleitete Cabrioversion des M4 wird weiterhin mit einem versenkbaren Hardtop ausgeliefert.

DER BMW M4 GT4

Mai 2017: Jens Marquardt hält den M4 GT4, den jüngsten Spross von BMW Motorsport, für produktionsreif. In dieser Kundenversion des Wettbewerbsmodells, die für den Start in den unterschiedlichsten Langstreckenmeisterschaften entwickelt worden ist, stecken die gesamten, beim M6 GT3 gesammelten Erfahrungen. Der Sechszylinder ist relativ seriennah, das Fahrwerk und die Aerodynamik werden jedoch tiefgreifend modifiziert.

Mit dem M4 GT4 erweitert BMW seine Modellpalette um ein zusätzliches Kunden-Rennsportmodell.

DIE TRIUMPHALE RÜCKKEHR IN DIE DTM

Die bereits seit 2010 angekündigte Rückkehr von BMW in die Deutschen Tourenwagen-Masters (DTM) wird 2012 Wirklichkeit. Fortan konzentriert sich das Motorsportengagement der Bayern auf diese Disziplin. Gründe für die Rückkehr gibt es viele. Ausschlaggebend sind sicher das begeisterungsfähige Publikum, die Qualität der Piloten sowie das Prestige, das der Hersteller sich von Siegen für den Inlandsmarkt verspricht. Zur Saison 2012 werden sechs M3 DTM gemeldet, die für drei Rennställe an den Start gehen: Schnitzer mit Bruno Spengler und Dirk Werner, das RBM-Team mit Andy Priaulx und Augusto Farfus, für den RMG-Rennstall (Reinhold Motorsport) starten Titelverteidiger Martin Tomczyk und Joey Hand.

Von optischen Ähnlichkeiten und dem Basismotor abgesehen, hat der M3 der DTM allerdings nicht mehr viel mit einem Serien-M3 gemein. Die Rennversion ruht auf einem Monocoque-Gerippe und wird von einem V8-Saugmotor mit 480 PS mit sequenziellem Sechsganggetriebe befeuert. Die umfangreichen Erprobungen vor Jahresende 2011 sollen sich bald bezahlt machen, denn die BMW entpuppen sich rasch als treibende Kraft der DTM. Mit vier Siegen in zehn Rennen kann sich Bruno Spengler am Saisonende zum Champion krönen lassen. BMW sichert sich obendrein den Konstrukteurstitel vor den Erzrivalen Mercedes und Audi. Jens Marquardt, der zum 1. Juli 2011 die Nachfolge von Mario Theissen als Motorsportdirektor bei den Weiß-Blauen antritt, darf stolz sein, dass er die Erfolgsserie seines Vorgängers so nahtlos fortsetzen kann. Marquardt, dessen berufliche Karriere in der Dieselmotorenabteilung bei Mercedes begann, wechselt später zu Ilmor, wo er Motoren für Kart-Monoposti entwickelt. Ab dem Jahr 2000 ist er maßgeblich für die Formel-1-Aktivitäten von Toyota verantwortlich.

In der DTM gelingt BMW ein triumphales Comeback. Bruno Spengler holt sich 2012 den Meistertitel mit dem M3.

Der gebürtige Mittelfranke Marco Wittmann ist nach 2014 (großes Bild) ein zweites Mal für BMW in der DTM erfolgreich: Mit vier Punkten Vorsprung sichert er sich 2016 erneut die Meisterschaft. BMW würdigt diese Leistung mit einem limitierten M4-DTM-Sondermodell.

Zur Saison 2013 tritt BMW mit einem Großaufgebot von acht Fahrzeugen zur Verteidigung seiner beiden Titel an. Neu zu den Werksfahrern stoßen der junge Marco Wittmann und Timo Glock. Vor dem Saisonauftakt spult der M3 DTM mehr als 7000 Erprobungskilometer auf der Rennstrecke von Barcelona ab. Ganz reicht der Aufwand aber dennoch nicht. Zwar kann BMW mit dem M3 in dessen letzter Saison den Konstrukteurstitel holen, doch der Fahrertitel geht an Mike Rockenfeller (Audi). Marco Wittmann erhält den Preis für den besten Rookie des Jahres.

Mit dem Fahrzeugwechsel läutet BMW zur Saison 2014 eine neue Ära in der DTM-Geschichte ein. Der Einstand des neuen M4 kann kaum besser ausfallen. Mit vier Siegen bei sieben Starts gelingt Wittmann im August – in seiner zweiten DTM-Saison – mit dem RMG-Rennstall der Sprung aufs Siegerpodium. Mit 24 Jahren und 292 Tagen darf er sich damit als jüngster DTM-Titelträger aller Zeiten in die Annalen eintragen. Die Saison 2015 steht dann im Zeichen einer Reglementsänderung. Erstmals werden für die beiden 40 beziehungsweise 60 Minuten dauernden Rennen gleiche Punktzahlen vergeben. Das Saisonprogramm umfasst nun 18 Läufe auf insgesamt neun Rennstrecken. Abermals wird hart gekämpft und erst beim Finale in Hockenheim kann BMW den Konstrukteurstitel unter Dach und Fach bringen. Marco Wittmann fährt mit seinem M4 für den RMG-Rennstall unterdessen immer wieder erste und zweite Plätze ein. Am Ende der Saison 2016 sichert er sich erneut den Fahrertitel. In der Endwertung stehen auf dem Konto von Wittmann fast doppelt so viele Punkte wie beim Siebtplatzierten Tom Blomqvist, dem zweitbesten BMW-Piloten.

BOSCH
ice
watch
Hankook
Audi Sport
BMW Driving Experience
Zollner
CROWNE PLAZA

Hinter den Kulissen brauen sich allerdings dunkle Wolken über der DTM zusammen, denn Mercedes hat für das Saisonende 2018 seinen Ausstieg angekündigt. Grund genug für die Organisatoren, das Reglement erneut zu ändern und statt auf 4-Liter-V8-Kraftpakete ab 2019 auf bescheidenere Vierzylinder-Turbomotoren zu setzen. Zweck der Übung: Eindämmung der Kosten in einem wirtschaftlich schwierigen Umfeld. BMW hat seinerseits seit 2017 keinen Titel mehr holen können. Wittmann verpasst seine Titelchancen in der Saison 2018 durch Patzer in einigen Läufen. Er holt unter anderem einen enttäuschenden 17. Platz in Zandvoort nach einer Kollision und muss einen Ausfall in Hockenheim verkraften. Die Vorbereitungen auf die Saison 2020 verlaufen daher besonders gründlich. Robert Kubica ist als Verstärkung mit einem M4 des Art Grand Prix-Rennstalls vorgesehen. Aufgrund der Ausbreitung der Coronavirus-Pandemie wird der Rennkalender des nur von Audi und BMW gestellten Starterfelds aber auf neun Rennen mit 18 Läufen in einem dichtgedrängten Zeitfenster zwischen August und November zusammengestrichen. Die besten BMW landen auf Rang 5 und 6, Kubica schafft es nur auf Rang 15 unter 17 Fahrern.

DIE WASSERBOMBE

In der drückenden Schwüle des Sommers 2015 hat BMW noch manche Schmankerl für seine Fans zu bieten. Beim Concours d'Elegance im kalifornischen Pebble Beach gibt das Concept Car M4 GTS seinen offiziellen Einstand. Was einstweilen nur ein Prototyp ist, soll im Jahr 2016 in einer Sonderserie anlässlich des 30-jährigen Jubiläums des M3 offiziell aufgelegt werden. Wie schon der M3 GTS von 2010, dessen Nachfolge er antritt, verzichtet auch der Neuling auf Understatement und Vielseitigkeit zugunsten purer, offensiver Leistung.

Auf seinen 20-Zoll-Gussrädern mit Michelin Sport Cup 2-Hochleistungsreifen verfehlt das in stylischem Gunmetal Grey mit orangefarbenen Akzenten lackierte Concept Car seine optische Wirkung nicht. Mit unverkennbaren Anleihen aus dem Rennsport setzt der M4 GTS ganz auf aerodynamische Optimierung, unter anderem mit dem manuell einstellbaren Frontsplitter und Karbon-Heckflügel, einem Heckdiffusor sowie einer Verbundwerkstoff-Motorhaube mit groß dimensioniertem Lufteinlass. Als Technologieträger wartet der M4 GTS darüber hinaus mit LED-Heckleuchten sowie Wassereinspritzung für den Motor auf. Ein feiner Sprühnebel wird in den Sammler des Saugmoduls eingespritzt. Die Ansaugluft kühlt dadurch ab, und die Klopfneigung sinkt. Das Ergebnis: Mehr Spielraum beim Ladedruck und ein früherer Zündzeitpunkt. Von den Motorenentwicklern wird die damit mögliche Leistungssteigerung mit zehn Prozent und die Verbrauchssenkung mit acht Prozent beziffert. Aber es soll noch bis Oktober dauern, bis das Datenblatt dieses Super-M4 veröffentlicht wird. Unterdessen darf ein M4 GTS-Pace Car bei der MotoGP-Meisterschaft als rollendes Versuchslabor für diese neue Einspritztechnik fungieren.

EIN NEUER REKORD

Der von einem Doppelturbo beflügelte, aber immer noch auf drei Liter Hubraum limitierte Reihensechszylinder entfaltet atemberaubende 500 PS bei 6250/min und ein Drehmoment von 600 Nm, das von 4000 bis 5500/min konstant auf diesem Niveau verharrt. An den kraftstrotzenden Antrieb schließt sich ein M-Doppelkupplungsgetriebe mit sieben Gängen für die Kraftübertragung auf die Hinterräder an. Der Fahrer kann dabei zwischen mehreren Schaltprogrammen wählen – vom Automatik – bis zum manuellen Modus für den Rund-

Der GTS, eine in nur 700 Exemplaren aufgelegte Sonderserie des M4, wird von einem 3-Liter-Sechszylinder mit Turboaufladung und Wassereinspritzung angetrieben. Er leistet 500 PS.

streckeneinsatz. Dank der konsequenten Leichtbauweise liegt das Leistungsgewicht bei rekordverdächtigen drei Kilo pro PS. Motorhaube, Frontsplitter, Dach, der verstellbare Heckflügel und die Rohrstrebe für die Armaturentafel sowie der Heckdiffusor bestehen aus kohlefaserverstärktem Kunststoff. Der Rücksitz wird kurzerhand weggelassen. Dank dieser Modifikationen reduziert sich das Eigengewicht auf 1510 Kilo. 100 km/h sind in 3,8 Sekunden erreicht. Bei der Höchstgeschwindigkeit macht BMW eine Ausnahme von der Regel, und lässt die elektronische Abregelung erst bei 305 km/h einsetzen. Auch das Fahrwerk wird von Grund auf überarbeitet und das Fahrgestell durch in Zug- und Druckstufe einstellbare Feder-Dämpfer-Elemente sowie modifizierte Stabilisatoren und Stützlager aufgewertet.

Abgerundet wird die Serienausstattung durch Karbon-Keramik-Scheibenbremsen. Damit darf der M4 GTS als der schnellste Serien-BMW aller Zeiten gelten. Er schafft die Runde über die Nürburgring-Nordschleife in sieben Minuten und 28 Sekunden, benötigt also pro Kilometer über eine Sekunde weniger als ein M4. Kompromisslos sportlich präsentiert sich auch das großzügig in Veloursleder gehaltene Interieur. BMW bietet sogar ohne Aufpreis eine Clubsport-Option mit Überrollbügel, Feuerlöscher und Sicherheits-Renngurten an. Als Weltneuheit bringt BMW im M4 GTS OLED-Rückleuchten. Der auf nur 700 Stück limitierte M4 GTS, dessen Auslieferung im Frühjahr 2016 anläuft, ist mit 142.600 Euro fast doppelt so teuer wie ein normaler M4.

EIN GTS VON DER SANFTEREN SORTE

Eine Verschnaufpause gibt es bei der BMW M GmbH nach wie vor nicht. Im Laufe des Jahres 2016 erhalten M3 und M4 ein Competition-Paket, das unter anderem 19 zusätzliche PS liefert und damit die Leistung auf 450 PS treibt. Diese Motorversion findet sich auch in der im Jahr 2016 in nur 500 Exemplaren aufgelegten Sonderversion zum 30-jährigen Jubiläum des M3. Parallel dazu wagt die französische BMW-Niederlassung ein imageförderndes Engagement in der Rallye Tour Auto, deren historisches Vorbild in einer Retrospektive zu neuem Leben erweckt werden soll, und stellt eine Kleinstauflage von fünf M4 Tour Auto mit markanten Stylingelementen und dem Experience M-Paket auf die Räder, das für 280 km/h gut ist.

DER STÄRKSTE 7ER ALLER ZEITEN

Ebenfalls 2016 bietet die M GmbH mit dem BMW M760Li xDrive den stärksten 7er aller Zeiten an. Dank aufgeladenem 12-Zylinder fährt der Luxusschlitten, der nur in der Langversion erhältlich ist, mit 600 PS vor. Da wird man schon mal mit 3,9 Sekunden auf 100 km/h ins Fauteuil gedrückt, wenn der Chauffeur ein bisschen Gas gibt. Allerdings schreit der Wagen danach, sich selbst hinters Volant zu setzen. 800 Nm unterm Gasfuß zu haben ist ein Erlebnis. Erst recht, wenn alle Räder angetrieben werden. In Sachen Top-Speed folgt BMW seiner bisherigen Politik. Bei 250 km/h ist Schluss. Es sei denn, man ordert das BMW Drivers Package. Dann rennt der Vorstandswagen problemlos 305 km/h. Ausstattungsmäßig ist der Top-7er ganz vorn dabei: Integral-Aktivlenkung, Klappenauspuff, Executive Drive Pro-Fahrwerk. Äußerlich zeigen 20-Zoll-Felgen, das M-Aerodynamikpaket und V12-Embleme, wessen Kind die Kraftlimousine ist. Wer lieber etwas dezenter auftritt, bestellt dagegen die V12-Excellence-Option, die den Sound und die Luftleitteile weglässt und dafür dezentes Chrom über den Wagen verteilt. Mit 2255 Kilo ist und bleibt das Auto aber ein echtes Schwergewicht.

Mit dem 2017 lancierten und 460 PS starken M4 Clubsport (hier im Farbton Lime Rock Grey Metallic) führt die M GmbH gleichzeitig offiziell eine neue Nomenklatur ein: Die CS-Versionen (angesiedelt über den Competition- und Basisversionen) sind als „Brand Shaper-Modelle" auf maximale Performance ausgelegt und weisen eine klare Motorsport- und Clubsport-Prägung auf, bei uneingeschränkter Straßenzulassung.

M4 CS ALS AUSRUFEZEICHEN

Nachdem die Kleinserie des M4 GTS abgesetzt ist, präsentiert die M GmbH als neuerlichen Blickfang einen M4 Clubsport, von dem ab Sommer 2017 eine auf 2500 Stück limitierte Auflage in den Verkauf geht. Die Designer haben zwar den spektakulären, verstellbaren Heckflügel durch eine dezente Gurney-Abrisskante aus Kohlefaser an der Heckklappe ersetzt. Die Sternfelgen weichen einem zehnspeichigen Räderdesign und der verstellbare aerodynamische Frontsplitter wird durch einen konventionellen, starren Splitter ersetzt. Doch auch so sticht der M4 CS aus der Masse hervor. Denn im Übrigen bleibt auch der CS ein GTS. Die Motorhaube ist fast über die gesamte Länge profiliert. Dach und Heckdiffusor bestehen aus kohlefaserverstärktem Kunststoff. Dies spart nicht nur rund 20 Kilo Gewicht, sondern verlagert auch den Massenschwerpunkt weiter nach unten. In den muskulösen Kotflügelverbreiterungen sitzen die groß dimensionierten Räder des GTS, welche für den Rennstreckeneinsatz optimierte Michelin Sport Cup 2 tragen. Wer nicht derart extrem unterwegs sein will, kann sich die für nasse Fahrbahn besser geeigneten Pilot Super Sport aufziehen lassen. Zumal bei den weichen Gummimischungen der Cup-2-Bereifung eine sorgfältige Aufwärmphase erforderlich ist, bevor sie ihr Potenzial wirklich ausspielen können. Das Abrollgeräusch bleibt dennoch beträchtlich.

FAHREINDRÜCKE, DIE UNVERGESSEN BLEIBEN

Trotz eines Leistungshandicaps von 40 PS (460 PS bei 6250/min) und einer nicht ganz so ausgeklügelten Aerodynamik wie beim M4 GTS bleibt der CS auf der Nürburgring-Nordschleife mit einer Rundenzeit von sieben Minuten und 38 Sekunden nur zehn Sekunden hinter seinem stärkeren Bruder zurück. Auch der neueste Ableger des M4 setzt seine Leistung also mustergültig um. In der Beschleunigung von 0 auf 100 liegt der CS ebenfalls lediglich um 0,1 Sekunden hinter dem M4 GTS und beim M-Paket muss die Höchstgeschwindigkeit auf 280 km/h abgeregelt werden. Die vom GTS bekannte Wassereinspritzung gilt beim CS aus Kostengründen als entbehrlich. Doch ansonsten steckt im CS das gesamte Technologie-Know-how der Münchener: Voll variable Valvetronic-Ventilsteuerung, variable Nockenwellenverstellung (Doppel-VANOS) und eine Ölwanne aus Magnesium. Das Interieur lehnt sich an das Cockpit des GTS an, dem Maßstab für durchgestyltes Sportwagenambiente. Neu ist lediglich das Echtlederlenkrad anstelle des Velourslederlenkrads. BMW hat bewusst davon abgesehen, die Komfortausstattung zusammenzustreichen. Und so verraten lediglich die Tür- und hinteren Seitenverkleidungen aus recyclingfähigem Naturfasermaterial und die Türschlaufen anstelle der Innengriffe die eher sportliche Bestimmung des Boliden.

Die 2017 vorgestellte sechste Generation des M5 fungiert als offizielles Pace Car der MotoGP.

Die internationale Presse zeigt sich begeistert vom M4 CS. In Le Figaro steht: „Er erinnert an den hinreißenden M3 CSL, der 2003 mehr oder minder als der absolute Maßstab für sportliches Fahrgefühl galt. Wie sein älterer Verwandter präsentiert sich auch der M4 CS in einem fast für den Stadtspaziergang gestalteten Anzug mit vier Sitzplätzen als außerordentlich harmonischer Zeitgenosse, dessen Fahrwerk perfekt abgestimmt ist und der das Potenzial des Reihensechszylinders mit einer für einen Turbomotor fast unglaublichen Geradlinigkeit auf die Straße bringt. Und dabei ist der rote Bereich erst bei 7600/min erreicht." Das Clubsport-Konzept findet in der Folge seine Fortsetzung im M3. Von dieser Limousine entstehen rund 1200 Stück.

IMMER NOCH EINS DRAUF

Der M5, der König der Hochleistungslimousinen bei BMW Motorsport, geht im August 2017 in sechster Generation an den Start. Vom aktuellen 7er werden die Bodengruppe und die stilistischen Erkennungsmerkmale übernommen. Auch das imposante Aufgebot technischer Finessen verrät die Verwandtschaft. Und abermals wird BMW bei diesem Modell den eigentlich unumstößlichen Motorsport-Grundsätzen des Hauses untreu. Nachdem man bereits dem Trend zur Turboaufladung nachgegeben hat, folgt diesmal der Schwenk zum Allradantrieb. Für die BMW-Ingenieure sprechen vor allem Fahrsicherheitsgrunde dafür, die 600 Pferdestärken des 4,4-Liter-V8 auf alle vier Räder zu übertragen. Leistungsmäßig bewegt sich der neue M5 auf dem Niveau des Vorgängers, das Drehmoment steigt aber um 50 Nm auf 750 Nm im Bereich zwischen 1800 und 5600/min.

Auch die Fraktion besonders sportlicher Fahrer ist nicht vergessen worden. Für sie hält der M5 unterschiedlichste Fahrprogramme parat, bei denen die DSC-Modi mit den Betriebsarten des M xDrive-Programms kombiniert werden. Damit lassen sich die elektronischen Helferlein nach und nach ausschalten, bis im extremen Fahrmodus auch Drifts am Limit möglich sind. Am V8-Motor ist ein M Steptronic-Achtstufen-Automatikgetriebe angeflanscht, das sowohl als reine Automatik funktioniert als auch über die Paddel am Lenkrad angesteuert werden kann. Die von BMW publizierten Leistungsdaten stehen den potentesten Sportwagen auf dem Markt in nichts nach. Aus dem Stand spurtet der M5 in nur 3,4 Sekunden auf 100 km/h (eine Verbesserung von 0,5 Sekunden gegenüber dem Jubiläumsmodell von 2014). Und nach nur 11,1 Sekunden sind 200 km/h erreicht.

DER PS-WETTLAUF GEHT WEITER

Die mit Leichtbauwerkstoffen und kohlefaserverstärkten Kunststoffen gesammelten Erfahrungen finden bei der sechsten Generation des M5 auch in der Dachgestaltung ihren Niederschlag. Auf Sonderwunsch kann außerdem eine Karbon-Keramik-Bremsanlage geordert werden, die weitere 23 Kilogramm einspart. Das Chassis und das tieferlegende Fahrwerk erhalten eine besonders gründliche Überarbeitung. Das Interieur lehnt sich an das Ambiente der 5er-Reihe an, freilich ganz im Gewand der Motorsport-Modelle mit anatomisch ausgefeilteren Ledersitzen, einer exklusiveren Verarbeitung sowie erstmalig einem Anlasserknopf und rot unterlegten Schaltpaddeln. Der Fortschritt lässt sich schließlich nicht aufhalten, und folgerichtig kommt zum M5 im Mai 2018 eine Competition-Version hinzu. Damit klettert die Leistung um weitere 25 PS auf 625 PS. Die 100 km/h sind nun in 3,3 Sekunden und die Schallmauer von 200 km/h in nur 10,8 Sekunden erreicht.

Pünktlich zum 35. Geburtstag des Münchener Aushängeschilds reicht BMW 2019 eine auf weltweit 300 Exemplare limitierte 35-Jahre-Sonderedition nach. Markanteste Unterscheidungsmerkmale sind ihre Lackierung in Dunkelgraumetallic, die durch ihre Pigmentierung einen Mattlackeffekt erhält, sowie die 20-Zoll-Leichtmetallräder im Y-Speichendesign und die Bremssättel in schwarzer Hochglanzlackierung. Die allen Exemplaren gemeinsamen BMW Individual Merino-Sitzbezüge sind in schwarzem Leder mit beigefarbenen Ziernähten gehalten und mit Interieurleisten in goldeloxiertem Aluminium sowie M-Multifunktionssitzen kombiniert. Die Einstiegsleisten tragen den Schriftzug „M5 Edition 35 Jahre".

SECHS UND ACHT ZYLINDER IM GROSSEN X

Die Geschwindigkeit, mit der BMW seine Modellpalette überarbeitet, hat in diesen Jahren etwas Schwindelerregendes. Die im Oktober 2013 präsentierte, dritte Generation des X5 erhält ein Jahr später die M-Veredelung. Unter der Haube sitzt der aufgeladene, 575 PS starke 4,4-Liter-V8-Ottomotor des M5 – die gleiche Motorbaureihe, die sich auch im X6 M findet. Im neu gestalteten Cockpit stehen auch bei diesem Edel-SUV alle Zeichen auf Exklusivität und Sport. Der besondere M-Touch ist am lederbezogenen M-Lenkrad und Alu-Paddeln für die Betätigung des Achtstufen-Automatikgetriebes sowie an dem anthrazitfarbenen Velours-Dachhimmel, Alu-Dekoreinsätzen, einer M-Fußstütze und – als kleine Reverenz an Langstreckenfahrer – durch Kniestützen an den Seitenflächen der Mittelkonsole zu erkennen. Die mit Merinoleder bezogenen Sportsitze erinnern an Rennsport-Schalen.

Beim Generationenwechsel im September 2018 lässt BMW nicht lange mit einer M-Version auf sich warten. In den X5 M und X6 M, die im Jahresverlauf 2019 debütieren, steckt die neueste Evolutionsversion des 4,4-Liter-V8-Doppelturbos des M5. Die beiden Competition-SUV können mit einer Leistung von 625 PS aufwarten. Entscheidender Anstoß für diesen Entwicklungsschritt ist offensichtlich, dass Mercedes-Benz seinen Kunden praktisch zu jedem Modell der Palette eine AMG-Version bietet.

Je nach Ausführung bringt es der 3-Liter-Reihensechszylinder der 2019 lancierten Modelle X3 M und X4 M auf Leistungen zwischen 480 bis 510 PS.

X5 und X6 der Generation von 2014, die vor allem in China und den USA einen wichtigen Platz im M-Programm einnehmen, erhalten den 4,4-Liter-V8 mit Doppelturbolader, der 575 PS leistet.

Im zweiten Halbjahr 2019 lässt die BMW M GmbH auch PS-gewaltige Versionen der Kompakt-SUVs X3 und X4 folgen. Deren 3-Liter-Reihensechszylinder schlägt alle Rekorde als der potenteste Sechszylinder der gesamten M-Historie. Mit dem M TwinPower Turbo-Paket leistet das Kraftwerk 480 PS. Mit dem M-Competition-Paket sogar bis zu 510 PS. Zur Kraftübertragung ist ein M-Steptronic-Achtstufen-Automatikgetriebe angeflanscht. Das Fahrwerk wird gleichermaßen aufgewertet und die Fahrzeugsilhouette wirkt in ihren Proportionen noch kraftvoller. Insbesondere bei den Competition-Versionen kommt dies durch die in hochglänzendem Schwarz gehaltenen Karosserieelemente zum Ausdruck, unter anderem an der BMW-Niere im Kühlergrill, den Außenspiegelkappen, den seitlichen Luftleitelementen und am Heckspoiler.

Im Laufe des Jahres 2019 werden auch X5 und X6 mit dem M-Competition-Paket aufgewertet.

DIE M-MODELLE SETZEN AUF DIVERSIFIZIERUNG

BMW betont in seinen Pressematerialien mit Nachdruck den Status des 1er M Coupés als legitimer Erbe des ersten M3.

MANCHE BEOBACHTER SEHEN IM TREND ZUR DIVERSIFIZIERUNG EINE DER FOLGEN DER FINANZKRISE 2008/2009, DIE ALLE VOLKSWIRTSCHAFTEN RUND UM DEN GLOBUS BIS INS MARK ERSCHÜTTERT HAT UND BEI VIELEN HERSTELLERN EIN UMDENKEN HIN ZU ERSCHWINGLICHEREN MODELLEN IN GANG GESETZT HAT. ANDERE HERSTELLER ERKENNEN HIERIN WIEDERUM DIE MÖGLICHKEIT, NEUE WACHSTUMSPERSPEKTIVEN ZU ERSCHLIESSEN. SICHERLICH DÜRFTE ABER DAS VORBILD ANDERER DEUTSCHER HERSTELLER, INSBESONDERE MERCEDES-BENZ, WO VON JEDEM MODELL IM PROGRAMM AUCH EINE AMG-VERSION EXISTIERT, AUSSCHLAGGEBEND FÜR DIE ENTSCHEIDUNG VON BMW MOTORSPORT SEIN, DAS ANGEBOT NACH UNTEN ZU ERWEITERN.

Als logische Konsequenz tritt München in den letzten Tagen des Jahres 2010 mit einer M-Version des 1er Coupé an die Öffentlichkeit. Ein Schritt, den BMW nicht bereuen wird. Im Jahr 2019 verzeichnen die Verkaufszahlen der M-Modelle mit 135.829 Exemplaren einen neuen Rekord, wovon 96.593 Stück auf die M-Performance-Varianten entfallen.

TYPENBEZEICHNUNGEN EINMAL ANDERS

Mit Blick auf jüngere Käufer als primäre Zielgruppe – wie die beim Debüt auf der Detroit Motor Show 2011 verteilte Pressemappe verrät – tritt das neue, kleine Modell mit seiner aggressiven, muskulösen Karosserie als würdiger Nachfolger der ersten Vierzylinder-M3 an. Aus naheliegenden Gründen kommt die Modellbezeichnung M1 nicht in Frage. Und so firmiert der Neuling stattdessen als 1er M Coupé und rundet die M-Modellpalette als Kompaktmodell nach unten ab. Mit einer Breite von 1803 Millimetern fällt die Karosserie um 55 Millimeter breiter aus als die des BMW 135i. Kraftquelle des neuen M-Abkömmlings ist ein Reihensechszylinder mit Benzin-Direkteinspritzung und 2979 Kubikzentimetern Hubraum. Der Doppelturbo verhilft zu einer Leistung von 340 PS bei 5900/min. Das Drehmoment verharrt von 1500 bis 4500/min konstant bei 450 Nm und erreicht mit der Overboost-Funktion, die per Knopfdruck am Lenkrad aktiviert werden kann, sogar einen Spitzenwert von 500 Nm.

Mit einem 340 PS starken 3-Liter-Sechszylinder unter der Haube entfaltet das von den M-Tuningkünstlern beflügelte 1er Coupé eine geradezu diabolische Leistungsfülle.

DIE WIEDERAUFERSTEHUNG DES 2002 TURBO

In regelmäßigen Abständen entstehen im BMW-Stylingstudio Neo-Retro-Studien als Hommage an Meilensteine vergangener Jahrzehnte. Im Jahr 2016 erblickt eine Neuinterpretation des 2002 turbo, der als einer der Ersten die M-Farben trug, das Licht der Welt. Der auf einem 2er Coupé basierende 2002 Hommage, der beim Concorso d'Eleganza in Como sein öffentliches Debüt gibt, hätte genauso gut einer Tuningwerkstatt entsprungen sein können. Abgerundet wird das Erscheinungsbild dieses kompromisslos sportlichen Concept Cars durch den muskulösen Fahrzeugkörper und 20-Zoll-Räder.

Bei der 2016er Auflage des Concorso d'Eleganza im Schatten der Villa d'Este präsentiert das BMW-Stylingstudio eine Hommage an den 2002 turbo auf Basis eines M2.

KOMPAKTE MASSE IN DIABOLISCHER VERPACKUNG

Damit ist der M3 mit V8-Motor überflügelt. Hinsichtlich Beschleunigung und Durchzug rangiert das 1er M Coupé an vorderster Front seiner Klasse. Von 0 bis 100 km/h vergehen gerade einmal 4,9 Sekunden, für den Durchzug von 80 bis 120 km/h im sechsten Gang werden nur 6,1 Sekunden benötigt. Und nach 17,3 Sekunden sind echte 200 km/h erreicht.

Im Chassis stecken die gesamten Erkenntnisse aus dem Rennsport und der Modellpflege des M3. Auch die bei BMW ausgiebig praktizierte Leichtbauweise findet hier ihre Fortsetzung. Die Doppelgelenk-Vorderachse und die Fünflenker-Hinterachse des 1er M Coupés bestehen nahezu vollständig aus Aluminium. Damit bringt der kleine M nicht mehr als 1495 Kilo auf die Waage. Zur Serienausstattung gehört auch ein variabel bis zu 100 Prozent sperrendes M-Differenzial, das Traktionsunterschiede zwischen dem linken und rechten Hinterrad flexibel ausgleicht. Die Bremsanlage wird an die gestiegenen Fahrleistungen angepasst. Die innenbelüfteten, gelochten Bremsscheiben weisen einen Durchmesser von 360 Millimetern vorn und 350 Millimetern hinten auf. Auch im Innenraum dominiert die sportliche Note. Die Türverkleidungen und Instrumententafel sind mit Veloursleder bezogen. Orangefarbene Ziernähte akzentuieren die Lederpolsterung der serienmäßigen Sportsitze, ebenso die Schalthebel- und Handbremshebelmanschetten aus Leder. Die Kopfstützen tragen das M-Logo, der BMW Individual-Dachhimmel ist in dezentem Anthrazit gehalten. Bei der Lackierung stehen allerdings nur drei Farbtöne zur Auswahl: Alpinweiß (Uni), Saphirschwarz (Metallic) und Valenciaorange (Metallic).

M-RITTERSCHLAG FÜR DIE 2ER-SERIE

Als eindeutiges Indiz, dass der US-Markt als Hauptabsatzgebiet für die kompakteste Variante der Modellpalette in Frage kommt, entscheidet sich BMW abermals für die Detroit Auto Show, um dort Anfang 2016 den Nachfolger des 1er M Coupés zu präsentieren. Entsprechend der neuen Modellnomenklatur der Münchener, nach der die Coupés eine gerade Ziffer erhalten, heißt das Einsteigermodell der M-Familie jetzt M2. Pünktlich zum hundertsten Markenjubiläum und zum 30. Geburtstag des M3 geht der M2 (F87) in den Verkauf – mit allen Highlights, die zu solch einem Jubiläumsmodell gehören. Die noch aggressivere Silhouette fällt durch ihre tief ausgeschnittene Frontschürze auf, ebenso durch die vier Auspuffendrohre und die Kotflügelverbreiterungen, in denen riesige 19-Zoll-Räder mit ihren Pilot Super-Sport-Reifen kaum noch Platz finden.

DER M4 ALS VORBILD

Gegenüber dem 1er M Coupé entlocken die Ingenieure dem 3-Liter-Reihensechszylinder mit Twin-Scroll-Turbolader 30 zusätzliche PS. Mit den Kolben und Zündkerzen des M4 und variabler Steuerzeiten- und Nockenwellenverstellung erreicht das Triebwerk des M2 satte 370 PS bei 6500/min. Das Drehmoment liegt bei 465 Nm, kann jedoch mithilfe der Overboost-Funktion für einige Sekunden auf 500 Nm hochgetrieben werden. Unter den konkurrierenden Hochleistungs-Kompaktlimousinen hat nur noch der Mercedes A45 AMG bei der Leistung mit 381 PS die Nase vorne. In puncto Fahrspaß muss sich der 2-Liter-Vierzylinder aus Stuttgart aber geschla-

Das Design erinnert an eine moderne Interpretation des 1er M Coupés. Zugleich legt die Leistung um weitere 30 PS auf 370 PS zu – annähernd doppelt so viel wie der M3 E30 aufweist, dessen erste frühe Exemplare im M2-Präsentationsjahr 2016 ihren Oldtimerstatus erlangten.

gen geben. Und mit klassischem Heckantrieb bleibt der traditionelle Kern der M-Familie erhalten. Für die Kraftübertragung stehen zwei Getriebe zur Wahl: Ein Sechsgang-Schaltgetriebe oder wahlweise ein Doppelkupplungsgetriebe mit sieben Vorwärtsgängen. Nette Features: Mit einer GoPro-App kann man eine Kamera über das Infotainment-System bedienen, mit der M-Laptimer-App speichert man Telemetriedaten. Der Spaß kostet allerdings in der Basisversion bereits 56.700 Euro.

Das Doppelkupplungsgetriebe bietet sogar gewisse Verbrauchs- und Leistungsvorteile. Der Durst sinkt im Normzyklus um 0,6 Liter auf 7,9 Liter auf 100 km, womit sich die Emissionen von 199 auf 185 g/km verringern. Und trotz seiner 431 PS behält der M4 bei der Beschleunigung gegenüber seinem kleineren Bruder nur knapp die Nase vorn. Mit dem Doppelkupplungsgetriebe zieht der M2 mit einer Zeit von 4,3 Sekunden von 0 auf 100 km/h sogar mit dem M4 mit konventionellem Schaltgetriebe gleich. Die Höchstgeschwindigkeit wird bei 250 km/h abgeregelt. Mit dem als Option angebotenen M-Paket sind jedoch 270 km/h möglich. Die Innenausstattung entspricht dem 2er Serien-Coupé – bis auf diverse Verfeinerungen aus Alcantara und Kohlefaser. Gegenüber dem M4 fehlt es ein bisschen an Finesse im Interieur. Aber schließlich muss ja die Rangordnung gewahrt bleiben. Die ergonomisch geschickt geformten Ledersitze mit blau abgesteppten Nähten und der Durchmesser des M-Lenkrads unterstreichen die sportliche Note.

Im Testbericht der französischen Tageszeitung *Le Figaro* hieß es: „Der M2 eignet sich wie kein Zweiter, um einmal auf ganz andere Gedanken zu kommen. Die Klangkulisse – die noch prägnanter als beim M4 ausfällt – und das Brabbeln im Schiebebetrieb wirken auf manche Insassen absolut berauschend. Mit der Straßenlage, die nicht zuletzt dem Alufahrwerk und dem elektronisch geregelten M-Differenzial des großen Bruders zu verdanken ist, hält der M2 jederzeit Kurs. Dazu gibt es eine ultradirekte und präzise Lenkung sowie eine Bremsanlage, die selbst für die Piste von Laguna Seca ausreicht. Und damit haben wir unterm Strich ein bemerkenswert effizientes Coupé in der Hand, auch wenn wegen des kurzen Radstands die Übersteuertendenz im Grenzbereich etwas weniger progressiv als beim M4 ausfällt." Den meisten Markenfans gilt der M2 jedenfalls als würdiger Nachfolger des ersten M3. Denn unter dem Druck der Konkurrenz und der Sicherheitsnormen werden M3 und M4 im Laufe der Zeit immer schwerer und wandern aus dem Sportwagensegment mehr und mehr in den Gran-Turismo-Bereich. Damit fällt die echte Sportlerrolle dem M2 zu.

Der 410 PS starke M2 Competition hebt sich durch größer dimensionierte Lufteinlässe in der Frontschürze und die schwarz lackierte Kühlermaske von seinen Modellkollegen ab.

Kohlefasereinsätze und ein M-Lenkrad mit dickem Radkranz prägen das sportlich-edle Interieur des M2.

MIT VOLLGAS VORWÄRTS

Grenzen sind dazu da, überwunden zu werden. Und so ist es nur logisch, dass BMW Motorsport seine Fans im April 2018 mit einem M2 Competition beglückt, der bis zum Herbst 2020 im Programm bleibt. Der neue M, für dessen Weltpremiere der Salon in Peking die Kulisse stellt, wartet mit dem Reihensechszylinder von M3 und M4 auf. Seine Minderleistung von 21 PS ist dem fehlenden Luft-Wasser-Wärmetauscher zuzuschreiben. Aber mit 410 PS und 550 Nm Drehmoment setzt er sich dennoch an die Spitze der kraftstrotzenden Kompaktmodelle. Gegenüber dem M2 ist die Competition-Version von 0 auf 100 um 0,1 Sekunden schneller. Allerdings kann man nicht an allen Fronten gewinnen. In der Competition-Version klettert das Gewicht des M2 um 55 Kilo auf 1550 Kilo. Maßgeblich für die Zunahme sind die beiden Turbolader, die eine Vergrößerung der Motorkühler und den zusätzlichen Einbau eines Ölkühlers notwendig machten.

Dem aufmerksamen Auge entgehen auch die vergrößerten Lufteinlässe in der Frontschürze nicht – ebenso wenig der in Hochglanz-Schwarz gehaltene Kühlergrill, modellspezifische Außenspiegel und die geschmiedeten Alufelgen, adaptive Scheinwerfer und die als Extra lieferbaren, grauen Bremssättel. Diese sind vorn mit sechs und hinten mit vier Kolben bestückt. Die Bremsscheibendurchmesser betragen nun 400 beziehungsweise 380 Millimeter. Die Kohlefaser-Versteifung und der angepasste Auspuffschalldämpfer runden das Optimierungsprogramm ab. Auch im Interieur sind gewisse Kontraste zum M2 zu erkennen. Die Armaturentafel ist im Kohlefaserdekor gehalten, die Anzeigeinstrumente sind schwarz eingefasst, das Lederlenkrad ist mit M-Tasten bestückt, der Anlasserknopf ist jetzt rot und als Sonderausstattung sind M-Sport-Schalensitze mit integrierten Kopfstützen lieferbar. Im Frühjahr 2019 dient der M2 Competition als Grundlage für eine Heritage-Version zum 45. Jubiläum des 2002 turbo. Von dieser Sonderserie werden nur 400 identische, nummerierte Exemplare aufgelegt, die durchweg weiß lackiert sind und durch ihr Motorsport-Dekor auf den Seitenflanken und der Frontschürze hervorstechen.

AUCH EIN CLUBSPORT DARF NICHT FEHLEN

Unterdessen entwickelt sich der M2 weiter. Im Winter 2019 überträgt BMW das Konzept des M4 Clubsport erstmals auf den M2 und kann so mit einer exklusiven Kleinserie punkten, in der das im Motorsport gesammelte Know-how verwertet wird. Hauptingredienzien sind – wie gehabt – eine Abmagerungskur und ein Vitamincocktail. Beim M2 CS bestehen Motorhaube, die aerodynamische Frontschürze und der Dach-Heckdiffusor aus karbonverstärktem Kunststoff. Der Heckdiffusor hat seinen Anteil daran, dass der Massenschwerpunkt weiter nach unten wandert und die Fahreigenschaften auf den Rennpisten zusätzlich an Dynamik gewinnen. Genau dort liegt auch eines der Haupteinsatzgebiete des M2 CS mit seiner Michelin Pilot Sport Cup 2-Bereifung, die auf geschmiedeten, als Option gold lackierten Felgen aufgezogen werden. Eine eher auf den Straßenbetrieb abgestimmte Variante des Michelin

Besonders sportliche Akzente erhält die Clubsport-Version des M2 durch ihre ergonomisch gekonnt gestalteten Schalensitze mit Veloursleder und den potenten Motor, der gerade einmal 10 PS hinter dem M4 zurückbleibt.

Pilot Super Sport ist ohne Aufpreis erhältlich. Für zuverlässige Verzögerung sorgt die M Sport-Bremsanlage mit Sechskolben-Bremssätteln vorn und Vierkolben-Bremssätteln hinten. Gegenüber den Verbundwerkstoffbremsen des M2 Competition wird der Durchmesser der Bremsscheiben vergrößert. Kohlefaser-Keramik-Bremsscheiben sind Teil des aufpreispflichtigen Sonderausstattungsangebots.

Herzstück der Neukreation ist natürlich der 3-Liter-Sechszylinder mit Doppelturbo, der dem M4 CS leistungsmäßig um lediglich 10 PS nachsteht und auf 450 PS bei 6250/min kommt. Das Höchstdrehmoment von 550 Nm ist konstant zwischen 2350 und 5500/min verfügbar. Wahlweise ist der M2 CS mit Sechsgang-Schaltgetriebe oder – als Premiere bei einer CS-Variante – mit dem Siebengang-Doppelkupplungsgetriebe lieferbar. Damit sprintet der M2 CS in nur vier Sekunden aus dem Stand auf 100 km/h. Das Experience M-Paket ist Teil der Serienausstattung. Die Höchstgeschwindigkeit ist aber auf 280 km/h abgeregelt. Zur Optimierung seiner rennsportlichen Kompetenzen erhält der M2 CS das SelectDrive M-Fahrwerk, das bis dato dem M4 vorbehalten war und mit den drei Betriebsarten Komfort, Sport und Sport+ die Wahl zwischen drei verschiedenen Dämpfungscharakteristiken ermöglicht. Blickfang im nicht minder sportlichen Interieur sind die Kohlefaser-Mittelkonsole und Schalensitze mit Leder-Velours-Bezügen. Besondere Sorgfalt wird auch für die Klangkulisse aufgewendet. Die Auslieferung dieses ausschließlich in Misanoblau (Metallic) gehaltenen Sondermodells beginnt Anfang 2020.

Im Jahr 2012 legt die BMW M GmbH mit der M Performance-Reihe eine neue Modellpalette auf.

DIE M PERFORMANCE-MODELLE

Um 2010 erkennt BMW, dass zwischen den Standardmodellen und den Motorsport-Modellen noch genug Platz für eine weitere Modellreihe bleibt. Diese Neuzugänge, die die Bezeichnung M Performance erhalten und natürlich das himmelbau-violett-rote Markenemblem der M GmbH tragen, verleugnen keineswegs ihre Sportlerambitionen, ohne allerdings in die Sphären des Extremsports der M-Versionen vorstoßen zu können. Mehr als dreißig Jahre nachdem der M535i die Ära der Serien-Sportmodelle eingeläutet hat, steht bei den M Performance-Angeboten sogar ein Reihensechszylinder als Turbodiesel zur Wahl, der mit althergebrachten Konventionen bricht. Seine Trumpfkarte und gleichzeitig ein Novum ist die Bestückung mit drei Turboladern. Dieser Motor tut in den SUV-Modellen X5 und X6 Dienst, ebenso in der 5er-Reihe. Die Modelle heißen folgerichtig zunächst M550d xDrive, X5 M50d und X6 M50d.

DIE M GMBH UND DER DIESEL

In München versteht man es offenkundig, den Ruf als Motorenschmiede zu verteidigen und die Konkurrenz gar nicht erst herankommen zu lassen. Im Jahr 2004 hat der 535d mit seinem Reihensechszylinder-Dieseltriebwerk mit zwei Turbos und Registeraufladung bereits für eine kleine Revolution gesorgt und ist mit einer Leistung von 272 PS und einem fülligen Drehmoment von 560 Nm der Konkurrenz um Lichtjahre voraus. In seiner stärksten Ausführung kommt er gar auf 313 PS. Allerdings hatte Audi mit dem A6 und dessen V6 TDI Biturbo mittlerweile gleichgezogen. Daraufhin legen die BMW-Ingenieure nun mit dem M550d nach, der ihnen den entscheidenden Vorsprung sichern soll. Grundlage bildet der aktuellste Stand der Technik: Piezoelektrische Einspritzventile, die mit einem Druck von 2200 bar arbeiten, Leichtmetall-Ölwanne sowie -Zylinderköpfe und Aufladung mittels drei Turboladern. Der erste, ein Niederdrucklader mit variabler Geometrie, läuft

Die 5er-Serie wartet in der M Performance-Modellreihe erstmals mit einem Dieselmotor und drei Turboladern auf.

bereits kurz oberhalb der Leerlaufdrehzahl und treibt ab 1500/min einen größeren Hochdrucklader an. Ab 2700/min tritt ein dritter Lader, der im Aufbau dem Ersten gleicht, in Aktion.

Damit beweist BMW abermals, dass Leistung und Sparsamkeit einander nicht ausschließen. Trotz eines Eigengewichts von 1970 Kilo gelingt dem M550d mit seinem 3-Liter-Sechszylinder das Kunststück, auf 100 km mit nur 6,3 Liter Diesel auszukommen – was CO_2-Emissionen von 165 g/km entspricht.

Diese Leistung ist umso beachtlicher, als der M550d mit 381 PS dem 550i mit V8-Doppelturbomotor und Direkteinspritzung nur um 26 PS nachsteht. Im Dieselsektor hat nur der Audi Q7 mit seinem 6,0-TDI-V12 und 500 PS noch mehr zu bieten. Bei der Literleistung von unglaublichen 127,3 PS/Liter kann dem BMW aber niemand Paroli bieten. Dabei bedingt die schiere Kraft nicht zwingend eine aufdringliche Soundkulisse. Von 0 bis 100 km/h werden 4,7 Sekunden benötigt. Der Kilometer ist aus dem Stand in 23,7 Sekunden zurückgelegt. Nicht weniger beeindruckend fällt das gigantische Drehmoment von 740 Nm im Bereich von 2000 bis 3000/min aus. Zu Elastizität und Laufruhe, die durch ein Achtstufen-Automatikgetriebe noch unterstrichen werden, kommt die außerordentliche Drehfreudigkeit, mit der die 5400 Touren im Galopp erreicht werden, so dass der Diesel fast mit der Sechszylinder-Benzinversion verglichen werden kann. Um das überreichliche Drehmoment auf die Straße bringen und jederzeit genug Traktion bereitstellen zu können, setzt BMW bei diesem Prunkstück seiner Modellpalette auf Allradantrieb. Die Achsen stammen aus dem 550i und sorgen für vorbildliches Handling ohne Komforteinbußen. Entsprechend fällt das Test-Fazit in *Le*

Figaro aus: „Am Ziel angekommen, waren wir tief beeindruckt von der Sportlichkeit und der Sparsamkeit, dank derer sich auch Langstreckenfahrten mit diesem Diesel ohne Tankstopp zurücklegen lassen. Man fragt sich, was da noch für Benzinmotoren spricht."

M-DIESELPOWER FÜR DEN X

Zu den beliebtesten Performance-Modellen gehören ganz klar der X5 M50d und der X6 M50d. Sie stehen für X-Modelle mit M-Charakter. Basis für Power ist der stärkste Selbstzünder im BMW-Portfolio, der Commonrail-Sechszylinder-Diesel mit TwinPower-Technologie und drei Turboladern mit Registeraufladung und variabler Turbinengeometrie. Das bedeutet 381 PS und gewaltige 740 Nm maximales Drehmoment. Damit ist der Sprint von 5,4 Sekunden auf 100 km/h möglich – so einen Wert erreicht kein anderes Diesel-SUV. BMW gibt beim X5 M50d einen Verbrauch von 7,5 Litern Diesel im Drittelmix an. Auch wenn das in der Praxis kaum einzuhalten ist, arbeitet das Triebwerk erstaunlich sparsam. Das Allradsystem xDrive sorgt für eine variable und situationsgerechte Verteilung des Antriebsmoments zwischen Vorder- und Hinterachse. Elektronisch geregelte Dämpfer und die aktive Wankstabilisierung müssen beim knapp 83.000 Euro teuren X5 M50d optional geordert werden.

Wer den BMW X5 M50d erwähnt, muss im gleichen Atemzug auch den X6 M50d erwähnen. Der Crossover-Wagen besitzt die gleichen Gene wie das Schwestermodell mit fast identischen technischen Daten. Tatsächlich ist das Coupé schon in 5,3 Sekunden von 0 auf 100 km/h, der Verbrauch ist mit 7,7 Litern etwas höher. Dafür besitzt das Modell Wankstabilisierung und Adaptive Drive serienmäßig und ist unter anderem deshalb mit 86.400 Euro auch teurer. Der X6 M50d verfügt – wie auch der X5 M50d – über eine Bremsenergie-Rückgewinnung namens BMW EfficientDynamics, die bedarfsgerecht Nebenaggregate wie den Klimakompressor entkoppelt und sich intelligenten Leichtbau zu Nutze macht.

M-MODELLPALETTE WIRD IMMER UMFANGREICHER

Nur kurze Zeit später wird die M-Performance-Modellreihe um den M135i – als einziges M-Modell der Kompaktklasse – als Drei- und Fünftürerversion der im Jahr 2011 eingeführten 1er-Reihe (F20) bereichert. Unter der Haube sitzt der Reihensechszylinder mit TwinPower-Turbo, der aus 2979 Kubikzentimetern stolze 320 PS mobilisiert. Als der Motor 2013 dem M235i – der Coupé-Version der 1er-Reihe – spendiert wird, legt er nochmals sechs PS nach. So werden 326 PS zwischen 5800 und 6000/min erreicht. Prägende Stilelemente dieser Kompaktlimousine sind die M-Frontschürze mit Lufteinlass-Flaps in kontrastierendem Graumetallic, grau lackierte Außenspiegelkappen, eine Aero-Lippe auf der Heckklappe, eine strömungsoptimierte Heckschürze und 18-Zoll-Räder, hinter denen sich blau lackierte Vierkolben-Bremssättel verbergen. Mit dem 2er Cabriolet verschafft BMW soundbegeisterten Fahrern das zusätzliche Vergnügen, den Reihensechszylinder ungefiltert an frischer Luft genießen zu können. Bei der Modellpflege der 1er-Baureihe Anfang 2015 wird dem

Der 3-Liter-Reihensechszylinder mit Turboaufladung und 320 PS ist für den 135i gewissermaßen die Eintrittskarte in die M-Welt. Ab September 2012 ist dann auch der Allradantrieb xDrive verfügbar, allerdings nur in Verbindung mit einem automatischen Getriebe.

Traditionelle Sportlichkeit im kompakten Format: Beim 2er Coupé (F22) beruft sich BMW auf die Tradition des 1600-2 von 1966. Der Schuss M-Technik sorgt für besonders sportliches Handling und ein intensives Fahrvergnügen.

M135i die letzte Entwicklungsstufe zuteil. Sämtliche Modelle sind nun mit Heck- oder mit xDrive-Allradantrieb und wahlweise Sechsgang-Schaltgetriebe oder Achtstufen-Automatikgetriebe lieferbar.

Kaum haben die Markenfans dieses Überangebot an Leistung verdaut, vergrößert sich der Motor der Kompaktmodelle in seiner letzten Evolutionsstufe als turboaufgeladener Direkteinspritzer auf einen Hubraum von 2998 Kubikzentimeter. Er ist so gut für 340 PS bei 5500/min. Das Drehmoment wächst nochmals um 50 auf 500 Nm im Bereich zwischen 1520 und 4500/min.

Nachdem der Reihensechszylindermotor bei der neuen Generation des 1er, die im Herbst 2019 debütiert, aus Gründen der Motorarchitektur und zur Senkung des CO_2-Flottenverbrauchs nicht mehr fortgeführt wird, gewinnen die M-Performance-Versionen der zweiten Generation bereits Liebhaberstatus. Denn mit dem 1er BMW F20 ist eine Ära zu Ende gegangen. Das Nachfolgemodell, der neue M135i (F40), wird von einem 2-Liter-Turbomotor, einem Vierzylinder, angetrieben, der 306 PS leistet. Serienmäßig gibt es dazu das Achtstufen-Automatikgetriebe sowie den xDrive-Allradantrieb. Das M-Performance-Programm wird derweil laufend erweitert. Und Anfang 2020 kommt als Krönung ein X2 M35i hinzu. Auch für dieses Modell wird der 306 PS starke Vierzylinder der 1er-Reihe übernommen.

Schon 2021 schärft die M GmbH den M135ix nach, hauptsächlich in Sachen Fahrwerk. Es bleibt bei 306 PS, aber vorn sind die Sturzwerte erhöht. Die Querlenker werden jetzt über ein neues Hydrolager angebunden. Hinten sind Längs- und Querlenkerlager überarbeitet, zusätzlich sind Federung und Dämpfung neu abgestimmt. Aktuelle Elektronik ermöglicht – im Vergleich zu bekannten Systemen – eine um das Zehnfache verfeinerte Regelung der Traktion beim Anfahren. Für die Fans gepflegten Motorsounds – und das sind die meisten M-Fahrer – haben die Ingenieure das Erlebnis im Innenraum optimiert. Es gibt jetzt sogar eine modellspezifische Soundinszenierung beim Start des Motors.

Anfang 2020 wird die M Performance-Modellreihe um eine X2-Version und das 2er Gran Coupé erweitert.

Topsportler mit geschärfter Dynamik: Im Herbst 2021 erfreut ein überarbeiteter M135i xDrive mit neuer Federungs- und Dämpfungsabstimmung, präzisen Fahrwerksmodifikationen und einem optimierten Sounderlebnis.

AUCH DER 7ER WIRD ZUM M

Bei ihrem Debüt im Oktober 2015 darf die sechste Generation des 7er als die technisch fortschrittlichste Oberklassenlimousine auf dem Markt gelten. Was an Innovation aufgeboten wird ist immens. Und auch die von BMW seit jeher propagierte Freude am Fahren kommt nicht zu kurz. Im Dauerkonkurrenzkampf mit Mercedes-Benz um die Führungsstellung auf dem Marktsegment der Premium-Limousinen wartet der 7er als erstes Fahrzeug seiner Klasse mit Bauteilen aus kohlefaserverstärktem Kunststoff auf. Diese finden sich vor allem in den oberen Karosseriebereichen und senken nicht nur das Gewicht um 130 Kilo, sondern rücken auch den Massenschwerpunkt des Fahrzeugs nach unten. Leichtbauweise und überarbeitete Fahrwerkskomponenten verhelfen den 7er-Modellen zu einer Agilität, wie man sie bisher bei einem fast 5,10 Meter langen Fahrzeug nicht für möglich gehalten hätte. Die Vierradlenkung (Aufpreis 1500 Euro) optimiert Fahrdynamik und Stabilität bei hohen Geschwindigkeiten noch weiter. Mithilfe der bis ins Extreme getriebenen Komfortfunktionen schafft es der 7er sogar, ganz allein in eine abgeschlossene Parklücke hinein- und wieder herauszurangieren. Der 750i mit seinem 4,4-Liter-V8-Motor und 450 PS rundet die Modellpalette ab.

Offenkundig ist das aber noch nicht genug. Und so kommt Anfang 2016, als das hundertjährige Markenjubiläum näherrückt, ein 7er mit V12-Motor hinzu. BMW will gerade jetzt Leistungsfähigkeit und Dynamik unter Beweis stellen. In diesem M760Li xDrive, mit dem die M Performance-Familie abermals erweitert wird, gibt der neue V12 mit M Performance TwinPower Turbo-Technologie seinen Einstand. Aus 6,6 Litern Hubraum werden 610 PS bei 5500/min und ein maximales Drehmoment von 800 Nm bei 1500/min freigesetzt.

Bis 2015 ist der 7er noch nie in einer M-Version erhältlich gewesen. Vom McLaren F1 der 1990er Jahre abgesehen, trägt damit erstmals ein V12 das M-Signet.

Dieses Modell wird ausschließlich als Langlimousine produziert, ist aber trotz 5,23 Metern zu Leistungen fähig, die auch eines agilen Sportwagens würdig sind. Mit dem M Driver-Paket lässt sich eine Spitze von 305 km/h erreichen und die 100 km/h sind aus dem Stand in blitzschnellen 3,7 Sekunden erreicht. Zu den vielfältigen Ausstattungsfinessen der 7er-Modelle kommt beim M760Li noch das Individual-Paket hinzu. Optische Akzentuierung erhielt der M760Li außerdem durch das Aerodynamikpaket, das sich nicht nur durch die groß dimensionierten Lufteinlässe in der Frontschürze, sondern auch durch 20-Zoll-Felgen mit Doppelspeichenoptik und die Michelin Pilot Super-Sport-Bereifung abhebt. Nicht zu ver-

Die erste Generation des X4 (F26) ist in der M-Version lediglich als M40i mit einem Ottomotor lieferbar (2015-2018) ...

... während dagegen der Nachfolger (G02) ab 2018 auch in der Dieselversion M40d zu den Händlern kommt.

gessen zwei Doppelendrohre und in Ceriumgrau gehaltene Einfassungen um die Nierenkühlergrills, dazu noch passende Türgriffe und seitliche Lufteinlässe. Trotz des über jeden Zweifel erhabenen Fahrkomforts bleibt die Nachfrage hinter den Erwartungen zurück. Aus Prestigegründen hält BMW dennoch bis Ende 2020 am M760Li xDrive fest, bis die 7er-Reihe Anfang 2019 grundlegend überarbeitet wird. Der V12-Biturbo mit 6592 Kubikzentimetern Hubraum kommt nun nur noch auf 585 PS bei 5250 bis 5750/min. Das Drehmoment erreicht jedoch massige 850 Nm im Bereich von 1600 bis 4500/min.

DER X4 SETZT NOCH EINEN DRAUF

Nach und nach deckt das M Performance-Programm das gesamte BMW-Typenspektrum ab. Bis auf ganz wenige Ausnahmen stehen mittlerweile von sämtlichen Modellen auch M Performance-Ableger im Katalog. Zum hundertjährigen Markenjubiläum erscheint obendrein ein X4 in M-Verpackung. Die weit herumgezogenen Front- und Heckschürzen, markante Lufteinlässe und schwarzverchromte Auspuffendrohre an beiden Enden der Heckschütze werden mit den als Option lieferbaren 20-Zoll-Leichtmetallrädern mit Michelin Pilot Super Sport-Bereifung kombiniert. Dem X4 M40i soll es offenkundig an nichts fehlen. Als erster Benzin-SUV im M-Gewand erhält dieses Modell die aktuellste Generation des 3-Liter-Reihensechszylinders, die aus dem sportlichen M2 entlehnt wird. Kolben und Zündkerzentyp stammen vom M4. Direkteinspritzung und ein Twin-Scroll-Turbolader mit zwei Einlässen sorgen für die nötige Kraftstoff- und Luftversorgung. Eine variable Steuerzeiten- und Nockenwellenverstellung rundet die Motorausstattung M-typisch ab.

Die Leistung wird gegenüber dem M2 um 10 PS auf 360 PS gesenkt, das Drehmoment bleibt mit 465 Nm jedoch unverändert und verharrt über den Drehzahlbereich von 1350 bis 5250/min auf diesem Niveau. Diese Werte bedeuten eine Verbesserung um 16 Prozent gegenüber dem X4 35i, dessen Produktion eingestellt wird. Mit einer Beschleunigung von 0 auf 100 km/h in sportwagenverdächtigen 4,9 Sekunden und einer Spitze, die nur auf weithin freien Autobahnabschnitten ausgetestet werden kann, nimmt der X4 M40i eindeutig die Klientel des Porsche Macan GTS ins Visier.

LEISTUNG UND LUXUS IM ÜBERFLUSS

Aus der sechsten Generation der 5er Reihe, die im Winter 2016/2017 ihren Einstand gibt, wird eine modernisierte Auflage des M550d abgeleitet. Die Motorleistung beträgt jetzt 400 PS bei 4400/min (ein Plus von 19 PS), das Drehmoment liegt bei 760 Nm. Dabei stehen dem Fahrer bereits ab 1000/min 450 Nm zur Verfügung. Gleichzeitig kann der Verbrauch auf 5,9 l/100 km (beim Touring auf 6,2 l/100 km) gedrückt werden. Der nach wie vor mit einem Achtstufen-Automatikgetriebe gekoppelte Motor verhilft dem M550d xDrive zu einer Beschleunigung, die der des alten M5 ebenbürtig ist. Nur 4,4 Sekunden werden für den Spurt auf 100 km/h benötigt. Dennoch bleibt der M550d xDrive ausgesprochen verbrauchsgünstig, woran sicher auch ein M-Aerodynamikpaket seinen Anteil hat. Weitere Ausstattungsmerkmale sind die Motorsport-Logos auf den Seitenflanken und am Heck, Luftströmungsöffnungen in den Kotflügeln, neu gestaltete Außenspiegelschalen, M-Performance-Felgen im 19-Zoll-Format und blau lackierte Bremssättel. Das tiefergelegte Fahrwerk und eine aktive Lenkung runden die Serienausstattung ab. Nach der Limousine, deren Produktion im Juli 2017 anläuft, folgt der Touring zum Jahresende. Der mit drei Turboladern bestückte und 400 PS starke Sechszylinder-Diesel findet sich auch in X5, X6 und X7 wieder.

Um den Markt lückenlos abdecken zu können, legt BMW obendrein eine M-Version mit dem Ottomotor der 5er-Reihe auf. Dieser Benzin-Direkteinspritzer mit Doppel-VANOS- und Valvetronic-Technik wird als etwas gezähmte Variante des 4,4-Liter-V8 vom M5 lanciert. Im M550i entfaltet er 462 PS bei 5500/min und ein Drehmoment von 650 Nm bei 1800/min. Die Barriere der 100 km/h ist bei diesem 5er nach 4,0 Sekunden durchbrochen. Im Jahr 2019 unterstreicht BMW erneut, dass in puncto Motortechnik mit ihnen zu rechnen ist. Die neueste, erstmals im M850i verbaute Evolution des V8-Trieb-

Der neue Z4 Roadster (G29) – eine Gemeinschaftsentwicklung mit Toyota – kommt in der M40i-Version auf 340 PS.

Das neue Oberklassen-Coupé der 8er-Baureihe, das von Designdirektor Adrian van Hooydonk im Jahr 2017 in Gestalt eines Concept Cars der Öffentlichkeit vorgestellt wird, beeindruckt durch athletische Linienführung.

werks schöpft aus ihren 4,4 Litern imposante 530 PS sowie 750 Nm Drehmoment und hält nicht nur im 5er, sondern auch in X5, X6 und X7 Einzug.

DIE SCHLÜSSELZAHL 40

Die im Jahr 2018 präsentierte, dritte Generation des Z4 knüpft an die Tradition reinrassiger Roadster an und verzichtet fortan zugunsten eines Stoffdachs auf das Hardtop. Entstanden ist das neue Cabrio in Zusammenarbeit mit Toyota, die die Bodengruppe als Supra vermarkten. Trotz der relativ geringen Gesamtlänge von 4,32 Meter bleibt unter der Motorhaube ausreichend Platz für den Reihensechszylinder. Eine Kombination, die mittlerweile selten geworden ist und dank derer der Z4 für die Aufnahme in die M-Performance-Palette für würdig befunden wird. Der Z4 M40i wird von dem abermals überarbeiteten Dreiliter-Turbo-Ottomotor mit 340 PS und einem Drehmoment von 500 Nm beflügelt.

Und schließlich kommen auch die 3er-Modelle (G20, G21) in den Genuss des M Performance-Signums. Bei der Los Angeles Auto Show im Herbst 2018 präsentiert BMW den M340i. Dieses Modell, das sich durch die um zehn Zentimeter tiefergelegte Karosserie sowie Fahrwerk, Bremsen und Differenzial aus dem M Sport-Programm abhebt, wartet – abgesehen von M3 und M4 – als einziger Vertreter der 3er-Modelle mit dem Reihensechszylinder auf. Mit Direkteinspritzung und Valvetronic- sowie Doppel-VANOS-Technologie kommt das 3-Liter-Triebwerk (2998 Kubikzentimeter) auf einen Leistungsschub um 48 PS auf 374 PS bei 5500 bis 6000/min. Die 100 km/h sind in 4,4 Sekunden erreicht. Dazu gesellen sich im M340i ein Achtstufen-Automatikgetriebe und Allradantrieb.

Das Modellprogramm umfasst sowohl die Limousine als auch einen Touring-Kombi. Anfang 2020 wird der Benzinerversion eine Turbodieselausführung zur Seite gestellt, mit der bei BMW die Ära der Mild-Hybrid-Technik eingeläutet wird.

Das Dreifachturbo-Aggregat des M550d erreicht in der siebten Generation der 5er-Reihe eine Leistung von 400 PS.

Beim M340d wird dem Sechszylinder-Dieselaggregat eine 48-Volt-Mild-Hybrid-Version zur Seite gestellt.

Der neue M340d xDrive rundet das Dieselprogramm mit einem 3-Liter-Reihensechszylinder mit 48-Volt-Generator ab, der bei starker Beschleunigung eine Mehrleistung von elf PS zum Vortrieb beisteuert. Unterhalb von 15 km/h schaltet der Verbrennungsmotor komplett ab. Die Leistung beträgt 340 PS bei 4400/min, das Drehmoment 700 Nm ab 1750/min. Damit erreicht der Hybrid die Fahrleistungen eines M3 der Vorläufergeneration und beschleunigt in 4,6 Sekunden auf 100 km/h, während der Normverbrauch sich mit knapp 5,3 Litern auf 100 km in sehr bescheidenem Rahmen bewegt. Dies ist auch an den CO_2-Emissionen von 139 g/km abzulesen. Dank neuester Partikelfiltertechnik erfüllt der Motor bereits die für 2021 erwartete Abgasnorm Euro 6d.

SIEBEN IST DAS MASS DER DINGE

Das größte SUV von BMW, der X7, kommt im März 2019 als gestärktes M-Modell namens X7 M50i und X7 M50d zu den Kunden. Der Benziner besitzt einen 4,4-Liter-V8 mit 530 PS und 750 Nm. Damit ist ein Sprint auf 100 km/h in 4,7 Sekunden möglich – nicht schlecht bei dem enormen Wagengewicht von gut 2,5 Tonnen. Der X7 M50d hat einen Reihensechszylinder-Turbodiesel unter der Haube, was sich in 400 PS niederschlägt. Damit gelingt der Spurt in 5,4 Sekunden. In beiden Modellen wird die Kraft über eine Achtgang-Automatik an alle vier Räder geleitet.

Logisch, dass die M GmbH dem X7 auch optisch auf die Sprünge hilft – vor allem mit Anbauteilen des Aerodynamikpakets und einem besonders sportlichen Interieur. Die Frontschürze besitzt einen vergrößerten Zentrallufteinlass, die Bremssättel sind blau lackiert. Da so ein Fahrzeugtyp eher weniger auf der Rennstrecke bewegt wird, reichen innen Sportkomfortsitze. Das Auge freut sich über ein Multifunktions-Sportlenkrad und Sportpedale aus Aluminium. Je nach Einsatzzweck sind diverse Pakete zu haben, wie zum Beispiel das Offroadpaket mit vier einstellbaren Fahrprogrammen oder ein Exklusiv-Paket mit Ambient Air oder Sky Lounge-Glasdach samt Sternenhimmel, Sonnenschutzverglasung und Metalliclack. Das SUV-Flaggschiff kostet rund 120.000 Euro.

DAS RENNMODELL PRESCHT DER SERIE VORAUS

Dem Versprechen einer Rückkehr auf die Bühne des Gran-Turismo-Rennsports, das Harald Krüger bei seinem Amtsantritt als Vorstandsvorsitzender von BMW im Jahr 2015 gegeben hat, sollen im Jahr 2018 mit dem Debüt der 8er-Reihe Taten folgen. Nachdem das Bekenntnis zum Motorsport in den Jahren zuvor mit der Markteinführung einer Großraumlimousine und der Schräghecklimousinen etwas an Überzeugungskraft verloren hat, ist es für BMW höchste Zeit, dem Markenkern wieder mehr Aufmerksamkeit zu schenken. Die nunmehr voll-

Wie vierzig Jahre zuvor beim M1 gibt auch die Rennsportversion des M8 vor der Straßenversion ihren Einstand.

zogene Renaissance hat sogar eine zweite Seite: Das neue 8er Coupé markiert zugleich den Wiedereinstieg der Münchener in Langstreckenwettbewerbe der hart umkämpften GTE-Klasse. BMW setzt wieder einmal Zeichen.

Wie 40 Jahre zuvor beim M1 hebt BMW auch diesmal zuerst ein Rennmodell – in diesem Fall den M8 GTE – aus der Taufe, bevor die Straßenversion in Gestalt der ursprünglich geplanten 8er-Baureihe folgt. Zur Bühne für den lang erwarteten Auftritt wird die 2018er Auflage der 24 Stunden von Le Mans. Mit dem neuen Coupé als Flaggschiff der Marke unterstreicht BMW seine Ambitionen, das nächsthöhere Marktsegment zu besetzen. Die Wiederbelebung einer eigentlich seit 20 Jahren ruhenden Modellbezeichnung passt da ins Bild. Der neue 8er lehnt sich eng an die Serie-8-Konzeptstudie an, die im Mai 2017 beim Concorso d'Eleganza am Comer See der Öffentlichkeit vorgestellt wurde.

Die Linienführung des Autos basiert im Wesentlichen auf zwei Luxusprototypen der Vorjahre – dem in Kooperation mit Pininfarina gestalteten Gran Lusso Coupé von 2013 und der Vision Future Luxury, die beim Automobilsalon in Shanghai 2014 zu sehen war. Die Karosserie wirkt wohlproportioniert und elegant, die Formgebung wie mit dem Messer herausgearbeitet, vor allem an den Front- und Heckschürzen sowie den Seitenflanken. Der akzentuierte Gürtellinienbereich, in die Breite gezogene „Nüstern", die den Kühlergrill ausmachen, die beiden

Der M850i ist mit seinem Allradantrieb und der Allradlenkung ein echter Technologieträger und hat obendrein einen 3,3-Liter-V8 mit Doppelturbo und 530 PS sowie ein Interieur zu bieten, dem es kaum an Finesse fehlt.

Sicken in der Motorhaube und der integrierte Heckklappenspoiler unterstreichen den Charakter des exquisiten Coupés. Im Vergleich zur 6er-Baureihe verliert das neue Coupé 50 Millimeter an Länge und misst nun 4843 Millimeter. Zugleich wird die Höhe um fast 30 Millimeter auf 1,37 Meter reduziert.

Die Karosserie und deren Unterbau bestehen aus einer Kombination von Alu-, Magnesium- und Kohlefaserbauteilen. Mit dem als Option erhältlichen Dach aus kohlefaserverstärktem Kunststoff liegt der Massenschwerpunkt des ohnehin schon mit einer sehr ausgewogenen Massenverteilung gesegneten Wagens noch tiefer.

ALLRADLENKUNG ALS NOVUM

Das Interieur hebt sich deutlich von den Serienmodellen ab. Zwar wimmelt es bei BMW noch nicht von den andernorts immer beliebteren Touchscreens. Doch anstelle der üblichen Anzeigeinstrumente finden sich hier nun virtuelle Displays. Für mehr Bedienkomfort sollen auch die bereits bekannten Head-Up-Displays sorgen. Die Mittelkonsole ist nach wie vor zum Fahrer hin ausgerichtet, präsentiert sich aber in neuem Design. Innovationsfreude ist auch beim Multimediasystem und den vielfältigen Bedienmöglichkeiten Trumpf. Die Bedienung kann wahlweise über Joystick, Touchscreen, Sprachsteuerung oder das Gesture-Control-System erfolgen. Neben dem 840d mit Dieselmotor steht der M850i auch als M Performance-Version im Programm. Unter der Haube sitzt der 4,4-Liter-V8-Motor mit Doppelturbolader. Mit 530 PS bei 5500 bis 6000/min liegt seine Leistung um 80 PS über der des 650i. Sein Höchstdrehmoment von 750 Nm steht im Drehzahlbereich zwischen 1800 und 4600/min zur Verfügung. Von 0 auf 100 km/h benötigt der M850i lediglich 3,7 Sekunden. Zur Serienausstattung des GT gehören das Achtstufen-Automatikgetriebe und der variable Allradantrieb xDrive. *Le Figaro* stellt in seinem Testbericht fest: „Der Allradantrieb sorgt für eine Agilität, wie wir sie beim Vorgängermodell vermisst haben. Mit dem aktiven Hinterachsdifferenzial ergibt sich ein Traktionsverhalten, das sich am Lenkrad jederzeit perfekt beherrschen lässt und den Eindruck eines wesentlich leichteren Coupés vermittelt. Seine untadelige Kurvenfreudigkeit übersteigt alles, was die Insassen verkraften, wird allerdings durch eine allzu große Empfindlichkeit gegenüber schlechten Fahrbahnoberflächen und Spurrillen erkauft." Das Resümee des Blattes: „Der 8er ähnelt mehr einem Porsche 911 als einem Mercedes-S-Klasse-Coupé, ist aber eine gelungene Synthese aus Gran-Turismo und Sportwagen. Die Technik ist zweifellos das Fortschrittlichste, was der Markt zu bieten hat. Zu bemängeln ist lediglich das Interieur, das dem Großserienmodell entlehnt wurde."

In der Langstrecken-Weltmeisterschaft erreicht der M8 GTE in seinem Einstandsrennen in Spa-Francorchamps einen fünften Platz in seiner Klasse.

Juni 2018: Das vollzählige BMW-Team auf dem Place des Jacobins in Le Mans.

DIE RÜCKKEHR NACH LE MANS

In der hart umkämpften Gran-Turismo-Klasse wagen die Münchener nun auch die Rückkehr nach Le Mans. Damit haben sie sich freilich nicht gerade den leichtesten Weg zum Erfolg ausgesucht, denn immerhin kämpfen hier bereits Aston Martin, Chevrolet, Ferrari, Ford und Porsche mit harten Bandagen. Bei BMW setzt man auf die solide Basis der 8er-Serie und die Erkenntnisse aus dem Einsatz des M6 GT3. Im November 2017 lösen sich Martin Tomczyk, Antonio Félix da Costa, Philipp Eng und Alexander Sims drei Tage lang (unter anderem mit einer Simulation des 24-Stunden-Einsatzes) auf der Piste im südfranzösischen Le Castellet am Steuer ab, um dem M8 GTE den letzten Feinschliff für die Rennvorbereitung zu verpassen. Vor allem muss der 4-Liter-V8-Motor (P63/1), dessen Genese im Februar 2016 begonnen hat, auf Herz und Nieren geprüft werden. Einige Wochen später findet das Programm auf der anderen Seite des Atlantiks in Daytona unter der Führung des RLL-Teams seine Fortsetzung, das für den Einsatz der Fahrzeuge in der US-amerikanischen IWSC-Meisterschaft verantwortlich ist.

Die offizielle Rennkarriere des M8 GTE beginnt somit in Florida. Kein schlechtes Omen für die Folgeeinsätze. Denn beide Fahrzeuge halten bis ins Ziel durch. Jesse Krohn, John Edwards, Nick Catsburg und Augusto Farfus liegen am Ende auf Rang 7 der GT LM-Kategorie. Das zweite Fahrzeug unter Alexander Sims, Connor De Phillippi, Bill Auberlen und Philipp Eng belegt den 9. Platz. Und dann arbeitet sich der M8 GTE rasch nach vorne. Anfang März startet De Phillippi bei den 12 Stunden von Sebring in der GT-Klasse aus der Pole Position. Alexander Sims, Bill Auberlen und Connor De Phillippi setzen ihre soliden Leistungen fort und beenden das Rennen in der GT-Klasse auf Platz 2.

Beim Auftakt zur Saison 2018 der World Endurance Championship (WEC) in Spa-Francorchamps kommen Antonio Félix da Costa und Tom Blomqvist auf den 5. Rang der GTE Pro-Klasse. Der M6 GT3 setzt unterdessen seine Rennauftritte in den Händen von privaten Rennställen – mit Unterstützung durch BMW Motorsport – fort. Anfang April fährt er den ersten Sieg der Saison 2018 im VLN-Langstreckenrennen auf der Nürburgring-Nordschleife ein. Für den 24-Stunden-Klassiker in der legendären „Grünen Hölle" betreiben die Münchener besonderen Aufwand – ein sichtbares Indiz für die Bedeutung dieses Marathons. Vierzig BMW gehen an den Start, darunter

Im Winter 2017/2018 spult der M8 GTE fleißig Testkilometer ab, mit denen die Fahrzeugabstimmung den letzten Schliff erhalten soll.

In der US-IMSA-Meisterschaft 2018 steigern sich die M8 GT LM im Laufe der Saison zusehends.

fünf M6 GT3. Doch die entscheidende Portion Glück fehlt auch diesmal und am Ende liegt der bestplatzierte BMW, der in den Shell-Farben fahrende M6 GT3 mit der Nummer 102 von Farfus, Palttala, Krognes und Schiller, auf dem 13. Platz.

Im Juni zieht der BMW-Tross abermals Richtung Le Mans. Beim Qualifying haben sich die beiden M8 GTE, die vom MTEK-Rennstall für Nicky Catsburg, Philipp Eng und Martin Tomczyk sowie für Antonio Félix da Costa und Alexander Sims gemeldet worden sind, sehr zurückgehalten. Beim Rennen liegen sie in der GTE Pro-Klasse lange Zeit in der Spitzengruppe und liefern sich Zweikämpfe mit den Ford GT und Ferrari 488, bevor sie ins Verfolgerfeld zurückfallen. Als verhängnisvoll erweisen sich Stoßdämpferprobleme, wie sie zuvor noch nie aufgetreten sind, hier aber durch die Besonderheit des Kurses an der Sarthe hervorgerufen werden. Nummer 81 muss nach einem Unfall aufgeben, Nummer 82 belegt den 12. Platz in seiner Klasse.

Den ersten großen Erfolg sichert sich der neue bullige M6 GT3 beim Langstreckenklassiker im belgischen Spa-Francorchamps im Rahmen der Blancpain GT Series 2016: Nach regenbedingt teils sehr turbulenten 24 Sunden wird der Wagen des Teams ROWE Racing mit der Nummer 99 als Führender gewertet. Das Fahrer-Trio Maxime Martin, Philipp Eng und Alexander Sims sichert BMW den 23ten Gesamtsieg bei den 24 Stunden von Spa seit 1965.

Der M6 GT3 hat sein Pulver noch nicht verschossen. Bei den 24 Stunden von Spa-Francorchamps holt der Walkenhorst Motorsport-Rennstall 2018 für BMW den 24. Sieg auf dem Ardennenkurs.

EIN NEUER REKORD IN SPA-FRANCORCHAMPS

Der weitere Saisonverlauf zeigt, dass der M6 GT3 durchaus noch konkurrenzfähig ist. In den belgischen Ardennen gelingt dem Coupé ein Doppelsieg. Unerwarteterweise liegt im Ziel der Wagen des Walkenhorst Motorsport-Teams unter Philipp Eng, Tom Blomqvist und Christian Krognes zehn Sekunden vor dem Wagen des routinierten Rowe Racing-Rennstalls, der von Jens Klingmann, Alexander Sims und Nick Catsburg pilotiert wird. Damit darf sich BMW über den 24. Sieg bei den 24 Stunden von Spa freuen – obendrein über den dritten Triumph in vier Jahren (2015, 2016 und 2018) sowie das erste Double seit 1997.

Der M8 GTE, der sich im Lauf seiner Karriere stetig verbessert hat, schafft es beim neunten Lauf zur IWSC-Meisterschaft auf dem Virginia International Raceway schließlich ganz oben aufs Podium, als Connor De Phillippi und Alexander Sims einen furiosen Sieg einfahren. Das Zwillingsfahrzeug von John Edwards und Jesse Krohn kommt auf Rang 3. Damit hat der M8 GTE seine Feuertaufe bestanden. Sims und De Phillippi entscheiden auch das Rennen in Laguna Seca für sich. Die Erfolgsserie findet am Wochenende des 13. Oktober 2018 ihre Fortsetzung mit einem weiteren Doppelerfolg für BMW. Zu einem zweiten Platz in der WEC-Meisterschaft im japanischen Fuji kommt ein dritter Platz in der IMSA-Serie in Road Atlanta. Einige Wochen später holt sich Augusto Farfus am Steuer eines M6 GT3 des Schnitzer-Rennstalls den FIA GT-Weltcup in Macao.

Für besondere Schlagzeilen sorgt zum Jahresausklang 2018 der angekündigte Start von Alessandro Zanardi bei den 24 Stunden von Daytona. Der Italiener, der seine beiden Beine bei einem Unfall verloren hat, ist trotz allem dem Rennsport treu geblieben. 2004 schafft er es in einem speziell umgerüsteten 3er BMW auf den Thron der italienischen Tourenwagenmeisterschaft. In den Folgejahren erringt er mehrere Titel im Paralympics-Radsport. Die Ingenieure von BMW Motorsport vergleichen seine willensstarke Performance am Steuer eines M8 GTE mit der eines Profischlagzeugers. Der Auftritt von Zanardi bei der 2019er Auflage des Rennens in Daytona bewegt die Medien. Die Lorbeeren heimst indes der M8 von De Phillippi, Farfus, Eng und Herta ein. BMW widmet den Sieg dem Andenken an Charly Lamm, der am Vorabend des Rennens überraschend im Alter von 63 Jahren verstorben ist. Lamm war lange Jahre Chef des Schnitzer-Rennstalls gewesen und hatte an der Seite seiner Brüder Josef und Herbert Schnitzer erheblichen Anteil an den Motorsporterfolgen von BMW.

Alessandro Zanardi trotzt seinem Schicksal und wagt sich an den Start bei den 24 Stunden von Daytona 2019, die jedoch der M8 von Eng, Herta, Farfus und De Phillippi für sich entscheidet.

CHARLY LAMM, SCHLÜSSELFIGUR DES SCHNITZER-TEAMS

Mehr als vierzig Jahre lang ist Charly Lamm Herz und Seele des Rennstalls aus Freilassing. Mit ihm als Führungsperson schreiben BMW Motorsport und Schnitzer etliche Kapitel der Motorsportgeschichte. Nachdem der engagierte und durchsetzungsstarke Lamm die Teamführung an Herbert Schnitzer Junior übergeben hat, zieht er sich Ende der Saison 2018 aus dem Kommandostand zurück. Tragischerweise stirbt Lamm – wie fünf Jahre zuvor sein Bruder Dieter – überraschend im Januar 2019 nach kurzer, schwerer Krankheit.

Der Tod von Charly Lamm, 40 Jahre lang der Kopf des Schnitzer-Rennstalls und Vater unzähliger Rennerfolge, am 24. Januar 2019 löst bei vielen Fans der Marke BMW große Bestürzung aus.

EINE KURZE, ABER EFFEKTVOLLE RÜCKKEHR

Die Bombe platzt am 22. Mai 2019, als BMW bei einer Pressekonferenz in München sein neues Motorsportprogramm vorstellt: Das Engagement in der Formel E, in der DTM-Meisterschaft und in der amerikanischen IMSA-Serie ist bereits beschlossene Sache, doch die Präsenz im WEC-Programm wird für beendet erklärt. Die Entscheidung soll nach den 24 Stunden von Le Mans in Kraft treten. Klaus Fröhlich, für die Entwicklung zuständiges Vorstandsmitglied, begründet den Schritt mit der notwendigen Anpassung an ein außerordentlich komplex gewordenes Umfeld, bei der das Augenmerk auf Rennprogrammen liegen soll, die sich mit der Number One Next-Strategie in Einklang bringen lassen, in deren Mittelpunkt elektrische und autonome Fahrzeuge stehen. Zweifellos spielt aber auch das enttäuschende Abschneiden des M8 GTE eine Rolle. Der Abschied ist nicht ohne Bitterkeit. Beim Finale der WEC-Supersaison in Le Mans beenden die Coupés des MTEK-Rennstalls das Rennen als Elfter und 14. der GTE Pro-Klasse.

Die Rückkehr von BMW in die WEC-Meisterschaft fällt kürzer als erwartet aus. Immerhin legen die M8 einen Abgang mit Stil hin, als sie in Le Mans die Ziellinie Seite an Seite überqueren.

Daytona wird für BMW mehr und mehr zum Erfolgsgarant. Anfang 2020 macht der M8 nach einem dramatischen, von unzähligen Führungswechseln gekennzeichneten Rennverlauf den Triumph abermals perfekt.

In den USA bleibt BMW derweil weiter am Ball. Auf dem Mosport-Kurs in Kanada kommen die M8 GT LM als Zweiter und Vierter ihrer Klasse ins Ziel. Der Klassensieg im letzten Lauf der IMSA-Meisterschaft in Road Atlanta geht an BMW, allerdings nicht an einen M8. Erster wird vielmehr der M6 GT3 des Turner Motorsport-Teams unter Bill Auberlen, Robby Foley und Dillon Machavern.

WEITERE SIEGE IN DAYTONA

Für die Münchener beginnt die IMSA-Saison 2020 mit einem Prestigesieg. Das RLL-Team von Bobby Rahal, das alles an eine Wiederholung seines Erfolgs von 2019 setzt, triumphiert auf der Rennstrecke von Daytona souverän. Nach mehr als vierzig Führungswechseln in der GT LM-Klasse liegt am Ende

In den USA beweist der M6 GT3 abermals seine Konkurrenzfähigkeit, als der Turner Motorsport-Rennstall mit ihm den Sieg in Road Atlanta holt.

Nach dem Debüt der Concept-Version des Gran Coupé beim Genfer Salon 2018 läuft die Produktion des M8 im Juni mit Coupé und Cabriolet an.

der M8 GTE Nummer 24 von John Edwards, Jesse Krohn, Augusto Farfus und Chaz Mostert vorn. Obendrein gelingt Krohn ein neuer Rundenrekord. Damit kann BMW seine überragenden Erfolge in Florida um einen weiteren ersten Platz ergänzen. Begonnen hat die Siegesserie der Münchener mit dem Sieg des 3.0 CSL im Jahr 1976 und findet mit den Klassensiegen des M3 GTR in den Jahren 1997 und 1998 ihre Fortsetzung. 2011 und 2013 knüpfen die Weißen-Blauen mit Siegen der Prototypen mit BMW-Motoren an die Glorie früherer Jahre an. Ende 2021 nimmt der M8 GTE seinen Abschied, die Bilanz fällt ernüchternd aus: Der teuerste Rennwagen, den BMW je entwickelt hat, läuft schlussendlich nur in der amerikanischen IMSA-Serie. Im „Land der unbegrenzten Möglichkeiten" weist die Statistik für vier Jahre Einsatz bei 36 Rennen gerade mal fünf Siege und 25 Podestplätze aus. Auch der Ausflug in die WEC erfüllt die zu Recht hohen Erwartungen an den spektakulären GT3-Boliden nicht: In acht WEC-Rennen gelingt 2018 und 2019 kein Sieg; in Le Mans in der GTE-Pro-Klasse ist nur ein 12. Platz drin. Aber auch der M6 GT3 wird in Rente geschickt, sein Nachfolger wird der M4 GT3.

ENDLICH EIN M8 FÜR DIE STRASSE

Nach der Premiere des M8 Gran Coupé Concept Car auf dem Genfer Salon 2018 folgt im Juni 2019 endlich das offizielle Debüt des M8 als Coupé und Cabriolet. Das Competition-Signet darf auch bei diesen beiden Modellen nicht fehlen, die den Doppelturbo-V8 des M5 Competition in Kombination mit dem Achtstufen-Automatikgetriebe M Steptronic übernehmen. Der Motor liefert üppige 625 PS bei 6000/min und ein Drehmoment von 750 Nm im Bereich von 1800 bis 5800/min. Damit rangiert er in der Spitzengruppe der GT-Klasse. Für den Sprint auf 100 km/h benötigt das Coupé nur 3,2 Sekunden, das Cabriolet 0,1 Sekunden mehr. Wie bereits der M5 kommt auch der M8 in den Genuss des noch weiter verfeinerten M xDrive-Getriebes, bei dem der Fahrer die Wahl zwischen drei Traktionsstufen hat: Allradantrieb, Allradantrieb im Sport-Modus sowie Hinterrad-Antrieb, wobei dann die dynamische Stabilitätskontrolle deaktiviert wird. BMW betont allerdings ausdrücklich, dass letzterer Fahrmodus nur ausgesprochen erfahrenen Piloten zu empfehlen ist.

Mit der Leistungssteigerung gehen eine umfangreiche Überarbeitung des Fahrwerks sowie eine Diät einher. Motorraum und Spritzwand werden durch Zusatzstreben versteift und das M-Fahrwerk mit elektronischen Stoßdämpfern erfährt eine grundlegende Revision. Bei der Bremsanlage kann das Pedalgefühl nun für die Komfort- oder Sporteinstellung konfiguriert werden. Um den Massenschwerpunkt weiter nach unten zu verlagern, erhält das Coupé außerdem ein karbonfaserverstärktes Kunststoffdach. Auch beim Cabriolet wird nicht an Komfort gespart. Teil der Serienausstattung ist unter anderem ein in 15 Sekunden versenkbares, elektrisches Verdeck.

Die Konfiguration der Antriebs- und Fahrwerkssysteme über Setup-Taste ermöglicht auch die Auswahl von Bremssystem-Kennlinien; der neue M-Mode unterstützt konzentriertes Fahren auf der Straße und auf der Rennstrecke.

Zum Frühjahr 2022 schärft die BMW M GmbH das Profil ihrer Hochleistungs-Sportwagen im Luxussegment: Das Achtstufen-Automatikgetriebe des M8 Competition ist an einen V8-Doppelturbomotor mit 4,4 Litern Hubraum und 625 PS angeflanscht. Das gilt natürlich auch für das viertürige M8 Competition Gran Coupé (unten) und die Cabrio-Version.

Neben seinem aggressiven Design, durch die ausladende, markant profilierte Frontschürze, groß dimensionierte Räder und den Heckspoiler sticht der M8 durch sein exklusives Interieur und die reichhaltige Komfort- und Sicherheits-Ausstattung hervor, die unter anderem ein Head-Up-Display, Drive und Park Assists, das Infotainmentsystem mit einer bei BMW noch nie dagewesenen Funktionsvielfalt, den BMW Display Key und die über die M-Taste am Lenkrad einstellbaren Fahrzeugkomponenten umfasst.

Das M8 Competition Gran Coupé – die dritte Karosserievariante – feiert Anfang November 2019 in Los Angeles Premiere. Als familientauglicher Ableger der 8er-Baureihe hebt sich das Gran Coupé durch eine Viertürer-Karosserie ab, deren Radstand gegenüber dem Coupé um 200 Millimeter verlängert wurde, womit die Gesamtlänge fast 5,10 Meter erreicht. Weitere Besonderheiten des Gran Coupé sind eine steiler angestellte Windschutzscheibe und eine Neugestaltung von Seitenflanken und Heckpartie.

Im März 2022 bringt BMW die drei M8-Varianten mit einem detaillierten Update zu den Kunden. Die Technik bleibt, dafür sind acht neue Außenfarben zu haben. Erstmals ist für die Leuchten eine Shadow Line zu haben, welche die Scheinwerfer optisch abdunkelt. Mehr Alcantara im Innenraum und das größere Control Touch kommen ebenfalls hinzu. Zum 50. Jubiläum ist sogar das klassische Motorsport-Logo für Motorhaube, Heckklappe und Radnabenabdeckungen zu haben. Sie ersetzen das herkömmliche BMW-Emblem. Vermutlich 2023 kommt dazu noch eine Sonderedition des 850i Gran Coupé mit dem sperrigen Namen THE 8 X JEFF KOONS auf den Markt. Wie die Bezeichnung verspricht, arbeitet hier der „King of Kitsch" mit, der US-Künstler Jeff Koons. Er gestaltete schon 2010 das M3 GT2 Art Car für die 24 Stunden von Le Mans. Der künstlerisch veredelte 8er ist auf 99 Exemplare limitiert.

COMEBACK NACH MEHR ALS 40 JAHREN: DAS LEGENDÄRE BMW JUNIOR TEAM IST WIEDER AM START

Anfang 2020 übernimmt Jochen Neerpasch wieder ein Ruder bei BMW. Die Bayern haben ihn – neben anderen Mentoren wie Dirk Adorf, Philipp Eng und Jens Marquard - für das neue Nachwuchs-Förderprogramm gewonnen, das nach dem gleichen Prinzip wie das 1977 von Neerpasch selbst für das Junior Team initiierte Programm organisiert ist. Zum Team zählen die drei Nachwuchsfahrer Dan Harper (England), Max Hesse (Deutschland) und Neil Verhagen (USA). Ein grundlegend neuer Bestandteil des Trainingsprogramms ist, dass neben der Entwicklung der körperlichen Fitness auch die mentale Stärke in den Mittelpunkt rückt. Damit sollen die Fahrertalente gezielt individuell gefördert und zu reifen, teamfähigen Persönlichkeiten weiterentwickelt werden. Die drei Mitglieder des Junior Teams beziehen nahe dem Nürburgring ihr Quartier, wo die weitere Intensivierung ihres Trainingsprogramms mit dem M2 CS Racing, M4 GT4 und M6 GT3 ansteht.

Das Rennprogramm besteht in den ersten beiden Jahren aus der Nürburgring Langstrecken-Serie (NLS) sowie dem 24-Stunden-Rennen auf dem Nürburgring. Ab 2022 sollen dazu auch internationale Einsätze folgen. Und die Junioren bewähren sich: Auf Anhieb gelingt ihnen in der Premierensaison der Klassensieg bei den 24 Stunden auf dem Nürburgring mit dem M4 GT4, im Jahr darauf zeigen sie nach zwei NLS-Gesamtsiegen im M6 GT3 eine starke Leistung beim 24-h-Klassiker in der Eifel. Der erhoffte Gesamtsieg beim dritten Anlauf im Jubiläumsjahr 2022 erfüllt sich jedoch nicht: Kurz vor 6 Uhr morgens das endgültige Aus nach Unfall.

Anfang 2020 geht Jochen Neerpasch mit demselben Elan, mit dem er bereits 1977 die Nachwuchsklasse ins Leben gerufen hat, an seine Aufgaben bei der Neuauflage des Junior Teams.

Kein Jubiläumserfolg beim 24h-Rennen 2022: Trotz furioser Aufholjagd in der Nacht scheidet das Junior Team mit der Startnummer 72 gut 10 Stunden vor Rennende nach einem Unfall auf der Nordschleife im Streckenabschnitt Klostertal (Mutkurve) aus.

Im Zubehörprogramm der M-Kollektion finden die Kunden im Laufe der Jahre immer neue Möglichkeiten, um sich und ihrem Fahrzeug eine persönliche Note zu verleihen.

DIE WEITEREN AKTIVITÄTEN DER M-SPARTE

Die unternehmerische und finanzielle Eigenständigkeit, aus der sich die Daseinsberechtigung von BMW Motorsport ergibt, findet seit jeher auch in der operativen Geschäftspolitik und in der Unternehmenskultur ihren Niederschlag. Neben der Entwicklung von Motoren für den Rennsport sowie von Renn- und Serienmodellen hat Jochen Neerpasch bereits weitere Tätigkeitsbereiche anvisiert, in denen sich das Know-how und die Erfahrung von BMW Motorsport bezahlt machen können. Beim Rennfahrzeugbau und in der Entwicklung der M-Modellpalette sammelt BMW Motorsport umfangreiche Erfahrungen in der Fahrzeugaerodynamik. Was liegt da näher, als auch die BMW-Kunden an diesen Erfahrungen teilhaben zu lassen?

PERFORMANCE PARTS: M FÜR JEDERMANN

In regelmäßig aktualisierten Zubehörkatalogen finden motorsportaffine Kunden nun M-Nachrüstsätze für die aerodynamische Optimierung ihres BMW, unter anderem sportlichere Frontschürzen, Seitenverkleidungen, Heckspoiler sowie M-Spezialfelgen, die die Dynamik und den sportlichen Charakter der einzelnen Modelle noch besser zur Geltung bringen sollen. Daneben gibt es natürlich auch M-Dekorstreifen und Sportzubehör für das Interieur, unter anderem M-Lenkräder sowie Pedale, Schalthebel und Fußmatten im Motorsport-Styling. Im Jahr 2002 liefert BMW 55.000 Karosseriekits für die 3er- und 5er-Baureihen aus, was einer Steigerung um 80 Prozent entspricht.

Im Laufe der Jahre gewinnt das M-Zubehörprogramm immer mehr an Vielfalt. Heute bietet BMW Motorsport ein umfassendes Programm an M-Produkten für die individuelle Aufwertung fast jedes BMW an. Die Entwicklungs- und Produktpalette reicht von aerodynamischen Zusatzelementen über Karosseriedekors in den M-Farben bis zu M-Bremsanlagen, verchromten Endrohren und Innenausstattungselementen aus Karbon.

Am Beispiel von M3 und M4 wird das Potenzial deutlich: Zahlreiche Komponenten sollen den sportlichen Charakter der Autos schärfen, gekonnt individualisieren und die fahrdynamischen Qualitäten steigern. Ein M Performance-Schalldämpfersystem soll die Motorleistung erhöhen. Es ist rund fünf Kilo leichter als die Serienanlage. Natürlich bietet es dank Klappenanlage auch einen noch klangvolleren Sound, der je nach gewähltem Fahrmodus variiert. Dazu bietet sich das Gewindefahrwerk an, welches eine stufenlose Reduzierung der Bodenfreiheit zwischen fünf und 20 Millimetern erlaubt. Die Sportbremsbeläge sollen den Bremsweg verkürzen, besser ansprechen und thermisch höher belastbar sein. Für die Optik gibt es selbstverständlich viele Karbonanbauteile, und wer es mag kann auf die M Performance-Folierung zurückgreifen. Selbstverständlich sind Sommer-Kompletträder ebenso im Angebot wie schneekettenfähige Radsätze. Es gibt sogar Dia-Sets für LED-Türprojektionen.

Das Interieur ist mit Karbon und Alcantara zu individualisieren. Und vom Einstieg über die Fußmatten bis zum Lenkrad ist die Auswahl mehr als vielfältig. Selbst ein Indoor Car Cover kann man von M Performance Parts bekommen.

Die riesigen BMW-Nieren beim M3 und M4 polarisieren – die Performance nicht: Mit bis zu 510 PS ist die siebente Generation bestens gerüstet. Sogar Allradantrieb ist zu haben.

M3 UND M4 DURCHBRECHEN DIE SCHALLMAUER VON 500 PS

An den M3 und M4 der siebten Generation (G80/2/3), die auf den jüngsten 3er- und 4er-Modellen basieren und im März 2021 auf den Markt kommen, finden sich natürlich die vom 4er-Coupé bekannten Merkmale wieder. Manche glauben in den neuen Designelementen sogar Anleihen bei der Vorkriegstradition ausmachen zu können, beispielsweise bei der wieder deutlicher zu erkennenden Doppelnierenform im Kühlergrill. Der Platz unter der Motorhaube wird durch den überarbeiteten 3-Liter-Reihensechszylinder mit Doppelturbolader ausgefüllt, der es auf 480 PS beziehungsweise in der Competition-Version mit Achtstufen-Automatikgetriebe auf 510 PS bringt. Die Hochdrehzahlmotoren leisten bis zu 650 Nm, unter anderem durch eine optimierte Direkteinspritzung. Kühl- und Ölversorgung sind selbstverständlich für den Rennstreckeneinsatz optimiert. Und damit sich auch die Ohren freuen, gibt es eine modellspezifische Abgasanlage mit elektrisch gesteuerten Klappen. Die Höchstgeschwindigkeit wird bei 250 km/h abgeregelt. Mit optionalem M Drivers Package sind 290 km/h möglich.

Die Abstimmung der beiden Karosserieversionen erfolgt parallel zum Testprogramm des neuen Rennfahrzeugs BMW M4 GT3. Beide sind auf Wunsch mit einer Sechsgang-Handschaltung zu haben. In der Basis steckt ein Achtgang-Steptronic-Getriebe unter dem sportlichen Kleid. Ein paar Monate später sind M3 und M4 in Competition-Form auch mit Allradantrieb zu haben. Damit gelingt der Sprint von 0 auf 100 km/h in beeindruckenden 3,5 Sekunden.

M EC 1082

M EC 1082

EIN FAHRWERK VOM FEINSTEN

Um so viel Kraft sicher auf den Boden zu bringen, ist ein aufwendiges Fahrwerk notwendig. BMW löst dieses Problem mit dem adaptiven M-Fahrwerk samt elektronisch geregelten Stoßdämpfern und optimierten Achsen. Dazu spendieren die Bayern M3 und M4 serienmäßig eine M Servotronic-Lenkung mit variabler Übersetzung. Das Bremssystem kommt mit zwei Kennlinien für das Pedalgefühl und das Ansprechverhalten daher. Aufgewertet ist auch die dynamische Stabilitätskontrolle (DSC) einschließlich M Dynamic Mode. Erstmals ist darin die Begrenzung des Schlupfs integriert. Die M Traction-Control ist nun in zehn Stufen einstellbar. Die Compound-Bremsen reichen durchaus für die Gegebenheiten. Optional sind aber auch standfestere Karbon-Keramik-Bremsen zu haben. Sie sitzen hinter geschmiedeten Leichtmetallrädern (18 Zoll vorn, 19 Zoll hinten, je ein Zoll größer bei den Competition-Modellen mit Allradantrieb). Für die notwendige Karosserie-Steifigkeit sorgen spezielle Streben im Motorraum, ein Vorderachsträger mit Aluminium-Korsett, Unterflurverstrebungen und ein Hinterachsträger, der starr mit der Karosserie verbunden ist.

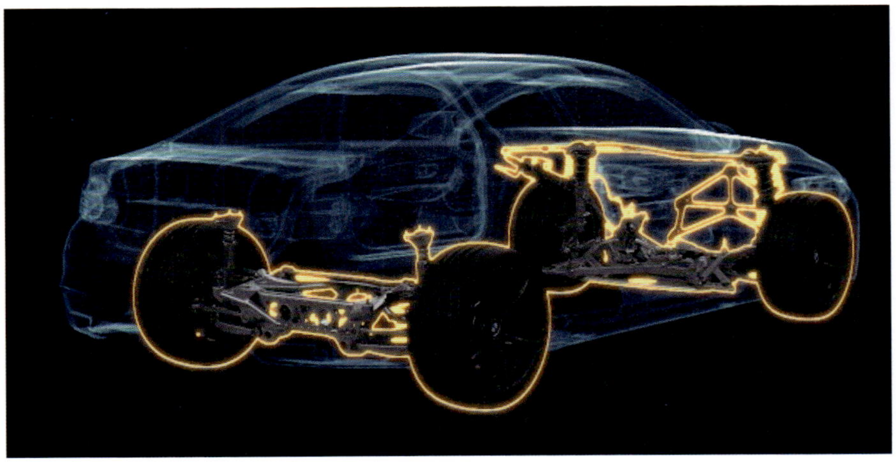

INTERIEUR FÜR REISE UND RENNSTRECKE

Auch der Innenraum wird stark modernisiert. Das Cockpit mit seinen spezifischen Anzeigen und Schaltern wird optimiert, die Sportsitze sind neu entwickelt. Leder in Merino Feinnarbe ist serienmäßig. Wer seinen Rücken nicht nur wärmen, sondern auch belüften will, muss hingegen Aufpreis zahlen. Für die ganz Harten sind natürlich auch Schalensitze aus Karbon erhältlich. Das M Race Track Package reduziert gegen Aufpreis das Fahrzeuggewicht um 25 Kilo, weil neben den leichten Sitzen auch noch Karbon-Keramik-Bremsen und noch leichtere Räder hinzu kommen.

Eine Setup-Taste ermöglicht den direkten Zugriff auf alle Einstellungen für Motor, Fahrwerk, Lenkung, Bremsen und – falls vorhanden – Allradantrieb, Schaltassistent und Traktionskontrolle. Eine M Mode-Taste ermöglicht es dem Piloten, nach Gusto die Fahrerassistenzsysteme sowie die Anzeigen und das optionale Head-Up-Display zu konfigurieren. Mit Road und Sport sind zwei Einstellungen wählbar. Der Track-Modus ist nur in Verbindung mit M Drive Professional zu haben. Das System beinhaltet den M Drift Analyser, den M Laptimer und die M Traction Control für maximalen Spaß auf der Rennstrecke. Für die Fahrt auf öffentlichen Straßen sind M3 und M4 gespickt mit üblichen Fahrassistenzsystemen wie Frontkollisions- und Spurwarnung sowie Rückfahrhilfe. Optional gibt es den Driving Assistant Professional mit zusätzlicher Lenk- und Spurführung.

M NEXT, DER SPORTWAGEN VON MORGEN

Auch im Sportwagensektor gehört dem Elektroantrieb die Zukunft. Auf der IAA 2019 präsentiert BMW eine auf Basis des Plug-In-Hybrids i8 entwickelte Studie unter dem Titel M Next, die einen Vorgeschmack auf betont umweltverträgliche Sportwagen von morgen gibt. Der M Next verspricht dank seiner 600 PS, die er aus einem mit Elektromotoren kombinierten Vierzylinder schöpft, nicht nur phänomenale Fahrleistungen, sondern auch eine brauchbare Reichweite im reinen Elektrobetrieb. Der Sprint soll in drei Sekunden gelingen. Wer will, kann das Concept Car auf reinen Hinterradantrieb schalten. 300 km/h soll der Wagen rennen. Rein elektrisch sind etwa 100 Kilometer Reichweite drin.

Optisch zitiert der M Next den Prototypen Turbo X1 von 1972, aus dem der M1 hervorgegangen ist. Aber auch der Basis-i8 ist noch präsent, zum Beispiel bei den Flügeltüren. Das Thrilling Orange an Front und Heck erinnert an die bunte Turbo-Studie von Paul Bracq. Ganz im Sinne der momentanen BMW-Entwicklung wachsen die Nieren erneut. Hier sind sie ausgesprochen breit, dafür aber recht niedrig. Weil der Verbrenner im Heck sitzt, kann die Niere verglast werden. Die Scheinwerfer sind dank der Laser Wire-Technik samt mit Phosphor beschichteter Glasfasern extrem schmal. Am Heck fällt das Leuchtband in Form des M1-Hecks auf, aber auch der große Karbon-Diffusor. Die Studie besteht fast komplett aus Karbon-Rezyclat, also recycelter Kohlefaser. Sie steht auf dreidimensional designten Felgen der Größe 21 Zoll vorne und 22 Zoll hinten.

Das Interieur gibt sich komplett puristisch. Sitze? Fehlanzeige! Man lässt sich stattdessen auf gewölbten Sitzflächen nieder, die sich dem Körper anpassen. Schalter und Knöpfe? Ebenfalls Fehlanzeige! Sprachsteuerung ist Trumpf. Immerhin fallen Kaffeebecher oder Coladosen im Getränkehalter selbst bei Vollgas auf der Nordschleife nicht aus ihren Halterungen, sind diese doch gyroskopisch aufgehängt und völlig sicher. Spiegel sind out. Kameras übernehmen deren Funktion. Ob der M Next die Blaupause für ein neues BMW Supercar ist, steht allerdings noch in den Sternen.

Das 2019 vorgestellte Concept Car M Next lässt erahnen, wie der vollelektrische Sportwagen von morgen aussehen könnte.

Pünktlich zum Sommer 2021 bringt BMW das M4 Cabriolet auf den Markt – mit Flächenspriegelverdeck, das sich in 18 Sekunden öffnet oder schließt.

FRISCHLUFT UND ALLRADANTRIEB FÜR DEN M4

Noch vor Jahresmitte 2021 bietet BMW eine weitere Karosserieform an: Das M4 Competition xDrive Cabrio – gnadenlos offen und mit Allradsystem ausgerüstet. Das Flächenspriegelverdeck soll die funktionalen Vorteile eines versenkbaren Hardtops mit der Ästhetik eines Textildaches verbinden. Das neue Dach ist 40 Kilo leichter im Vergleich zum Vorgänger, der Kofferraum um 80 Liter größer. Öffnen und Schließen dauert je 18 Sekunden und ist auch während der Fahrt möglich.

Grundsätzlich ist das Allradsystem hinterradbetont ausgelegt. Der Fahrer kann aber zudem noch zwischen 4WD, 4WD Sport und 2WD für den reinen Hinterradantrieb samt deaktivierter Fahrstabilitätsregelung fürs vergnügliche Driften wählen. In Sachen Ausstattung orientiert sich das Cabrio am M4.

REKORDJAHR 2021

Man könnte behaupten, die M GmbH wäre ein Goldesel – nur schneller. Denn auch 2021 zeigt sich die M GmbH zum dritten Mal in Folge als weltweiter Marktführer im Segment der Performance- und High-Performance-Fahrzeuge. Was mit einem Rekordabsatz einher geht. Weltweit hat der kraftvollste Buchstabe im automobilen Alphabet genau 163.542 Autos an Kunden ausgeliefert, was eine Steigerung um 13 Prozent zum Vorjahr bedeutet. Da hat auch die öffentliche Diskussion um Power und Tempo keine Chance. Kraft ist und bleibt Trumpf. Für den BMW M-Chef Franciscus van Meel, der das Ruder am 1. November 2021 übernimmt, ist das der perfekte Einstieg ins Jubiläumsjahr 2022.

Bestseller sind M3, M4 und M4 Cabriolet, aber auch X5 M Competition und X6 M Competition tragen kräftig zum positiven Ergebnis bei. Bei den Performance-Modellen tut sich das M440i Coupé und dessen Allradvariante hervor, sowohl mit Benzin- als auch mit Dieselmotor.

Francisscus van Meel begann 2015 seine BMW-Karriere als Geschäftsführer der M GmbH bei BMW, war ab 2018 verantwortlich für die Entwicklung Gesamtfahrzeug BMW AG, leitete ab 2019 die Produktlinie Luxusklasse BMW und ist seit Ende 2021 wieder Vorsitzender der Geschäftsführung der M GmbH.

>> EINE SEHR STARKE MARKE<<

Herr van Meel, wie viele Punkte haben Sie in Flensburg?
Franciscus van Meel: Null.

Wie machen Sie das? Sie fahren täglich die schönsten und stärksten Autos ...
Van Meel: Es ist wie im Motorsport: Man muss einen guten Blick für seine Umgebung haben.

Hatten Sie noch nie einen Eintrag beim Kraftfahrtbundesamt?
Van Meel: Doch. Ist aber lange her, ich war Student – ich habe eine rote Ampel erwischt. Da haben die Bremsen meines Alfasud versagt, ausgerechnet auf dem Weg zur Werkstatt.

Sitzen Sie heute viel selbst am Steuer?
Van Meel: Ja, pro Jahr absolviere ich wohl etwa 25.000 bis 30.000 Kilometer als Fahrer. Im Fond befinde ich mich eher selten.

Pilotieren Sie immer M-Fahrzeuge?

Van Meel: Nein. Privat haben wir zum Beispiel einen VW Bus, wegen unserer vielen Kinder. Es sind sechs, zwei davon sind schon außer Haus, aber eines davon wohnt noch in unserer Nähe – also sind oft fünf Kinder im Auto. Momentan fahre ich viel BMW iX, und in der nächsten Generation Siebener-BMW saß ich auch gerne hinten – die Entwicklung des Wagens fiel ja auch in meinen Aufgabenbereich, bevor ich zum zweiten Mal M-Chef wurde. Ich fahre aber auch Fremdfabrikate – ich erlebe eben auch gerne die Konkurrenz.

Der M GmbH geht es zu ihrem 50. Jubiläum ausgezeichnet. Wie kommt's?

Van Meel: M ist nicht nur der stärkste Buchstabe der Welt, sondern auch eine sehr starke Marke. M hat 50 Jahre Markengeschichte hinter sich, hat aber auch fulminant angefangen mit Motorsport, M1 und Procar. Der Kunde muss heute nicht mehr entscheiden, ob er eine Serienlimousine oder einen Sportwagen kaufen will – bei uns bekommt er beides in einem Auto. Das M3- und M5-Konzept wurde dann ja auch sehr oft kopiert, aber ist heute vom Gesamtpaket immer noch ziemlich einmalig. Außerdem ist M sich seit 1972 absolut treu geblieben: Motorsport und M gehörten immer zusammen, weshalb die M Fahrzeuge über die Motorsportgene „Agilität", „Präzision" und „Dynamik" verfügen. Nur mit so einer Historie und absoluter Kontinuität schafft man es, eine starke Marke wie M aufzubauen und auf hohem Niveau zu halten.

Spielt die Einführung von M Performance-Fahrzeuge dabei auch eine Rolle?

Van Meel: Allerdings. Gerade in den letzten Jahren sind wir deshalb stark gewachsen. Wir hatten festgestellt, dass zwischen dem stärksten Serienfahrzeug und einem M noch viel Luft war – sowohl beim Preis als auch bei der Performance. Es gibt eine Menge Kunden, die wollen eben ein bisschen mehr in Sachen Leistung und Fahrdynamik, als es das Serienauto mitbringt, aber nicht so extrem in Richtung Motorsport gehen, wie es die puren M-Fahrzeuge verkörpern.

Was gehört noch zum Erfolg?

Van Meel: Wir haben das Händlernetz mit M zertifizierten Händlern und geschulten Verkäufern deutlich ausgebaut, die selbst ein bisschen Freaks sind und das M inhaliert haben. Ganz wichtig ist aber auch die noch immer wachsende Fan-Community – in dieser Form hat die keine andere Marke. Weltweit organisiert sie sich teilweise sogar alleine in lokalen Gruppen, veranstaltet regionale M-Festivals wie zum Beispiel in Südafrika, Japan, China und den USA. Da kommen teilweise mehr als 100.000 Menschen und feiern ihr Hobby und diese coolen Autos.

Welche M-Modelle sind zurzeit käuflich?

Van Meel: In Sachen High Performance sind wir da sehr strikt – man kann nicht aus jedem BMW ein High-Performance-Fahrzeug machen. Das macht auch keinen Sinn. Also haben wir zurzeit M2, M3, M4, M5, M8, dazu X3 M, X4 M, X5 M, X6 M und demnächst den XM. Bei den M Performance-Modellen haben wir ein breiteres Portfolio, da sind die Bedürfnisse auch anders.

Welches ist der Bestseller?

Van Meel: Klar der M3. Shooting Star ist momentan der i4 M50, unser erstes rein elektrisches BMW M Performance Modell. Es scheint viele Neukunden zu geben, die haben auf genau dieses Auto gewartet.

Was ist der M-Fahrer für ein Mensch?

Van Meel: Er hat grundsätzlich eine positive Lebenseinstellung, er lebt Leidenschaft fürs Automobil, manche möchten etwas Exklusives besitzen und sich selber damit belohnen. Andere wollen etwas Extremes besitzen, was sie sich gerade noch leisten können. Aber letztlich haben wir zu viele Fans, um eine Stereotype beschreiben zu können.

Wie alt sind die M-Kunden?

Van Meel: Von 18 bis 90 Jahre und älter. Ich möchte keine Namen nennen, aber wir haben zum Beispiel Ex-Rennfahrer, die mehr als 90 Jahre alt sind und wahnsinnigen Spaß mit ihren M8 haben. In China sind unsere Kunden im Schnitt am jüngsten – zwischen 25 und 35. In anderen Regionen liegt der Schnitt eher zwischen 50 und 60, in Deutschland sind es etwa 52 Jahre.

Künftig wird auch die M GmbH nicht drumherum kommen, nur noch vollelektrische Autos anzubieten. Glauben Sie, Sie können Ihre Kunden trotzdem behalten? Seit rund 50 Jahren überzeugen M Fahrzeuge ja gerade durch ihre Verbrennermotoren, durch Sound, durch Vibration.

Van Meel: Wir haben bereits vor einigen Jahren unsere Kunden gefragt, was sie davon halten würden, wenn wir rein elektrische Autos bauen würden. Von fast allen kam die Antwort: „Ist mir doch egal, was für einen Antrieb ihr einbaut – Hauptsache, er fährt wie ein M." Klar gibt es V8-Freunde, die vielleicht weg sind, wenn es sowas bei uns nicht mehr zu kaufen gibt. Aber die meisten wissen, dass wir uns treu bleiben. Ein gutes Beispiel ist der M3. Der hat angefangen mit einem Vierzylinder, dann gab es einen Sechszylinder-Sauger, dann kam ein Hochdrehzahl-V8-Sauger, also jeweils mehr Kraft, aber auch mehr Gewicht. Dann kam der Turbo, natürlich mit Riesenentrüstung draußen, weil angeblich kein Sound mehr da war – aber letztlich haben wir vom M3 und M4 damit mehr verkauft als jemals zuvor. Jetzt kommt auch noch Allradantrieb obendrauf – und schon bei der Ankündigung hörten wir von Kritikern, das Auto könne ja nur noch geradeaus fahren und nicht mehr um die Ecken wieseln. Wir haben entgegnet: Der M xDrive wird ein Heckantrieb mit mehr Traktion, und so kam es auch. Trotz unterschiedlicher Konzepte hat der M3 die Kunden also jedes Mal überzeugt. So wird es auch beim Elektroantrieb sein. Wir sind da unser eigener größter Feind, denn ein rein elektrischer M3 muss ja besser werden als der gerade auf den Markt gekommene Wagen. Das wird für uns eine harte Nuss.

Wie wollen Sie für Sound im E-Auto sorgen?

Van Meel: Sound ist auch künftig ein Teil des Emotionalisierungspaketes. Beim E-Auto sitzen die Emotionen allerdings zuerst im Fahrpedal – Stichwort „Throttle response", also die Spontanität des Antriebes auf den Befehl vom Fuss. Beim E-Antrieb ist das der Wahnsinn, perfekt für eine ultimative Drift-Machine. Tatsächlich ist Sound bei Verbrennermotoren ein wichtiger Faktor, der in den vergangenen Jahren allerdings immer weiter zurückgedrängt wurde durch Geräuschemissionsgesetzgebung und andere Regularien. Also auch ohne Elektrifizierung wäre ein zu sportlicher Sound von der sozialen Akzeptanz nicht mehr vertretbar gewesen.

Das heißt: Im E-Auto künstlicher Sound, der eher nach innen abstrahlt?

Van Meel: Richtig. Das ist wirklich ein Thema. Denn besonders, wenn ich sportlich oder sogar Rennstrecke fahre, erwarte ich Feedback über Akustik und Drehzahl, was ein E-Auto ohne Hilfe nicht bieten kann. Da weiß ich nie, wie schnell ich bin – es gibt ja kaum Zeit, mal auf den Tacho zu schauen. Was tun? Für die akustische Rückmeldung müssen wir also eine Lösung finden.

Wie sieht die aus? Motorsound? Space-Musik? Vielleicht sogar Sprache?

Van Meel: Kann ich noch nicht sagen. Bekannt aber ist, dass wir mit dem berühmten Filmmusikkomponisten Hans Zimmer zusammenarbeiten, der immer coole Ideen hat, was man machen könnte. Er lässt sich erklären, was für ein Gefühl man haben oder erzeugen möchte, und dann setzt er es um.

Momentan werden nicht nur Ihre Performance-Fahrzeuge mit fast jedem Update stets stärker. Gibt es nach Ihrer Meinung eine Grenze von Kraft? Sind immer mehr PS sinnvoll?

Van Meel: Ich habe mich bei einer Antwort auf die gleiche Frage schon einmal vertan. Da habe ich nicht geglaubt, dass man noch mehr PS braucht – und das ist eine Weile her. Es gibt aber den Wettbewerbsdruck, wo bestimmte „Magic Numbers" erreicht werden müssen, und auch wir können uns dem nicht ganz entziehen. Das Wichtigste aber ist das Gesamtfahrzeugkonzept, und das muss optimal sein. Aber wenn noch mehr Leistung zu noch mehr Gewicht führt, werde ich ja langsamer statt schneller. Das macht keinen Sinn. Bei E-Autos kommt jetzt noch zum Beispiel das Thema Hochvoltspeicher hinzu – es sind spannende Zeiten ...

E-Autos benötigen kein Getriebe, erst recht kein handgeschaltetes. Werden die M-Fans so etwas vermissen?

Van Meel: Ich denke ja. Zurzeit leben Handschalter bei uns aber noch, und denen geht es ausgezeichnet. Wir haben dieses emotionale Feature unter anderem im M3 und M4, weil die Kunden es haben wollen – besonders die in den USA. Jeder zweite M2-Kunde dort zum Beispiel nimmt ihn mit Handschalter. Es gilt als Auszeichnung, wenn man gut mit Handschalter fahren kann. Wir bieten diese Option also erst dann nicht mehr an, wenn es nur noch E-Autos gibt oder uns Assistenzsysteme zur Aufgabe dieser Getriebeart zwingen, Stichwort „Autonomes Fahren".

Ab wann ist die M GmbH im Designprozess eines neuen Modells involviert?

Van Meel: Wenn neue Fahrzeuge in Planung sind und wir wissen, das soll auch ein M werden, begleiten unsere Designer das Projekt gleich mit. Natürlich etwas zeitversetzt, weil der Grundkörper erstmal existieren muss. Was nichts ausmacht, denn unsere Designer sind langjährige M-Profis, die auch für die Optik der Rennsportfahrzeuge sorgen.

Ihr jüngstes und gleichzeitig das erst zweite komplett von M entwickelte Fahrzeug, der XM, hat viel Kritik einstecken müssen, vor allem wegen des „aggressiven" Designs. Wie reagieren Sie darauf?

Van Meel: Erstens: Die Kritik kam nur aus Deutschland, die anderen Märkte waren total begeistert. Der Heimatmarkt ist auch nicht unser Ziel mit diesem Produkt, sondern die USA. Ich würde das Design nicht „aggressiv" nennen, sondern „expressiv". Wir wollen mit dem Auto etwas schaffen, was es noch nie so gegeben hat. Wofür es aber eine deutliche Nachfrage gibt, die in Richtung Mercedes G-Klasse und Lamborghini Urus zielt. Das Ganze aber elektrifiziert mit bis zu 80 Kilometern elektrischer Reichweite. Kurz: ein Plug-In-Hybrid mit starkem E-Anteil. Und es wird kein Verzichtselektroantrieb unter der Karosserie stecken, verspreche ich.

Wie groß ist das Thema Individualisierung?
Van Meel: Der Kunde kann so ziemlich alles bekommen – nur keine Karosserieänderungen. Am häufigsten werden Individualfarben nachgefragt, wenn jemand das Auto passend zur Krawatte, zur Yacht, zum Nagellack oder zur Handtasche haben will. Innen geht's um Leder, Nähte und Prägungen. Jemand bestellte einmal einen Dach-Sternenhimmel und Türblätter mit Diamanten. Das war kein Problem – die Auslieferung dagegen schon: Das Interieur war weit mehr wert als das Auto, deshalb musste es extra versendet werden und konnte aus Sicherheitsgründen erst am Zielort komplettiert werden.

Welchen Stellenwert hat M Town?
Van Meel: M Town ist die Versinnbildlichung der M Community weltweit. Da kann man sich global treffen, sich verabreden, seine Autobilder posten. Das ist lustig und cool, ersetzt aber nicht die wirkliche Welt.

Was sind die meistverkauften M Parts?
Van Meel: Zu den beliebtesten gehören die Räder, auch Lenkräder werden gern genommen. Und viele Anbauteile: Spoiler, Flaps, Schweller, Carbonteile bis runter zum Tankdeckel aus Kohlefaser. Den sieht ja eigentlich niemand, weil er sich unter der Klappe befindet ...

Am Motorsport wird auch in Zukunft nicht gerüttelt?
Van Meel: Solange es Motorsport und M gibt, werden wir Motorsport betreiben. Motorsport ist unsere Grund-DNA.

In Sachen Bike engagiert sich BMW nur bei der Superbike-WM, nicht aber in der MotoGP. Warum?
Van Meel: Die Superbikes ähneln eher Serienmotorrädern, in der MotoGP fahren eher Prototypen. BMW Motorrad hat beschlossen, nahe bei der Serie zu bleiben. Das ist wie bei unseren Autos, zum Beispiel dem M4 GT3 mit seinem direkten Bezug zum Basisfahrzeug. Da können wir auch Teile nutzen, die im Basisauto verfügbar sind – wie zum Beispiel den Motor. Die BMW M GmbH ist seit mehr als zehn Jahren stolzer Partner der Moto GP. Nicht nur die Rennfahrer, sondern auch die Zuschauer sind unheimlich große BMW M Fans. Dort zeigen wir unsere aktuellen Fahrzeuge und vergeben traditionell ein Auto an den besten Qualifikanten der MotoGP Saison.

Wo sehen Sie die M GmbH in den nächsten zehn, 25 und 50 Jahren?
Van Meel: Ich fange beim einfachsten an: In 50 Jahren steht M immer noch für Motorsport, ebenso wie die Fahrzeuge, die auch dann noch für das typische M-Smile im Gesicht sorgen, wenn man aussteigt. Ich habe aber keinen blassen Schimmer, was wir dann alles in den Autos zum Beispiel als Antrieb verbaut haben – Wasserstoff? Brennstoffzelle? Flux-Kompensator? Keine Ahnung. Zu 25 Jahren habe ich keine Idee, aber in zehn Jahren werden höchstwahrscheinlich alle M Fahrzeuge elektrisch fahren. Sie werden typisch M sein, und es wird eine ähnliche Anzahl an Modellen geben wie jetzt. Die Emotionalität im Automobil bleibt bestehen, die Magie des Buchstabens M und Freude am Fahren wird noch eher zunehmen.

Trotz der schwierigen Zeiten, die das Automobil zurzeit erlebt?
Van Meel: Nicht trotz, sondern wegen.

CS steht für „Competition Sport", die mitgelieferten 635 PS für das bisherige M-Optimum für die Straße: Der M5 CS (F90) ist in jeder Hinsicht außergewöhnlich.

BISLANG DAS STÄRKSTE M-SERIENFAHRZEUG: DER M5 CS

Wer im Frühjahr 2021 den Bayern 180.400 Euro überweist, erhält dafür das stärkste M-Fahrzeug aller Zeiten - den 635 PS starken M5 CS. Das limitierte Spitzenmodell gehört zur CS-Serie, die sich noch sportlicher gibt als die üblichen M-Modelle. CS bedeutet dabei nicht etwa Club Sport, sondern Competition Sport. Die enorme Kraft liefert der 4,4-Liter-V8 aus dem M5 Competition, leistet aber hier zehn PS mehr. Zudem ist der CS satte 70 Kilo leichter als der Competition, dank noch konsequenterem Leichtbau. Für eine Top-Performance sorgt eine besondere Fahrwerksabstimmung und ein Allradantrieb mit intelligenter Steuerung des aktiven M-Differenzials. Das Competition-Fahrwerk als Basis haben die Ingenieure in Sachen Federung, Radaufhängung und Stabilisatoren steifer ausgelegt. Die Karosserie liegt sieben Millimeter tiefer. Die Stoßdämpfer stammen aus dem M8 Gran Coupé. Serienmäßig steht das Sondermodell auf Pirelli P Zero Corsa Track-Pneus der Größe 275/35 R20 vorn und 285/35 R20 hinten. Die Karbon-Keramik-Bremse ist serienmäßig an Bord. Mit einem Sprint von 3,0 Sekunden auf 100 km/h ist der CS 0,3 Sekunden schneller als der M5 Competition. 200 km/h sind in wahnsinnigen 10,3 Sekunden erreicht. CS-Fahrer kommen auf freien Autobahnen in den Genuss von 305 km/h. Danach wird abgeregelt, weil der muskulöse 5er noch mehr könnte.

Geschmackssache sind Details wie der Rahmen der BMW-Niere in Goldbronze – einer Farbe, die auch an anderen Stellen zutage tritt. Die 20-Zoll-Schmiederäder und das CS-Badge an der Niere sowie die Kiemen an den vorderen Kotflügeln und der Heckklappe sind ebenfalls in diesem Ton gestaltet. Andere Karosserieteile bestehen aus Sichtkarbon oder mit Karbon verstärktem Kunststoff. Die Motorhaube zum Beispiel ist komplett daraus gefertigt, ebenso der Frontsplitter an der vorderen Schürze, die Außenspiegelkappen, der Heckspoiler und der Heckdiffusor.

Innen glänzt der CS mit zwei mehrfach einstellbaren Karbonschalensitzen, hinten warten zwei Einzelsitze auf mutige Mitfahrer. Das Lenkrad ist ebenso wie der gesamte Dachhimmel mit Alcantara bezogen. Eine Rallye-typische Mittenmarkierung des Volants erleichtert sportliche Drifts. Die Schaltwippen sind ebenso aus Karbon gefertigt. Farblich spielt BMW mit Rot und Blau im Innenraum die Hausfarben aus.

Man kann Motorabdeckungen auch schön gestalten - wie diese hier über dem 4,4-Liter-V8 im M5 CS.

Größere Niere und kraftvollere Frontpartie: Die aufgefrischten M-Competition-Versionen des X3 und X4 übernehmen die Desgin-Elemente der Serienausführungen.

FRISCHZELLENKUR FÜR DIE KLEINEN X COMPETITION

Im August 2021 lässt die M GmbH den überarbeiteten X3 Competition und den X4 Competition auf die Straße. Der Reihensechszylinder-Biturbo bekommt mehr Durchzug dank einem Plus von 50 Nm (nunmehr 650 Nm) und einer geschmiedeten Leichtbau-Kurbelwelle. Das Sprintvermögen verbessert sich um 0,3 auf 3,8 Sekunden. Mit dem optionalen Drivers Package kann man die allradgetriebenen SUVs bis auf 285 km/h beschleunigen. Neu sind 21-Zoll-Schmiederäder mit Sternspeichen in Jetblack, die je Stück zwei Kilo leichter sind als die Vorgänger. Als Sonderausstattung ist nun das BMW-Laserlicht zu haben, das eine Reichweite von 650 Metern verspricht. Optisch zu erkennen sind die überarbeiteten Competition-Modelle unter anderem durch eine noch ausdrucksvollere Frontschürze und besonders betonte, seitliche Lufteinlässe. Beim X4 M Competition ist auch die Heckschürze mit breiter, abgesetzter Einlage in Form eines Amboss neu. Vier neue Farben stehen zur Verfügung, und erstmals kann man auch eine Lackierung von BMW Individual wählen. Innen kommt das digitale Instrumentendisplay M View aus den M8-Modellen zum Einsatz. In BMW X3 und X4 sind nun auch mehr Fahrassistenzsysteme zu haben. Erstmals kann man den Driving Assistant Professional und den Drive Recorder bekommen. Der optionale Parking Assistant kommt nun auch mit Rückfahrassistent.

Drehfreudig und mit Motorsport-Knowhow präsentiert sich der Reihensechszylinder-Motor.

M-typischer Innenraum mit neuen Akzenten und das BMW Live Cockpit Professional mit intelligenter Vernetzung

Zwei Jahre nach Einführung der ersten High Performance-Modelle der BMW M GmbH für das Sports Activity Vehicle BMW X3 (Bild) und das Sports Activity Coupé BMW X4 erhalten die M-Varianten des SAV und SAC im Sommer 2021 eine umfangreiche Auffrischung.

ZEITGEMÄSS VOLLELEKTRISCH

Das mit Macht nach vorn drängende, vollelektrische Zeitalter macht natürlich auch vor den M-Fahrzeugen nicht Halt. 2022 bringt BMW den ersten rein elektrischen M auf die Straße, den i4 M50. Er soll das Beste von BMW M und BMW i in sich vereinen. Das bedeutet: Zwei eDrive-Motoren entwickeln gemeinsam im Sport-Boost-Modus 544 PS und 795 Nm maximales Drehmoment. Das 2290 Kilo schwere Gran Coupé soll eine Reichweite von 416 bis 521 Kilometer bieten. Der Antrieb basiert auf der eDrive-Technologie der fünften Generation. Neben den zwei Hochleistungs-Elektromotoren gehört dazu ein Hochvoltspeicher, dazu die passende Leistungselektronik und Ladetechnik. Die Position der Batterie ist möglichst tief gewählt, was den Schwerpunkt verringert und eine Achslastverteilung von optimalen 50:50 ermöglicht. Das Laden für 100 Kilometer Reichweite soll an einer Wallbox in 1,36 Stunden funktionieren, an einer Hochleistungs-Ladestation in nur fünf Minuten. Das Laden an einer öffentlichen Ionity-High-Power-Charging-Station von zehn auf 80 Prozent soll 31 Minuten dauern. Wer das Auto an der heimischen Steckdose anschließt, benötigt allerdings über acht Stunden für 100 Kilometer Fahrt.

Für einen Preis ab 70.800 Euro gibt es neben Elektropower auch Allradantrieb, das adaptive M-Fahrwerk, eine variable Sportlenkung, die M-Sportbremse und das M-Aerodynamikpaket als Serienausstattung. Der Sprint von 0 auf 100 km/h soll in 3,9 Sekunden gelingen, begleitet von einem ausdrucksstarken Sound, der als BMW M IconicSounds Electric bezeichnet wird. Der Ton wird über die Lautsprecher an die Insassen weitergegeben. Die Intensität wird darüber hinaus vom Fahrerlebnisschalter beeinflusst.

Das bedeutet: Bei Sport klingt der Wagen kraftvoll-dynamisch, bei Comfort hört man nur leichte Töne unter Last, mit – wie man lesen kann – „ausgewogener Akustik". Im Modus Eco Pro wird kein Geräusch erzeugt. Innen dominieren das zum Fahrer geneigte Curved Display, eine schlanke Instrumententafel, M-Sportsitze vorn und ein Lederlenkrad.

Von Anfang an ein Bestseller: Der i4 M50 entpuppt sich schnell als genau das richtige Fahrzeug zur richtigen Zeit – mit bis zu 544 PS und gut 500 Kilometer Reichweite.

619 PS, 1100 Nm maximales Drehmoment und ein Sprint in 3,8 Sekunden: Die M GmbH ist nicht bekannt für ihre technische Bescheidenheit - wie beim iX M60. Das Power-SAV kostet gut 130.000 Euro.

ERSTES SAV MIT ELEKTROKRAFT

Klar, dass BMW auch die erfolgreichen SAV (Sports Activity Vehicle) mit vollelektrischem Antrieb anbieten will. Erster Streich ist der iX M60, der im Sommer 2022 startet. Wie beim kleineren i4 M50 stecken unter der Karosserie zwei BMW M eDrive-Elektromotoren, die hier gemeinsam für 619 PS und sagenhafte 1100 Nm Drehmoment sorgen. Maximal 566 Kilometer Reichweite sollen möglich sein. Startpreis für den Allradler: Stolze 132.200 Euro.

Dafür kann man bei Nutzung der Launch Control in 3,8 Sekunden auf 100 km/h sprinten, trotz eines Wagengewichtes von 2670 Kilo. Die abgeregelte Höchstgeschwindigkeit beträgt 250 km/h. Die verbaute Technik ist ähnlich wie beim kleinen Bruder. Allerdings bietet BMW hier eine spezifisch abgestimmte Zweiachs-Luftfederung mit automatischer Niveauregulierung an. Sie sorgt dafür, dass die Fahrzeughöhe bei jeder Beladung gleich bleibt und sich je nach Fahrmodus automatisch anpasst. Zusätzlich ist eine Integrallenkung mit lenkwinkelabhängiger Übersetzung an der Vorderachse sowie mitlenkenden Hinterrädern verbaut. Ihr Trick: Unter 60 km/h lenken die Hinterräder gegenläufig ein und sorgen so für Agilität und bessere Wendigkeit. Zwischen 60 und 80 km/h lenken sie parallel mit, was den Komfort und die Fahrstabilität erhöhen soll.

Mit dem sogenannten Shy-Tech-Konzept bindet BMW hochmoderne Technologie ins Design ein. Das bedeutet zum Beispiel, dass in der neuerlich-großen Niere Kameras, Radarfunktionen, Sensoren und Heizelemente stecken. Lautsprecher werden unsichtbar im Interieur versteckt, Bedienelemente und Tasten werden auf das Nötigste reduziert.

EIN HEISSER 2ER FÜRS JUBILÄUM

50 Jahre M bedingen besondere Autos. So bringt BMW kurz vor dem Jubiläum 2022 das M240i xDrive Coupé auf den Markt, das bisherige Top-Modell der G42-Baureihe. Der 4,5 Meter lange, zweitürige Allradler bekommt alles, was einen M ausmacht: Mit dem Reihensechszylinder-Biturbo vor allem einen starken Motor, der für 374 PS und 500 Nm sorgt. Das sind immerhin vier PS und 35 Nm mehr als beim M2 der Vorgängerbaureihe F22. Dazu gibt es die bekannte Achtstufenautomatik, natürlich mit Schaltpaddel am Sportlenkrad, das M Sportfahrwerk, die variable Sportlenkung und M Sportbremsen. Auch das Sportdifferenzial ist an Bord, das sich besonders beim Spurwechsel und beim Beschleunigen aus Kurven bemerkbar macht, indem es für verbesserte Traktion und

Feinste Technik für das 2er-Top-Modell: Der Reihensechszylinder wird von zwei Turboladern zwangsbeatmet und liefert deshalb 374 PS und 500 Nm.

In Deutschland kritisch beäugt, im Ausland begeistert aufgenommen: die Studie BMW XM, aus der sich das stärkste M-Fahrzeug aller Zeiten entwickeln soll.

Fahrstabilität sorgt. Verantwortlich dafür ist eine elektronisch gesteuerte Lamellenkupplung zur Reduktion der Drehzahlunterschiede zwischen den Hinterrädern. Der Allradantrieb ist selbstverständlich hecklastig und damit für viel Fahrspaß ausgelegt. Der Sprint von 0 auf 100 km/h soll in 4,3 Sekunden gelingen, bei 250 km/h wird der Vortrieb elektronisch begrenzt. Auch optisch besitzt das kleine Coupé alles, was M-würdig ist: Große, in die Heckschürze integrierte Auspuffendrohre und aerodynamisch optimierte Außenspiegel. Viele Karosserieelemente sind in Ceriumgrau ausgeführt. Puristen vermissen nur die Option einer Handschaltung. Wer will, kann über den Intelligent Personal Assistant natürlich auch mit seinem Auto kommunizieren. Deutsche Tester sind sich einig: „Der neue M240i liegt fahrdynamisch auf dem Niveau des ersten M2. Er hat mehr als genug Power, ein tolles Chassis und eine zuverlässige Automatik. Da hat BMW die Messlatte für den kommenden M2 ziemlich hoch gehängt." Der Preis ist allerdings auch selbstbewusst: 56.000 Euro.

IN PLANUNG: DER STÄRKSTE M ALLER ZEITEN

Die Presse ist entsetzt: „Kanten-Koloss", „der pure Horror" oder „Monster-SUV". BMW M zeigt auf der Art Basel in Miami Beach, wie sich die Bayern ihre Zukunft vorstellen und ernten einen wahren Shitstorm. Dass die Studie BMW XM einen Namen trägt, der bereits an eine einst futuristische Citroën-Maserati-Kooperation vergeben wurde, fällt dabei gar nicht so auf. Es ist eher die schiere Größe, die Brutalität, die Aggression, die von dem großen Plug-In-SUV ausgeht. Unter der bedrohlich wirkenden Karosserie steckt ein neu entwickelter V8 samt E-Motor, was zusammen 750 PS und 1000 Nm ergibt, was Power-Fans natürlich freut. Aber 80 Kilometer elektrische Reichweite macht nicht alle glücklich. BMW Motorsport nimmt die Kritik am ersten, komplett selbst entwickelten Produkt seit dem BMW M1 gelassen – haben die Bayern doch gar nicht vor, ein schönes Auto zu bauen. Ihnen geht es eher um „Power und Luxus jenseits aller Konventionen. Mit unserem ersten, eigenständigen Modell seit dem legendären BMW M1 interpretieren wir das Segment der High-Performance-Automobile vollkommen neu", sagt der M-Chef Franciscus van Meel. „Der BMW XM verbindet expressives Design und progressiven Luxus im Innenraum mit einem unvergleichlichen Fahrerlebnis zwischen überragender Performance und nahezu geräuschlosem Gleiten im rein elektrischen Fahrmodus. Damit vermittelt er eine einzigartige Form von Souveränität und weist zugleich den Weg in die Zukunft unserer Marke." Der Serien-XM soll Ende 2022 in Produktion gehen.

SONDERMODELLE ZUM GEBURTSTAG

Bereits im Vorfeld des 50. Geburtstags befeuern Erlkönigsichtungen die Gerüchteküche, wonach man bei BMW an einer CSL-Version des M4 arbeitet. Passend zum Jubiläum präsentieren die Münchner dann auch dieses Sondermodell der Extraklasse und schon seine Konfiguration als Zweisitzer zeigt, dass sein natürlicher Lebensraum die Rennstrecke ist. Dafür haben die Bayern alles spendiert, was so ein Racer braucht: 550 PS, eine Sprintfähigkeit von 3,7 Sekunden von 0 auf 100 km/h und 10,7 Sekunden von 0 auf 200 km/h sowie ein auf 1625 Kilo reduziertes Gesamtgewicht. Das Leistungsgewicht beträgt damit beeindruckende 2,95 Kilo pro PS.

Basismotor ist der Reihensechszylinder-Biturbo aus dem M4 GT3, bei dem die Ladedrücke der Mono-Scroll-Turbolader von 1,7 bar auf 2,1 bar angehoben wurden. Das maximale Drehmoment von 650 NM steht zwischen 2750 und 5950 Umdrehungen bereit. Immer an Bord ist eine Achtgang M Steptronic, die die Kraft an die Hinterräder weitergibt. Um die passende Karosseriesteifigkeit kümmern sich unter anderem Präzisions-

Neuauflage einer Legende: Anlässlich des Concorso d'Eleganza Villa d'Este präsentieren die Münchner den neuen BMW M4 CSL.

streben im Motorraum. Eine modellspezifische Radaufhängung sorgt dafür, dass die Karosserie acht Millimeter tiefer liegt als beim M4 Competition Coupé. Die M Traction Control hat BMW für die Rennstrecke optimiert: In den Stufen 1 bis 5 werden Drifts unterstützt, bei 6 bis 10 geht es um Tempo dank Erkennen von Reifentemperaturen und Fahrbahnbeschaffenheit für optimale Traktion und Fahrstabilität. Den M4 CSL gibt es ausschließlich in Frozen Brooklyn Grey metallic, Alpinweiß uni und Saphirschwarz metallic, an bestimmten Stellen ist das Carbon sichtbar.

Nur 1000 Käufer kommen in den Genuss des 165.200 Euro (Grundpreis) teuren Supersportlers - und können versuchen, die von BMW erzielte, offiziell anerkannte Zeit auf der vollen Strecke von 20,832 Kilometern auf dem Nürburgring nachzufahren: 7:20,207 Minuten. Das ist die beste jemals für ein Serienfahrzeug von BMW ermittelte Rundenzeit.

Genauso exklusiv sind die pünktlich zum Firmengeburtstag weiteren angekündigten Sondermodelle: Sowohl der M4 (für Europa und weitere ausgewählte Vertriebsregionen) als auch der M3 (500 Exemplare für den US-amerikanischen und den kanadischen Markt) sind als „BMW M 50 Jahre Edition" bestellbar. Der exklusive Charakter resultiert aus einer marktspezifischen Konfiguration mit eigenständigen Designmerkmalen. Für diese faszinierenden Raritäten werden stilprägende Außenfarben aus der Historie der BMW M GmbH neu aufgelegt.

24. Mai 2022: Auf den Tag genau 50 Jahre nach Unterzeichnung des Gesellschaftsvertrags präsentiert die BMW M GmbH als aktuelles Jubiläums-Highlight eine exklusive Kollektion von Editionsmodellen des M3 und M4.

M SE 1457

Offizielle Präsentation am 22. Juni 2022: der neue M3 Touring. Damit die Leistung des Hochdrehzahlmotors auch gut auf die Straße gebracht werden kann, sorgen Fahrdynamikstreben für eine Verbesserung der Längs- und Torsionssteifigkeit der Karosserie. Neben dem serienmäßigen Allradantrieb sind das adaptive M-Fahrwerk mit elektronisch geregelten Dämpfern und das Bremssystem mit zwei wählbaren Kennlinien für das angenehmste Pedalgefühl mit an Bord, außerdem das DSC-Setting mit M-Dynamic-Mode (Road, Sport, Track), Driftanalyzer, Laptimer und – allerdings optionaler – zehnstufiger Traktionskontrolle.

ZUM GEBURTSTAG DER ERSTE M3 TOURING

Die Idee eines M3 Touring ist seit dem E46-Versuchsträger in Garching stets präsent. So ist es auch wenig verwunderlich, dass die M-Mannen anlässlich der Erprobungsfahrten für M3 und M4 in Schweden 2019 auf diesem Projekt rumdenken und zum Schluss kommen: Es muss einen M3 Touring geben.

Christian Karg, Gesamtverantwortlicher für M HP Modelle und M Sondermodelle, erinnert sich noch gut, wie in kleinem Kreis zusammen mit Hubert Weichselbaumer, verantwortlich für Prototypenbau und Versuchsträger, der Aufbau eines Showcars als „Überzeuger" für den Entscheiderkreis geplant wurde. Wichtigster Punkt: Der neue Eiltransport muss aussehen wie ein echter M3 und sich auch genauso anfühlen und fahren. Die frühe Konzeptarbeit ergibt, dass die Herausforderung beherrschbar und die erforderlichen Neuteile überschaubar sind. Für besagtes Showcar wird ein verfügbarer G80-Versuchsträger mit einem serienmäßigen Touring (G21) gekreuzt: Die Frontgestaltung ist dabei noch relativ einfach, da identisch mit dem M3, allerdings wird es ab der C-Säule etwas schwieriger. Als größere Herausforderung erweist sich – in Anbetracht der größeren Spurweite – die Integration des M3-Antriebsstrangs. Für die Gestaltung der Heckpartie des Showcars werden die Heckstoßstangen der beiden Spenderfahrzeuge zerschnitten, neu zusammengeklebt und verspachtelt. Das Projekt mit dem Spitznamen „Bielefeld" läuft weitestgehend unter dem Radar – bis zum Tag der Präsentation des M4 GT3: Zu diesem Anlass wird der neue M vor den Führungskräften der M Gmbh und der BWM AG enthüllt. Die Vorstellung wird ein voller Erfolg: Es gibt grünes Licht zur Umsetzung und mit der Übergabe in die Projektphase lautet die offizielle Bezeichnung „M3 Touring G81".

In der Folge stimmen sich Projektleiter Robert Pilsl – er greift auf das bewährte M3/M4-Testteam zurück – und Produktmanager Hagen Franke entsprechend ab über die Zieldefinition und Zeitpläne, die benötigten neuen Werkzeuge und die Integration in die Produktion im Werk München, wo bereits M3 und Touring gebaut werden. Bewährte Baukastenmodule erleichtern die Fertigung der für die Erprobung benötigten Prototypen. Als Modulträger dient ein normaler 3er Touring mit S58-Motor und M xDrive-Allradsystem. Verstärkt wird das Fahrzeug mit den bekannten Fahrdynamikstreben zur Verbesserung der Längs- und Torsionssteifigkeit, verbaut im Motorraum und am Unterboden. Im Heckbereich, wo die

Was man von außen nicht sieht, genießt der M3 Touring-Pilot umso mehr: Das Cockpit kommt mit zwei Bildschirmen – einer vor dem Fahrer, der zweite als Curved Display in der Mitte. Der besteht aus einem 12,3-Zoll-Information-Display und einem 14,9 Zoll großen Control Display. Optional dagegen sind eine Vollederausstattung, voll elektronisch einstellbare Carbon-Schalensitze mit in die Kopfstütze integriertem, beleuchtetem Logo und die mögliche Carbon-Interieurleiste auf der Mittelkonsole.

285er Bereifung unter den Kotflügelverbreiterungen ihren Platz findet, besteht der größte Verstärkungsbereich, da hier die Federbeindome aufgrund der Ladefläche keine direkte Verbindung aufweisen. Eine unter dem Wagen angebrachte neue V-Strebe sorgt für die erforderlich Versteifung. Ein Spoiler an der Dachkante optimiert die Aerodynamik, die M3-Keramikbremse generiert die angemessene Verzögerung. Angepasste Federraten (steifer) und Dämpfer sind speziell auf die verschiedenen Beladezustände des Touring abgestimmt, das gilt auch für die Regelsysteme wie DSC, ABS, Lenkung und adaptive Fahrwerkseinstellung.

Neben der Sommer-/Wintererprobung erfolgen die Abstimmungsarbeiten für das Sportsetup auf der Nürburgring-Nordschleife, wo BMW bereits seit Mitte der 1960er Jahre seine Tests durchführt. Der Leiter Fahrdynamik BMW M, Klaus Huber, begleitet diese Entwicklungsphase. Neben der M-typischen Sportlichkeit ist hier auch der sogenannte Aufbaukomfort wichtig, bei dem das Verhalten der Karosse über den Rädern entscheidend ist: Beim Überfahren von Bodenwellen wie auf der Döttinger Höhe soll das Fahrzeug nicht anfangen zu nicken. Generell muss das Fahrzeug für den Fahrer jederzeit berechenbar sein.

Nach der Prototypenphase steht die Produktion der Vorserie an. Im Jubiläumsjahr 2022 feiert nicht nur die M GmbH ihren 50sten Geburtstag, sondern auch das 1972 errichtete BMW-Hauptverwaltungsgebäude, der „Vierzylinder". In dessen Schatten liegt das Werk München. Hier entsteht der neue High-Perfomance-Kombi, dessen Karosse aus rund 400 Einzelteilen mit 6000 Schweißpunkten und 80 Metern Klebstoffverbindung besteht. Nach insgesamt acht Stunden Montagezeit erfolgen der erste Motorenstart und die finalen Prüfschritte vor der Auslieferung.

Mit einem dieser Vorserien-M3-Touring erzielt Versuchsingenieur Fahrwerksentwicklung Jörg Weidinger als krönenden Abschluss der Entwicklungsarbeit auf der Nordschleife mit 7:35.060 min eine – offiziell bestätigt und notariell beglaubigt – neue Rekordrunde für seine Klasse. Zum Vergleich: Als schnellster Serien-BMW im *sport auto* Supertest benötigte der 115 PS stärkere M5 CS im Juni 2021 eine Zeit von 7:29,57 Minuten.

GROSSE PLÄNE FÜR DEN MOTORSPORT

Im März 2021 präsentiert die Motorsport GmbH ihr neues Einstiegsmodell, den BMW M2 CS Racing für den Kundensport. Europaweit geht das Modell gleich in vier Markenpokalen an den Start: Im BMW M2 Cup, der im Rahmen der DTM stattfindet, im BMW M2 CS Racing Cup NLS auf der Nordschleife, im BMW M2 CS Racing Cup Benelux und im BMW CS Racing Cup Italy. Erstmals können die Kunden zwischen zwei Leistungsstufen in den beiden Markenpokalen und im NLS-Racing Cup wählen: 365 oder 450 PS, jeweils aus dem Reihensechszylinder-Biturbo. Als neuen Partner haben die Bayern Recaro, den traditionsreichen Sitzhersteller, gewonnen.

Gelungene PR-Aktion: Anlässlich der Feierlichkeiten zum Firmenjubiläum findet im Rahmen des 24h-Rennens auf dem Nürburgring das BMW M Race of Legends statt: Zwölf mit der M GmbH verbundene Rennfahrer (Mindestalter: 50 Jahre) treten auf identischen M2 CS Racing gegeneinander an und liefern sich ein spektakuläres 30-Minuten-Rennen mit reichlich Lackaustausch und Kaltverformung: Sieger wird Bill Auberlen (54 Jahre) vor Johnny Cecotto (66 Jahre) und Steve Soper (70 Jahre). Ebenfalls mit dabei sind Tourenwagenlegende Harald „Nippel“ Grohs (78 Jahre) und Arturo Merzario (79 Jahre).

Rennstreckentechnologie für die Straße: Im Juni 2022 zeigt BMW medienwirksam weitere Bilder des neuen M2 (G87) in Volltarnung. Die fahrdynamische Erprobung unter Rennstreckenbedingungen findet unter anderem auf dem Salzburgring statt. Die Weltpremiere des 450 PS starken Coupés ist für Oktober geplant, die Markteinführung folgt dann im April 2023. Kleiner Wermutstropfen: Der zweite M2 wird wohl aller Voraussicht nach auch der letzte M mit nicht-elektrifiziertem Antrieb sein.

Enge Zusammenarbeit zwischen BMW M Motorsport und den Kollegen aus der Serienentwicklung: Der M4 GT3 absolviert nicht nur ein umfangreiches Testprogramm auf dem Motor- und Rollenprüfstand, auch intensive Arbeiten im Wind- und Klimakanal spielen eine wesentliche Rolle bei der Entwicklung des neuen Kundensportlers.

DER NEUE GT3 IM HARTEN TESTBETRIEB

Auch der Nachfolger des M6 GT3 steht in den Startlöchern: Der BMW M4 GT3, der 2022 weltweit an die BMW Motorsport Teams ausgeliefert wird, hat Anfang März 2021 bereits 12.000 Testkilometer absolviert, was mehr als 60 Tagen Dauerbelastung entspricht. Das neue Motorsport-Flaggschiff soll nicht nur siegen, sondern auch für eine signifikante Reduzierung der Laufzeitkosten und des Wartungsaufwandes sorgen. Als Testfahrer sind Martin Tomczyk, Jens Klingmann, Nick Yelloly, Augusto Farfus, Marco Wittmann, Bruno Spengler, Sheldon van der Linde und Jesse Krohn im Einsatz. Laut Testern ist der M4 GT3 sowohl im Trockenen als auch bei Regen wesentlich fahrbarer als der Vorgänger M6 GT3. Erstmals ist es übrigens möglich, elektronische Einstellungen am Fahrzeug vorzunehmen, ohne es an einen externen Computer anschließen zu müssen. Dies geschieht nun über das Multifunktionslenkrad. Ende April schicken die Ingenieure ihr neues Wunderauto erstmals auf die Nordschleife. Im Fokus liegt neben der Dynamik vor allem die Haltbarkeit der Teile unter extremen Belastungen, wie sie die „Grüne Hölle" nun mal fordert.

Im Oktober verabschiedet sich dann der BMW M6 GT3 nach dem letzten DTM-Rennen der Saison auf dem Norisring, gefahren von Marco Wittmann vom Walkenhorst Motorsport-Team. Mit einem siebten Platz ist jeder zufrieden – war es doch eine gelungene, letzte Saison mit dem Auto: 171 Punkte, zwei Siege, zwei Poles und fünf Podestplätze. In der Gesamtwertung reicht das für Platz 4. Das offizielle Renn-Debüt feiert der M4 GT3 bei den 24 Stunden von Dubai. Drei Exemplare starten, drei Exemplare kommen an.

Der Motor des rund 400.000 Euro teuren M4 GT3 auf dem Prüfstand: Anfangs machen Gerüchte die Runde, dass der bis zu 590 PS starke Reihensechszylinder mit M TwinPower Turbo mit Verbrauchsproblemen zu kämpfen hätte. Im späteren Einsatz bestätigen sich diese Annahmen allerdings nicht …

Perfektes Testgelände für die Entwicklung neuer Rennfahrzeuge: Die Werksfahrer Augusto Farfus und Jens Klingmann absolvieren im Rahmen der Erprobung im April 2020 Versuchsfahrten auf der Nürburgring-Nordschleife.

Abschied nimmt Ende 2021 noch ein anderes BMW-Rennfahrzeug, das allerdings nie die Erwartungen erfüllt hat: Der BMW M8 GTE. Der teuerste Rennwagen, den BMW je entwickelt hat, läuft schlussendlich nur in der amerikanischen IMSA-Serie. Und auch dort nimmt er nicht jedes Rennen unter die Pneus. Von Anfang an ist das Auto zu schwer. Reglementsänderungen setzen ihm zusätzlich zu. 2018 ist in Le Mans in der GTE-Pro-Klasse nur ein 12. Platz drin, das Schwesterauto fällt sogar aus. In acht WEC-Rennen gelingt 2018 und 2019 kein Sieg. BMW M zieht sich daher aus dieser Rennserie in Europa zurück und fährt nur noch in Amerika. Fazit dort: In vier Jahren Einsatz bei 36 Rennen springen gerade mal fünf Siege und 25 Podestplätze heraus. Das Motorsport-Magazin nennt den Wagen ein „millionenschweres Missverständnis".

Im Januar 2022 erfolgt die Feuertaufe für den neuen M4 GT3: Dabei erlebt der scheidende Leiter BMW M Motorsport Mike Krack – seinerseits erst seit April 2021 Nachfolger von Jens Marquardt – in Daytona ein schwieriges Rennen zur IMSA WeatherTech SportsCar Championship für das RLL-Team ohne nennenswertes Ergebnis.

Härtetest Nordschleife: Zwei nach SRO-GT4-Reglement entwickelte M4 fahren im Rahmen seines intensiven Testprogramms Ende April 2022 bei einem Lauf zur NLS auf dem Nürburgring mit. Das Fahrzeug mit der Startnummer 54 findet sich in der Ergebnisliste auf dem 24. Gesamtrang und Platz eins in der Klasse SP8T. Ende Juni 2022 wird mit der offiziellen Präsentation im Vorfeld des SRO-Rennwochenendes auf dem „VIRginia International Raceway" (USA) die Verkaufsphase des (netto) 187.000 Euro teuren, bis zu 550 PS starken GT4-Sportlers eingeläutet (Bild unten). Zugleich beginnt die finale Testphase, bevor im Oktober 2022 die Produktion der Kundenfahrzeuge startet.

GT3-KOMPONENTEN FÜR DEN GT4

Nicht nur die Rennfahrer kommen in den Genuss des neuen BMW M4 GT3, sondern auch der neue BMW M4 GT4, der 2023 an die Kunden ausgeliefert werden soll. Denn einige Komponenten stammen vom großen Bruder. Die Basis bildet der M4-Straßenwagen. Die Karosserie und der Sicherheitskäfig kommen, genau wie das M4-Serienauto, aus dem Werk Dingolfing. Der komplette Antriebsstrang mit Motor, Getriebe und Elektronik sowie mehrstufiger Traktionskontrolle stammt aus der Serie, was besonders im Vergleich zu extra entwickelten Teilen die Kosten für Ersatz und Wartung niedrig hält. Die Kühlung wird stark überarbeitet, ein Karbondach und das überarbeitete Heckflügelkonzept bringt der M4 GT3 mit. Einige Karbonteile und Kunststoffkomponenten werden durch nachhaltige Naturfasern ersetzt.

Der von Audi kommende, neue Leiter BMW M Motorsport Andreas Roos – Nachfolger von Mike Krack – kann sich ab dem Frühjahr 2022 über eine stark ansteigende Erfolgskurve des GT3-Boliden freuen: Siege in der DTM, bei den ADAC GT Masters und bei Läufen zur Nürburgring Langstrecken-Serie (NLS) zeigen das Potenzial des Kundensportgeräts. Allerdings muss er auch mitansehen, wie keiner der sieben eingesetzten M4 GT3 bei der 50. Ausgabe des 24h-Rennens auf dem Nürburgring im Juni 2022 – trotz klarer Favoritenrolle – aufgrund von Unfällen oder technischen Defekten den angestrebten 21sten Sieg in der grünen Hölle einfahren kann.

GRAN TURISMO
HELIX ULTRA
H&R

Klares Bekenntnis zum werksseitigen Motorsport: Die Design-Idee zum neuen LMDh(Le Mans Daytona hybrid)-Prototyp für die IMSA-Serie zeigt, wie sich die Münchner die Zukunft vorstellen. Zunächst sollen nur zwei dieser Hybrid-Renner eingesetzt werden; der Premieren-Auftritt ist anlässlich des Langstreckenklassikers in Daytona im Januar 2023 geplant.

2023 ZURÜCK IM PROTOTYPEN-RENNSPORT

BMW Motorsport überrascht Mitte 2021 mit der Bestätigung, 2023 wieder im Prototypensport mitmischen zu wollen. Der letzte Sieg eines BMW-Prototypen stammt aus dem Jahr 1999, bei den 24 Stunden von Le Mans. Jetzt wird ein LMDh-Prototyp für die nordamerikanische IMSA-Serie entwickelt. „Das LMDh-Konzept garantiert maximale Kostenkontrolle und bietet eine Vielzahl von Einsatzmöglichkeiten, vor allem natürlich im Rahmen der IMSA-Serie in Nordamerika - einem Markt, der für BMW M enorm wichtig ist. Jeder bei uns brennt darauf, mit einer kompakten und hocheffizienten Mannschaftsaufstellung in der LMDh-Kategorie anzugreifen," sagt Noch-M-Geschäftsführer Markus Flasch. Im LMDh-Rennwagen steckt ein Hybridantrieb, also ein Verbrenner und ein Elektromotor. Der Ottomotor stammt dabei vom jeweiligen Hersteller. E-Motor, Batterie und Getriebe sind bei allen Rennwagen gleich. Das Chassis wird extern gebaut. BMW plant zunächst den Einsatz von zwei Autos.

DER NEUE MANN FÜR DEN MOTORSPORT

Anfang 2020 sorgt eine Meldung für Aufsehen: Nach über 10 Jahren an der Spitze von BMW Motorsport wechselt Jens Marquardt überraschend den Posten und wird Leiter des Pilotwerks für den Prototypenbau der Serienmodelle der BMW-Gruppe. Kommissarisch übernimmt der damalige Geschäftsführer der M GmbH Markus Flasch die Leitung. In diesem Zuge sollen auch die Weichen dafür gestellt werden, BMW Motorsport nach über 25 Jahren wieder in die M GmbH zu integrieren. Die Gründung einer eigenen Motorsport-Division (Motorsport Ltd.) neben der M GmbH ist damals das Ergebnis der Vorstandssitzung vom 1. August 1995, woraufhin die Motorsport Ltd zu Jahresbeginn 1996 ihren Betrieb aufnimmt. Im entsprechenden Vorstandsprotokoll wird erklärt, dass die Aufsplittung in eine BMW Motorsport GmbH („dedicated to win") und eine BMW M GmbH („dedicated to fulfill special customer needs") die nachhaltige Kommunikation der zentralen BMW-Markenwerte „Dynamik" und „Individualität" ermöglichen würde. Außerdem würden in beiden Gesellschaften so die Voraussetzungen für eine Stärkung des Erfolgs in den jeweiligen Geschäftsfeldern geschaffen.

Ab April 2021 soll sich der neue Motorsport-Leiter Mike Krack um diesen Eingliederungsprozess kümmern, dazu kommen die anderen Schwerpunkte wie die Entwicklung des neuen M4 GT3 und das LMDh-Projekt. Aber seine Ära dauert nur kurz: Er folgt im Januar 2022 dem Ruf von Aston Martin in die Formel 1 und wird dort Teamchef. Als seinen Nachfolger wirbt BMW Andreas Roos von Audi ab, wo dieser als Projektleiter für den gesamten Werksmotorsport der Ingolstädter verantwortlich zeichnete. Mit seiner internationalen Erfahrung soll Roos die BMW-Erfolgsgeschichte im Motorsport fortführen.

Gefeiert wird das Jubiläum der M GmbH 2022 auch auf zwei Rädern: Das Superbike M 1000 RR „50 Years M“ mit dem M-Competition-Paket kostet 37.560 Euro.

Eigentlich hat BMW damit einen Pfeil im Köcher, um bei der Motorradweltmeisterschaft in der Königsklasse MotoGP teilzunehmen. Aber das Management hat sich anders entschieden. Obwohl die Bayern von 2009 bis 2013 in der Superbike-WM Erfahrungen sammelten, und das mit 12 Siegen, 41 Podestplätzen, 12 schnellsten Rennrunden und einer Pole-Position gar nicht erfolglos. Marco Melandri landete 2012 auf dem dritten Gesamtplatz und schaffte damit die beste WM-Platzierung. 2019 stieg BMW als Partner von Muir Racing sogar wieder in die Superbike-WM ein. Aber von einem imageträchtigen Engagement im MotoGP ist keine Rede. Bis heute nicht – selbst nicht mit der BMW M 1000 RR, die „nur“ bei den Superbikes mitfährt.

ENGAGEMENT NUN AUCH BEIM MOTORRAD

Die BMW M GmbH ist berühmt für ihre Autos. Doch auch in Sachen Zweiräder mischt der stärkste Buchstabe der Welt mit. Genauer gesagt: Die BMW M 1000 RR ist das erste M-Modell von BMW Motorrad. Und sie ist auch noch mit M Competition-Paket zu haben. Ihr Motor ist ein wasser- und ölgekühlter 1000-Kubik-Vierzylinder-Reihenmotor mit vier Titanventilen pro Zylinder, der für 212 PS bei 14.500/min sorgt. Das ermöglicht ein Top-Tempo von 306 km/h, mit Rennstreckenübersetzung sind sogar 315 km/h möglich. Das Super-Bike beschleunigt in 3,1 Sekunden von 0 auf 100 km/h. Das gut zwei Meter lange Motorrad wiegt trocken und ohne Batterie nur 170 Kilo, und das M Competition-Paket senkt das Gewicht noch etwas. Die Antihopping-Kupplung arbeitet ohne Selbstverstärkung, was einen perfekten Rennstart ermöglichen soll. Winglets aus Carbon sorgen bei hohen Geschwindigkeiten für einen Anpressdruck von 16,3 Kilo.

Und trotzdem ist das M seit 1999 ganz vorn mit dabei – es stellt nämlich die Safety Cars im MotoGP. M3, M4 und M5 CS, dazu ein ganz besonderes M 1000 RR Safety Bike. 2020 und 2021 ist außerdem ein M8 Gran Coupé im Einsatz, und zwar beim FIM Enel MotoE, der rein elektrischen Motorradrennserie im Rahmen der MotoGP. Künftig ist hier ein BMW i4 M50 als Safety Car unterwegs. Im Februar 2022 präsentiert BMW auch noch das M2 CS Racing MotoGP Safety Car. Zum ersten Mal wird damit ein reinrassiger Rennwagen zum Safety Car aufgebaut. Weiterhin spendiert die M GmbH bei der MotoGP den M Award. Der schnellste Pilot des Qualifyings über die gesamte Saison gewinnt ein M-Fahrzeug – 2021 war das ein M5 CS mit 635 PS. Und selbst die Fans können in einen besonderen Genuss kommen: Zu der BMW M MotoGP Experience gehört unter anderem ein VIP-Beifahrerplatz in einem M Safety Car.

„Official Car of MotoGP™“: Mit dem BMW M2 CS Racing wurde erstmals ein reinrassiger Rennwagen als Führungsfahrzeug in der Motorrad-WM aufgebaut.

Bereits in den Anfangsjahren von BMW Motorsport gehört ein Bekleidungs- und Lederwarenprogramm zum Angebot. Schließlich ist das Rennteam von 1973 das erste, das in einem komplett einheitlichen Outfit auftrat ...

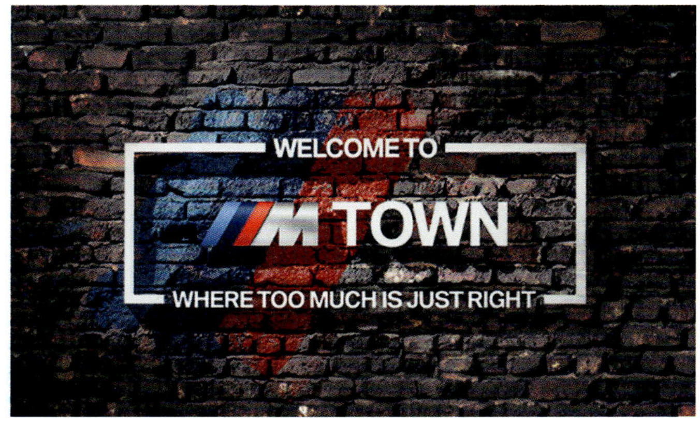

Sehnsuchtsort für emotionale M-Momente: „M Town“ versteht sich seit 2018 als soziale und digitale Kommunikationsplattform der BMW M-Fans aus aller Welt.

M TOWN – WO ZU VIEL GERADE GENUG IST

Vielleicht ist im realen Leben ein „Coffee to Drift“ nicht ganz zeitgemäß. Im imaginären Ort „M Town“ ist es der Treffpunkt für alle High-Performance-Fans, die sich hier nicht verstecken müssen. Ein ganzes Team von Spezialisten erschafft dieses bunte Marketing-Utopia, wo alte und neue M-Fahrzeuge ihr Können zeigen. Zum Beispiel im Film „The Drop“. BMW bezeichnet den Streifen als „Wimmelbild, gespickt mit Geschichten rund um den stärksten Buchstaben der Welt“. Die Story ist schlicht: Ein M3 E30-Besitzer wacht auf und fährt nach M Town in den dortigen M Store, um seine Traumfelge zu finden. Dank Regisseur Micky Suelzer und Produktionsdesigner Bader al Hindi reist der Zuschauer dabei durch eine detailverliebte Welt mit einer großen Anzahl spannender Requisiten. Man erlebt das M Town Taxi, das M Town Racing Team, die Trattoria Turbo, das Reisebüro M Tours, erfährt etwas über ein M Festival und schaut in die Zeitung namens Lap Times. Rund 30 M-Modelle verschiedener Epochen spielen mit. Die gezeigten Produkte in den heiligen Hallen des Hype Rims Store sind natürlich keine Requisiten, sondern können tatsächlich gekauft werden. Selbstverständlich kann jedermann Bürger der virtuellen M Town werden und mit M Town ID seine Favoriten speichern oder teilen.

FAHRERSCHULUNGEN IM ZEICHEN DES M

In den 1970er Jahren sind viele Autofahrer davon überzeugt, dass Autos, wie sie BMW baut, ganz besondere Fahrfertigkeiten erfordern, vor allem auf nasser Fahrbahn. Zweifellos stellen gerade Hecktriebler unter bestimmten Straßenverhältnissen besondere Anforderungen an die Fahrzeugbeherrschung. Um den Freunden der Marke die Gelegenheit zur Verbesserung ihrer Fahrkünste zu geben, aber auch als grundsätzlicher Beitrag zur Verkehrssicherheit, ruft BMW als erster Großserienhersteller 1977 ein eigenes Fahrertrainingsprogramm ins Leben. Im Jahr 2011 werden die unter dem Dach des BMW Motorsport-Programms organisierten Lehrgänge in BMW Driving Experience umbenannt. Unverändert bleibt ihr Ziel, den Fahrern die optimale Beherrschung ihres Fahrzeugs zu vermitteln und die für jede Fahrsituation richtigen Reflexe anzutrainieren – sei es beim Ausbrechen des Fahrzeugs auf Schnee oder Eis oder bei der Suche nach der Ideallinie auf einer Rennstrecke - nicht zu vergessen richtiges Intervallbremsen oder die Kunst, auch auf schwierigem Untergrund voranzukommen.

BMW bietet als erster Großserienhersteller Fahrerlehrgänge für seine Kunden an.

Carsten Pries, Leiter M Driving Experience, hat seine ganze Karriere bei BMW verbracht. 1993 absolvierte er ein Internationales Trainee Programm im Vertriebs- und Finanz-Ressort, 1994 wechselte er zur Produkt- und Markenstrategie. Ab 1998 war er Leiter des Produkt- und Programm-Management BMW Motorsport, ein Jahr später wechselte er die Marke im Konzern und wurde Leiter Strategie und Steuerung Projekt Rolls-Royce. 2002 übernahm er den Chefsessel der Corporate Identity, ehe er 2005 zur M GmbH stieß – zunächst als Leiter Produktmanagement. 2020 wurde Pries Leiter Kundensportstrategie, seit April 2021 ist er Chef des Bereiches Produkt- und Fahrerlebnis, wie die Abteilung intern heißt.

>> ELEKTRISCH FAHREN MACHT SPASS<<

Was leistet die M Driving Experience?

Carsten Pries: Wir kümmern uns zunächst um Fahranfänger, was auch ein gesellschaftlicher Auftrag ist in Sachen Fahrsicherheit. Wir verbessern aber auch die Fähigkeiten der M-Fahrer. Jeder, der zu uns kommt, fährt hinterher auf einem höheren Level. Dafür bieten wir eine klassische Pyramide, beginnend mit Einstiegs- und Sicherheitstrainings. Das geht hoch bis zu fahrerisch sehr herausfordernden und hochpreisigen Trainings wie Ice-Experience in Lappland oder mehrtägigen Rennstreckentrainings.

Wo wird ausgebildet?

Pries: Seit zehn Jahren in Maisach bei München, aber natürlich nutzen wir auch Rennstrecken wie die Nürburgring Nordschleife, wo den M-Autos durch Abstimmungsarbeit die Seele eingehaucht wird. Wir sind im Pitztal, in Sölden, im schwedischen Arjeplog, aber auch auf dem Salzburgring mit mehr als 50 Einsatztagen im Jahr, nutzen Spielberg wie bei den BMW Trackdays 2022 und sind in Hockenheim, Mugello, am Sachsenring, am Bilster Berg und auch in Zandvoort. Wir könnten noch viel mehr Rennstreckentrainings machen, leider bekommen wir nicht genug Termine dafür. Die Nachfrage ist sehr groß, besonders bei Fahrern aus anderen Ländern, wo man nicht so sportlich Autofahren darf.

Wie viele Kunden schulen Sie?

Pries: Mal abgesehen von den Pandemiejahren sind es in 25 Märkten inklusive Performance-Center in den USA East (Spartanburg) und West (Kalifornien) etwa 130.000 Teilnehmer jährlich. 2021 waren es trotz Corona und erst ab Juli mehr als 100.000 Teilnehmer.

Stellen Sie immer die Autos?

Pries: Meistens ja. Viele unserer Kunden fahren ja keinen M oder nicht mal einen BMW, da ist so ein Training auch Teil eines Markenerlebnisses. Und wir können so natürlich nicht nur die Marke besser repräsentieren, sondern auch die Produkte.

Gehört Rennfahrertraining auch dazu?
Pries: Ja, wir bieten auch Lizenzlehrgänge an mit qualifizierten Instruktoren wie dem Rallyepiloten Lars Mischliwietz. Aber nicht jeder Teilnehmer will gleich Rennfahrer werden, manchmal geht es auch einfach nur um Grenzerfahrungen. Zudem haben wir eine eigene Instruktor-Academy, unter anderem mit einer Claudia Hürtgen als Chefinstruktorin. Apropos: Es kann sogar passieren, dass eine Gruppe mal von einem Dirk Häcker geleitet wird – das ist niemand Geringerer als der Chefentwickler bei der M GmbH. Oder der M4-Fahrwerkschef Jörg Weidinger oder die Rennfahrerin Daniela Schmid, normalerweise verantwortlich für den Vertrieb des M2 CS Racing. Die machen das in ihrer Freizeit.

Kann man das Glück haben, Sie als Instruktor zubekommen?
Pries: (lacht) Nein.

Was sind die beliebtesten Trainings?
Pries: 2021 waren es eindeutig die BMW-Drifttrainings auf bewässerten Kreisen mit M4-Competition-Fahrzeugen.

Lange Zeit hat BMW das Ringtaxi auf der Nordschleife betrieben. Warum jetzt nicht mehr?
Pries: Richtig, das fing Ende der 1980er-Jahre an. Immer mit dem jeweils aktuellen M5. Es war für die Kunden hochinteressant, bei jemandem mal so richtig rasant mitzufahren. Dann wollten die Leute aber doch lieber selbst hinter dem Steuer sitzen, und andere Anbieter begannen mit einem Renntaxi-Angebot. Die machen das heute sehr professionell – und nutzen fast alle einen M dafür.

Was M durchaus zugute kommt. Wie der Kundenmotorsport.
Pries: Da stellen die Teams zum Beispiel mit den M4 GT3 und M4 GT4 die M-Kompetenz genauso unter Beweis, als wären es Werkseinsätze. Klar, ein Hersteller hat andere Ressourcen – ich durfte insgesamt vier Le-Mans-Projekte mitmachen – aber beim Kundenmotorsport treten alle mit gleichem Material und mit hoher technischer Kompetenz an. Das sorgt für pure Faszination.

Was wird die kommende E-Mobilität am Fahrertraining ändern?
Pries: Gar nicht so viel, glaube ich. Als zum Beispiel die Turbomotoren die Sauger ablösten, blieben die M-typischen Fahreigenschaften. Technisch haben wir das hinbekommen mit dem zylinderbankübergreifenden Krümmer als patentierte neue Lösung für ein gutes Ansprechverhalten eines Turbomotors. Genauso haben wir uns das Thema Allradantrieb angeschaut. Heute gibt es einen M xDrive, bei dem man die Kraft vorne abschalten kann und dann im reinen Hinterachsmodus fährt. Und so wird es auch beim Thema vollelektrischer Antrieb sein. Im i4 M50, den ich in meiner alten Funktion auch noch mitinitiieren durfte, merkt der Kunde schon jetzt: Elektrisch fahren macht Spaß.

Wird es auch neue, weniger sportliche Lehrgänge geben wie „Wie rekuperiere ich richtig“ oder „Wie spare ich am meisten Energie“?
Pries: Das schließe ich nicht aus. Bei unseren Händlern haben wir schon mal so etwas gemacht – nicht als klassisches Training, aber als „Erlebnis“ namens „BMW M Product Experience i4“. Das kann man dann natürlich auch mit anderen Modellen vollziehen. So eine Schulung beginnt – nicht lachen – bei „Wie lade ich ein Elektrofahrzeug“? Viele hatten da noch keine Berührungspunkte. Dann geht es um verschiedene Zustände mit schwacher und starker Rekuperation. Und das nicht nur auf der abgesperrten Piste, sondern auch auf Landstraßen. Schon zu Zeiten von BMW efficient dynamics haben wir gelehrt, wie man intelligent mit Ressourcen umgeht.

Wie stehen Sie zu den elektronischen Fahrassistenten?
Pries: Die meisten Menschen möchten doch das nutzen, was die Technik einem heute ermöglicht. Die Kunden in dem Segment „High-Performance-Business-Limousine“ zum Beispiel wollen einfach keine feuchten Hände haben. Und wir sprechen ja über PS-Leistungen, mit denen wir damals in Le Mans gefahren sind. Wer einen 410 PS starken M2 Competition der letzten Generation bewegt hat, traut sich auch, einen 510 PS starken M3/M4 zu bewegen. Aber wenn man dann die 625-PS-Liga eines M5 erreicht, kommen die Grenzen der Physik eben deutlich näher. Da müssen wir den Kunden das Maß an Unterstützung geben, das sie haben möchten.

Was ist Ihr persönlicher Lieblings-M?
Pries: Für mich übt immer noch ein M3 CSL vom Anfang der 2000er Jahre eine einzigartige Faszination aus. Ein Meisterwerk der Technik, auch wenn ihm ein heutiger M3 oder M4 in allen rationalen Disziplinen überlegen ist.

Luxus pur in Goldorange und Kastanienbraun Metallic: der BMW L7 (E38) von Karl Lagerfeld. Insgesamt entstehen zwischen 1997 und 2001 899 Einheiten dieses 2,2 Tonnen schweren und rund 250.000 DM teuren Edel-7er, dessen serienmäßiger 5,4-Liter-V12 mit 326 PS die Fuhre in 7 Sekunden von 0 auf 100 km/h beschleunigt. Bei einer Gesamtfahrzeuglänge von 5,37 Metern bietet auch der Innenraum genügend Platz für ein extrem hochwertiges Interieur und exklusive Annehmlichkeiten wie Bordtelefon, Fax-Gerät und Kühlschrank.

GESTALTUNGSFREIHEIT HAT EINEN NAMEN: BMW INDIVIDUAL

Zu Beginn der 1990er Jahre genügt das Zubehörangebot der immer anspruchsvolleren Kundschaft nicht mehr. BMW reagiert durch die Auflage des Individual-Programms, gemäß dem Motto: „Sie lieben das Unerwartete ebenso wie das Einzigartige. Dann zeigen Sie es." So entsteht ein exklusives Sonderzubehörprogramm, das von Sonderlackierungen über spezielle Polsterbezüge und Lederfarbtöne für den Innenraum bis zu Features reicht, die den Fahr- und Insassenkomfort optimieren. Informatikpakete, Telefax, Infotainment, Zeituhr mit Präzisionslaufwerk, besondere HiFi-Anlagen, eine Bordbar – die Liste ist so vielfältig wie die Kundenwünsche. Zu den Kunden der ersten Stunde zählt unter anderem kein Geringerer als Modezar Karl Lagerfeld: Nach seinen persönlichen Entwürfen entsteht mit einem 750iL (E32) in Zwei-Ton-Lackierung, der erste individuell gefertigte BMW. Die Interieurbezüge entsprechen dem Stoff von Lagerfelds damaliger Aktentasche; eine weitere Besonderheit ist das Fax-Gerät auf der Beifahrerseite. Der deutsche Modeschöpfer, Fotograf und Designer ist vom Endergebnis so begeistert, dass er sich auch das Nachfolgemodell E38 nach seinen Vorstellungen umbauen lässt.

1992 erfolgt die Eingliederung der Geschäftsgruppe BMW Individual in die BMW Motorsport GmbH. Vier Jahre nach dem Debüt des ersten Individual-Fahrzeugs für Lagerfeld wird 1996 das Angebot mit der auf alle Baureihen übergreifende BMW Individual Kollektion erweitert. Eine eher unscheinbare Halle auf dem Gelände der BMW M GmbH in Garching am nördlichen Stadtrand von München beherbergt die „Schatzkammer" der Manufaktur, in der - nach Fahrgestellnummer geordnet - Ersatz für alle schwer reproduzierbaren Teile lagert, die je auf speziellen Kundenwunsch oder für BMW-Unikate angefertigt wurden. So findet sich hier beispielsweise Ersatz für jede jemals von BMW Individual bestickte Lederkopfstütze, außerdem mit Edelsteinen besetzte Interieurleisten oder mit Gold veredelte Bauteile.

Wichtiges Thema: die Exterieur-Farben. Mit BMW Individual kann der Kunde inzwischen aus über 100 faszinierenden Lackierungen auswählen - von Macau Blau bis Lime Rock Grau, von Fire Orange bis Frozen Black, matt oder metallic, imposant oder extravagant. Alle Farben bestechen durch ihre perfekte Brillanz und eindrucksvolle Farbtiefe. Zu den Extras zählen sogar handgemalte Sonderlackierungen, mit denen etwa Familienwappen auf dem Wagen angebracht werden können.

Die Individual-Behandlung bildet gewissermaßen das Nonplusultra der personalisierten Fahrzeuggestaltung bei BMW. Jedes Jahr durchlaufen rund 20.000 Fahrzeuge die Manufaktur, in der Handarbeit regelrecht zur Kunst erhoben wird. Sämtliche Anfragen werden vor ihrer Ausführung auf Ein-

Nachhaltig produziert und höchst individuell: Im Werk Dingolfing entsteht eine M4-Kleinserie für den unternehmenseigenen Fuhrpark von 19 Coupés mit einer individuellen Bicolor-Lackierung und M4-Kennzeichnung auf Motorhaube und Heckklappe. Das innovative Verfahren der oversprayfreien Lackierung erlaubt ganz neue und vielfältige Individualisierungsmöglichkeiten bei gleichzeitiger Energieeinsparung und Reduzierung des CO2-Ausstoßes.

haltung aller Sicherheitsbelange und gesetzlichen Auflagen geprüft. In den letzten Jahren ist angesichts der immer größeren Modellvielfalt und der zunehmenden Bedeutung des chinesischen Markts die Zahl der Fahrzeuge weiter gestiegen, die jedes Jahr die Werkstatt von BMW Individual passieren.

Aber auch für Prestige-Projekte entstehen in der Manufaktur faszinierende Kreationen: Im Jahr 2016 wird anlässlich der 100-Jahr-Feier der Marke eine 7er-Sonderserie namens „The Next 100 Years" mit handgefertigten Sitzbezügen aufgelegt, zu der es als Dreingabe einen eigens kreierten Montblanc-Füller gibt. Was alles möglich ist, zeigt BMW Individual zum Beispiel 2019 mit dem M850i xDrive Coupé Night Sky. In dem Einzelstück bestehen Applikationen bestimmter Bedienelemente aus Meteoriten-Material. Auf der Mittelkonsole leuchten Sternenbilder, das Oberflächen-Design von Dekor, Sitzlehnen, Bremsscheiben und Exterieur-Anbauteile ist von Himmelskörpern inspiriert.

2022 feiert die Manufaktur ihr 30-jähriges Jubiläum. Dass auch in Zukunft aus Garching maximale Exklusivität zu erwarten ist, zeigt schon das Versprechen an die Kundschaft: „Inspiration gibt es überall, die einzige Grenze ist Ihre Fantasie!"

Besonderes Detail: Mit Produktionsdatum ab Marz 2022 können sich die Käufer eines M-Fahrzeugs oder eines BMW mit einem M-Sportpaket die Front, das Heck sowie die Radnaben ihres Fahrzeugs mit an das klassische „BMW Motorsport"-Logo angelehnten Emblemen verzieren lassen. Übrigens: Das heute bekannte Logo mit den drei nach rechts geneigten und an den Buchstaben M gelehnten Farbstreifen kam erst im Jahr 1978 mit dem Debüt des BMW M1.

ANHÄNGE

BMW M- UND M PERFORMANCE-MODELLE SEIT 1973

Modell	Antrieb / Motor	Gesamt-länge/cm	Fahrleistungen	Modellpflege	Exemplare
BMW 3.0 CSL E9 (1971–1975)	Sechszylinder-Otto-Reihenmotor, 2985 cm³, 180 PS bei 5500/min, Vierganggetriebe	466	220 km/h, 0–100 km/h in 7,7 s	Modelljahr 1973: Leistung 200 PS Modelljahr 1974: Hubraum auf 3153 cm³ vergrößert, Leistung 206 PS bei 5600/min	1265
BMW 2002 turbo (1973–1975)	Vierzylinder-Otto-Turbo-Reihenmotor, 1990 cm³, 170 PS bei 5800/min, Vier- oder Fünfganggetriebe	422	211 km/h, 0–100 km/h in 7s		1672
BMW M1 E26 (1978–1981)	Sechszylinder-Otto-Reihenmotor, 3453 cm³, 277 PS bei 6500/min, Fünfganggetriebe	436	262 km/h, 0–100 km/h in 5,6 s		399
BMW M535i E12 (1979–1981)	Sechszylinder-Otto-Reihenmotor, 3453 cm³, 218 PS bei 5200/min, Fünfganggetriebe	462	über 220 km/h, 0–100 km/h in 7,5 s		1650
BMW M635 CSi E24 (1983–1987)	Sechszylinder-Otto-Reihenmotor, 3453 cm³, 286 PS bei 6500/min, Fünfganggetriebe	475,5	255 km/h, 0–100 km/h in 6,4 s		5855
BMW M535i E28 (1985–1987)	Sechszylinder-Otto-Reihenmotor, 3430 cm³, 218 PS bei 5200/min, Fünfganggetriebe	460,5	230 km/h, 0–100 km/h in 7,2 s		9483
BMW M3 E30 (1985–1990)	Vierzylinder-Otto-Reihenmotor, 2302 cm³, 200 PS bei 6750/min, Fünfganggetriebe	434,5	235 km/h, 0–100 km/h in 6,8 s	1988: Modell Evolution II, Leistung 220 PS (Höchstgeschwindigkeit 243 km/h, 0–100 km/h in 6,7 s) 1990: Modell Evolution III, Hubraum auf 2467 cm³ vergrößert, Leistung 238 PS bei 7000/min (Höchstgeschwindigkeit 248 km/h, 0–100 km/h in 6,5 s)	
BMW M5 E28 (1985–1988)	Sechszylinder-Otto-Reihenmotor, 3453 cm³, 286 PS bei 6500/min, Fünfganggetriebe	460,5	245 km/h, 0–100 km/h in 6,5 s		2241
BMW M3 Cabriolet E30 (1987–1990)	Vierzylinder-Otto-Reihenmotor, 2302 cm³, 195 PS bei 6750/min, Fünfganggetriebe	434,5	228 km/h, 0–100 km/h in 7,5 s	1987: Leistung 215 PS	736
BMW M5 E34 (1988–1995)	Sechszylinder-Otto-Reihenmotor, 3534 cm³, 315 PS bei 6900/min, Fünfganggetriebe	472	250 km/h, 0–100 km/h in 5,9 s	Herbst 1992: Hubraum auf 3795 cm³ vergrößert und Leistung auf 340 PS gesteigert, neu: Touring	11.383 Limousinen, 891 Touring
BMW 850 CSi E31 (September 1992–1996)	V12-Otto-Motor, 5576 cm³, 380 PS bei 5300/min, Sechsganggetriebe	478	250 km/h, 0–100 km/h in 6 s		1510

Modell	Antrieb / Motor	Gesamtlänge/cm	Fahrleistungen	Modellpflege	Exemplare
BMW M3 E36 (1992–1998)	Sechszylinder-Otto-Reihenmotor, 2990 cm³, 286 PS bei 7000/min, Fünfganggetriebe	443,5	250 km/h, 0–100 km/h in 6 s	1994: Viertürer-Limousine und Cabriolet 1995: GT-Sonderserie auf Coupé-Basis, Lackierung dunkelgrün, Leistung 295 PS 1995: Hubraum auf 3201 cm³ vergrößert, Leistung 321 PS bei 7400/min, Sechsganggetriebe 1997: automatisches SMG-Sechsganggetriebe (Option)	71241 darunter 12.603 Limousinen und 12.113 Cabriolets
BMW Z3 M Roadster E36/7 (1997–2002)	Sechszylinder-Otto-Reihenmotor, 3201 cm³, 321 PS bei 7400/min, Fünfganggetriebe	402,5	250 km/h, 0–100 km/h in 5,4 s	2000: Hubraum auf 3246 cm³ vergrößert, Leistung auf 325 PS gesteigert	15.322
BMW Z3 M Coupé E36/8 (1997–2002)	Sechszylinder-Otto-Reihenmotor, 3201 cm³, 321 PS bei 7400/min, Fünfganggetriebe	402,5	250 km/h, 0–100 km/h in 5,4 s	2000: Hubraum auf 3246 cm³ vergrößert, Leistung auf 325 PS gesteigert	6291
BMW M5 E39 (1998-2003)	V8-Otto-Motor, 4941 cm³, 400 PS bei 6600/min, Sechsganggetriebe	478,5	250 km/h, 0–100 km/h in 5,3 s		20.482
BMW M3 E46 (2000–2006)	Sechszylinder-Otto-Reihenmotor, 3246 cm³, 343 PS bei 7900/min, Sechsganggetriebe	449	250 km/h, 0–100 km/h in 5,2 s		54.750
BMW M3 Cabriolet E46 (2001–2006)	Sechszylinder-Otto-Reihenmotor, 3246 cm³, 343 PS bei 7900/min, Sechsganggetriebe	449	250 km/h, 0–100 km/h in 5,5 s		29.633
BMW M3 CSL E46 (2003–2004)	Sechszylinder-Otto-Reihenmotor, 3246 cm³, 360 PS bei 7900/min, Sechsganggetriebe	449	250 km/h, 0–100 km/h in 5,2 s		1383
BMW M5 E60 (2003–2009)	V10-Otto-Motor, 4999 cm³, 507 PS bei 7750/min, automatisches SMG-Siebenganggetriebe	485,5	250 km/h, 0–100 km/h in 4,7 s	Januar 2007: Touring-E61	19.564 Limousinen und 1025 Touring
BMW M6 E63 (2005–2010)	V10-Otto-Motor, 4999 cm³, 507 PS bei 7750/min, automatisches SMG-Siebenganggetriebe	487	250 km/h, 0–100 km/h in 4,6 s	September 2006: Cabriolet E64 (0–100 km/h in 4,8 s)	9087 Coupés und 5065 Cabriolets
BMW Z4 M E85 (2006–2008)	Sechszylinder-Otto-Reihenmotor, 3246 cm³, 343 PS bei 7900/min, Sechsganggetriebe	411,5	250 km/h, 0–100 km/h in 5 s	2006: Coupé E86	5387 Roadster und 4581 Coupés
BMW M3 Limousine E90 (2007–2013)	V8-Otto-Motor, 3999 cm³, 420 PS bei 8300/min, Sechsganggetriebe	458	250 km/h, 0–100 km/h in 4,9 s	Sonderserie CRT	9674
BMW M3 Coupé E92 (2007–2013)	V8-Otto-Motor, 3999 cm³, 420 PS bei 8300/min, Sechsganggetriebe	458	250 km/h, 0–100 km/h in 4,9 s	2010: Sonderserie GTS, Leistung auf 450 PS gesteigert, Siebengang-Doppelkupplungsgetriebe	40.092 Exemplare, davon 135 GTS
BMW M3 Cabriolet E93 (2007–2013)	V8-Otto-Motor, 3999 cm³, 420 PS bei 8300/min, Sechsganggetriebe	458	250 km/h, 0–100 km/h in 4,9 s		16.219
BMW X5 M E70 (2009–2013)	V8-Otto-Motor mit Doppelturbolader, 4395 cm³, 555 PS bei 6000/min, Sechsstufen-Automatikgetriebe	485	250 km/h, 0–100 km/h in 4,7 s		8974
BMW X6 M E71 (2009–2014)	V8-Otto-Motor mit Doppelturbolader, 4395 cm³, 555 PS bei 6000/min, Sechsstufen-Automatikgetriebe	487	250 km/h, 0–100 km/h in 4,7 s		10.678
BMW 1 M Coupé E82 (2011–2012)	Sechszylinder-Otto-Reihenmotor mit Turbolader, 2979 cm³, 340 PS bei 5900/min, Sechsganggetriebe	438	250 km/h, 0–100 km/h in 4,9 s		6342
BMW M5 F10 (2011–2016)	V8-Otto-Motor mit Doppelturbolader, 4395 cm³, 560 PS bei 6000/min, Siebengang-Doppelkupplungsgetriebe	491	250 km/h, 0–100 km/h in 4,4 s	2013: Competition-Paket (575 PS) 2014: Leistung auf 600 PS bei 6250/min gesteigert, Fahrwerk um 10 mm tiefergelegt	19.533
BMW M550d F10 (2012–2017)	Sechszylinder-Diesel-Reihenmotor mit drei Turboladern, 2993 cm³, 381 PS bei 4400/min, Achtstufen-Automatikgetriebe	491	250 km/h, 0–100 km/h in 4,7 s		

Modell	Antrieb / Motor	Gesamt-länge/cm	Fahrleistungen	Modellpflege	Exemplare
BMW X5 M50d E70 (2012–2013)	Sechszylinder-Diesel-Reihenmotor mit drei Turboladern, 2993 cm³, 381 PS bei 4400/min, Achtstufen-Automatikgetriebe	488	250 km/h, 0–100 km/h in 5,3 s		
BMW X6 M50d E71 (2012–2014)	Sechszylinder-Diesel-Reihenmotor mit drei Turboladern, 2993 cm³, 381 PS bei 4400/min, Achtstufen-Automatikgetriebe	487	250 km/h, 0–100 km/h in 5,3 s		
BMW X5 M50d F15 (2013–2018)	Sechszylinder-Diesel-Reihenmotor mit drei Turboladern, 2993 cm³, 381 PS bei 4400/min, Achtstufen-Automatikgetriebe	489	250 km/h, 0–100 km/h in 5,3 s		
BMW X6 M50d F16 (2014–2018)	Sechszylinder-Diesel-Reihenmotor mit drei Turboladern, 2993 cm³, 381 PS bei 4400/min, Achtstufen-Automatikgetriebe	491	250 km/h, 0–100 km/h in 5,2 s		
BMW M6 Coupé F13 (2012–2018)	V8-Otto-Motor mit Doppelturbolader, 4395 cm³, 560 PS bei 6000/min, Siebengang-Doppelkupplungsgetriebe	490	250 km/h, 0–100 km/h in 4,3 s	2012: Cabriolet F12 Anfang 2013: Gran Coupé F06 (Länge 501 cm) 2014: Leistung auf 600 PS gesteigert	4515 Coupés, 4318 Cabriolets und 6719 Gran Coupés
BMW M3 F80 (2014–2018)	Sechszylinder-Otto-Reihenmotor mit Turbolader, 2979 cm³, 431 PS bei 5500/min, Sechsganggetriebe oder Siebengang-Doppelkupplungsgetriebe	467	250 km/h, 0–100 km/h in 4,3 s	Juni 2018: M3 CS, Leistung auf 460 PS gesteigert	34.677
BMW M4 F82 (2014–2020)	Sechszylinder-Otto-Reihenmotor mit Turbolader, 2979 cm³, 431 PS bei 5500/min, Sechsganggetriebe oder Siebengang-Doppelkupplungsgetriebe	467	250 km/h, 0–100 km/h in 4,3 s	September 2017: M4 CS (2500 Exemplare), Leistung auf 460 PS gesteigert September 2019: M4 Edition und M4 Heritage (750 Einheiten), modellspezifische Farbtöne und Innenausstattungen	
BMW M4 Cabriolet F83 (2014–2020)	Sechszylinder-Otto-Reihenmotor mit Turbolader, 2979 cm³, 431 PS bei 5500/min, Sechsganggetriebe oder Siebengang-Doppelkupplungsgetriebe	467	250 km/h, 0–100 km/h in 4,3 s	April 2018: M4 Cabriolet Edition „30 Jahre"	
BMW M135i und M135ix F20/F21 (2012–2015)	Sechszylinder-Otto-Reihenmotor mit Turbolader, 2979 cm³, 320 PS bei 5800/min, Sechsganggetriebe	433	250 km/h, 0–100 km/h in 5,1 s	2015: Leistung auf 326 PS gesteigert 2016: Umstellung auf den M140i, Leistung auf 340 PS gesteigert	
BMW M235i F22 (2014–2016)	Sechszylinder-Otto-Reihenmotor mit Turbolader, 2979 cm³, 326 PS bei 5800/min, Sechsganggetriebe	433	250 km/h, 0–100 km/h in 5,1 s	2015: Cabriolet F23 2016: Umstellung auf den M240i, Leistung auf 340 PS gesteigert	
BMW X5 M F85 (2014–2019)	V8-Otto-Motor mit Doppelturbolader, 4395 cm³, 575 PS bei 6000/min, Achtstufen-Automatikgetriebe	489	250 km/h, 0–100 km/h in 4,2 s		12.915
BMW X6 M F86 (2014–2019)	V8-Otto-Motor mit Doppelturbolader, 4395 cm³, 575 PS bei 6000/min, Achtstufen-Automatikgetriebe	491	250 km/h, 0–100 km/h in 4,2 s		9794
BMW M760Li G12 (2015–2022)	V12-Otto-Motor mit Doppelturbolader, 6592 cm³, 610 PS bei 5500/min, Achtstufen-Automatikgetriebe	524	250 km/h, 0–100 km/h in 3,7 s	2019: Leistung auf 585 PS gedrosselt	
BMW M2 F87 (2016–2021)	Sechszylinder-Otto-Reihenmotor mit Turbolader, 2979 cm³, 370 PS bei 6500/min, Sechsganggetriebe oder Siebengang-Doppelkupplungsgetriebe	447	250 km/h, 0–100 km/h in 4,5 s	Juli 2017: M2 Competition-Paket, Leistung 410 PS November 2018: M2 CS, Leistung 450 PS	
BMW M4 GTS F82 (2016)	Sechszylinder-Otto-Reihenmotor mit Turbolader, 2979 cm³, 500 PS bei 6250/min, Siebengang-Doppelkupplungsgetriebe	467	305 km/h, 0–100 km/h in 3,8 s		

Modell	Antrieb / Motor	Gesamt-länge/cm	Fahrleistungen	Modellpflege	Exemplare
BMW X4 M40i F26 (2016–2018)	Sechszylinder-Otto-Reihenmotor mit Turbolader, 2979 cm³, 360 PS bei 6000/min, Achtstufen-Automatik-getriebe	467	250 km/h, 0–100 km/h in 4,9 s		
BMW X3 M40i G01 (2017–)	Sechszylinder-Otto-Reihenmotor mit Turbolader, 2979 cm³, 360 PS bei 6000/min, Achtstufen-Automatik-getriebe	470	250 km/h, 0–100 km/h in 4,8 s		
BMW M550dx G30 (2017–)	Sechszylinder-Diesel-Reihenmotor mit drei Turboladern, 2993 cm³, 400 PS bei 4400/min, Achtstufen-Automatikgetriebe	493	250 km/h, 0–100 km/h in 4,4 s	2017: Touring G31	
BMW M550ix G30 (2017–)	V8-Otto-Motor mit Doppelturbolader, 4395 cm³, 530 PS bei 5500/min, Achtstufen-Automatikgetriebe	493	250 km/h, 0–100 km/h in 3,8 s		
BMW X3 M40d G01 (2017–)	Sechszylinder-Diesel-Reihenmotor mit Turbolader, 2993 cm³, 326 PS bei 4400/min, Achtstufen-Automatik-getriebe	470	250 km/h, 0–100 km/h in 4,9 s	2020: Leistung 340 PS	
BMW X4 M40i G02 (2018–)	Sechszylinder-Otto-Reihenmotor mit Turbolader, 2979 cm³, 360 PS bei 6000/min, Achtstufen-Automatik-getriebe	475	250 km/h, 0–100 km/h in 4,8 s		
BMW X4 M40d G02 (2018–)	Sechszylinder-Diesel-Reihenmotor mit Turbolader, 2993 cm³, 326 PS bei 4400/min, Achtstufen-Automatik-getriebe	475	250 km/h, 0–100 km/h in 4,9 s		
BMW M5 F90 (2018–)	V8-Otto-Motor mit Doppelturbolader, 4395 cm³, 600 PS bei 5500/min, Achtstufen-Automatikgetriebe	496	250 km/h, 0–100 km/h in 3,4 s	2018: M5 Competition, Leistung auf 625 PS gesteigert, 0–100 km/h in 3,3 s	
BMW M850ix G15 (2018–)	V8-Otto-Motor mit Doppelturbolader, 4395 cm³, 530 PS bei 5500/min, Achtstufen-Automatikgetriebe	485	250 km/h, 0–100 km/h in 3,7 s	2019: Cabriolet G14 und Gran Coupé G16	
BMW X5 M50d G05 (2018–2020)	Sechszylinder-Diesel-Reihenmotor mit drei Turboladern, 2993 cm³, 400 PS bei 4400/min, Achtstufen-Automatikgetriebe	489	250 km/h, 0–100 km/h in 5,3 s		
BMW X6 M50d G06 (2018–2022)	Sechszylinder-Diesel-Reihenmotor mit drei Turboladern, 2993 cm³, 400 PS bei 4400/min, Achtstufen-Automatikgetriebe	491	250 km/h, 0–100 km/h in 5,2 s		
BMW X3 M F97 (2019–2021)	Sechszylinder-Reihenmotor mit Doppelturbolader, 2993 cm³, 480 PS bei 6250/min, Achtstufen-Automatik-getriebe	472	250 km/h, 0–100 km/h in 4,2 s	2019: Competition-Version, Leistung 510 PS	
BMW X4 M F98 (2019–2021)	Sechszylinder-Reihenmotor mit Doppelturbolader, 2993 cm³, 480 PS bei 6250/min, Achtstufen-Automatik-getriebe	475	250 km/h, 0–100 km/h in 4,2 s	2019: Competition-Version, Leistung 510 PS	
BMW M8x F91 (2019–)	V8-Otto-Motor mit Doppelturbolader, 4395 cm³, 600 PS bei 6000/min, Achtstufen-Automatikgetriebe	486	250 km/h, 0–100 km/h in 3,3 s	2019: M8 Cabriolet F92 und M8 Gran Coupé F93 2019: M8 Competition	
BMW M340ix G20 (2019–)	Sechszylinder-Reihenmotor mit Turbolader, 2998 cm³, 374 PS bei 5500/min, Achtstufen-Automatikgetriebe	470	250 km/h, 0–100 km/h in 4,5 s	2019: Touring-Kombi	
BMW X5 M50i G05 (2019–)	V8-Otto-Motor mit Doppelturbolader, 4395 cm³, 530 PS bei 5500/min, Achtstufen-Automatikgetriebe	492	250 km/h, 0–100 km/h in 4,3 s		
BMW X5 M50d G05 (2019–)	Sechszylinder-Diesel-Reihenmotor mit drei Turboladern, 2993 cm³, 400 PS bei 4400/min, Achtstufen-Automatikgetriebe	492	250 km/h, 0–100 km/h in 5,2 s		

Modell	Antrieb / Motor	Gesamt-länge/cm	Fahrleistungen	Modellpflege	Exemplare
BMW X6 M50i G05 (2019–)	V8-Otto-Motor mit Doppelturbolader, 4395 cm³, 530 PS bei 5500/min, Achtstufen-Automatikgetriebe	492	250 km/h, 0–100 km/h in 4,3 s		
BMW X6 M50d G05 (2019–)	Sechszylinder-Diesel-Reihenmotor mit drei Turboladern, 2993 cm³, 400 PS bei 4400/min, Achtstufen-Automatikgetriebe	492	250 km/h, 0–100 km/h in 5,2 s		
BMW X7 M50i G07 (2019–)	V8-Otto-Motor mit Doppelturbolader, 4395 cm³, 530 PS bei 5500/min, Achtstufen-Automatikgetriebe	515	250 km/h, 0–100 km/h in 4,7 s		
BMW X7 M50d G07 (2019–)	Sechszylinder-Diesel-Reihenmotor mit drei Turboladern, 2993 cm³, 400 PS bei 4400/min, Achtstufen-Automatikgetriebe	515	250 km/h, 0–100 km/h in 5,4 s		
BMW Z4 Roadster M40i G29 (2019–)	Sechszylinder-Otto-Reihenmotor mit Turbolader, 2998 cm³, 340 PS bei 5000/min, Achtstufen-Automatikgetriebe	432	250 km/h, 0–100 km/h in 4,5 s		
BMW M135ix F40 (2019–)	Vierzylinder-Otto-Motor mit Turbolader, 1998 cm³, 306 PS bei 5000/min, Achtstufen-Automatikgetriebe	431	250 km/h, 0–100 km/h in 4,8 s	2021: neue Feder- und Dämpferabstimmung, optimierter Sound, neue Farbtöne	
BMW X5 M F95 (2020–)	V8-Otto-Motor mit Doppelturbolader, 4395 cm³, 600 PS bei 6000/min, Achtstufen-Automatikgetriebe	493	250 km/h, 0–100 km/h in 3,9 s	2020: Competition, Leistung 625 PS, 0–100 km/h in 3,8 s	
BMW X6 M F96 (2020–)	V8-Otto-Motor mit Doppelturbolader, 4395 cm³, 600 PS bei 6000/min, Achtstufen-Automatikgetriebe	494	250 km/h, 0–100 km/h in 3,9 s	2020: Competition, Leistung 625 PS, 0–100 km/h in 3,8 s	
BMW M235ix Gran Coupé F44 (2019–)	Vierzylinder-Otto-Motor mit Turbolader, 1998 cm³, 306 PS bei 5000/min, Achtstufen-Automatikgetriebe	452	250 km/h, 0–100 km/h in 4,8 s		
BMW X2 M35i F39 (2019–)	Vierzylinder-Otto-Motor mit Turbolader, 1998 cm³, 306 PS bei 5000/min, Achtstufen-Automatikgetriebe	436	250 km/h		
BMW M340dx G20 (2020–)	Sechszylinder-Diesel-Reihenmotor mit Turbolader, 2993 cm³, 340 PS bei 5500/min, Achtstufen-Automatikgetriebe	470	250 km/h, 0–100 km/h in 4,6 s		
BMW M3/Competition G80, M4/Competition G82 (2021–)	Sechszylinder-Reihenmotor mit zwei Turboladern, 2993 cm³, 480/510 PS bei 6250/min, Achtstufen-Automatikgetriebe	479,4	250 km/h, 0–100 km/h in 4,2/3,9 s		
BMW M4 Competition Cabrio xDrive G83 (2021–)	Reihensechszylinder-Reihenmotor mit zwei Turboladern, 2993 cm³, 510 PS bei 6250/min, Achtstufen-Automatikgetriebe	477,5	250 km/h, 0–100 km/h in 3,7 s		
BMW M5 CS F90 (2021–)	V8 mit zwei Turboladern, 4n395 cm³, 635 PS bei 6000/min, Achtstufen-Automatikgetriebe	500,1	305 km/h, 0–100 km/h in 3,0 s		
BMW X3/X4 Competition F97, F98 (2021–)	Sechszylinder-Reihenmotor mit zwei Turboladern, 2993 cm³, 510 PS bei 6250/min, Achtstufen-Automatikgetriebe	472,6/475,4	250 km/h, 0–100 km/h in 3,8 s		
BMW i4 M50 i04 (2022–)	zwei Elektromotoren, 544 PS	478,3	225 km/h, 0–100 km/h in 3,9 s		
BMW iX M60 i20 (2022–)	Zwei Elektromotoren, 619 PS	495	250 km/h, 0–100 km/h in 3,8 s		
BMW M240i xDrive Coupé G42 (2022–)	Sechszylinder-Reihenmotor mit zwei Turboladern, 2998 cm³, 374 PS bei 5500 – 6500/min, Achtstufen-Automatikgetriebe	454,8	250 km/h, 0–100 km/h in 4,3 s		

DIE GESCHÄFTSFÜHRER VON BMW MOTORSPORT

Jochen Neerpasch
1972 bis 6.1.1980

Dieter Stappert
1980 bis 28.2.1983

Adolf P. Prommesberger
1.3.1983 bis 31.12.1984

Wolfgang Peter Flohr
1.1.1985 bis 30.9.1988

Karl-Heinz Kalbfell
1.10.1988 bis 31.12.1993

Adolf P. Prommesberger
1.1.1994 bis 31.11.2003

Ulrich Bruhnke
1.12.2003 bis 31.1.2007

Gerhard Richter
1.2.2007 bis 31.12.2007

Ludwig Willisch
1.1.2008 bis 6.5.2009

Kay Segler
7.5.2009 bis 30.4.2011

Friedrich Nitschke
1.5.2011 bis 31.12.2014

Franciscus van Meel
1.1.2015 bis 30.9.2018

Markus Flasch
1.10.2018 bis 31.10.2021

Franciscus van Meel
seit 1.11.2021

DANKSAGUNG

Dieses Werk entstand in der Ausnahmesituation der Coronavirus-Pandemie. Die Zeit wird also für immer in Erinnerung bleiben. Das Buch hätte nicht geschrieben werden können ohne die Mitwirkung, großartige Unterstützung und die guten Ratschläge zahlreicher Helfer, ebenso wenig ohne all diejenigen, die mir Dokumente zur Verfügung gestellt oder mir ihre Archive zugänglich gemacht haben. Ihnen allen gilt mein herzlicher Dank.

Mein besonderer Dank geht an meinen langjährigen Freund Patrick Lucas, auf dessen Gedächtnis immer Verlass war, und an Jean-Michel Cavret, der die Marketingabteilung und später den Motorradbereich von BMW France leitete. Ein herzliches Dankeschön gebührt den Auskunftgebern der Presseabteilung von BMW France: Olivier Wodetzki, Pierre-Alexandre Cornillon und Pierre Bedhome. Außerdem möchte ich mich bei Jean-Michel Juchet, der mir von Deutschland aus mit Auskünften zur Verfügung stand, sowie bei Paul Bracq und seiner Gattin Alice bedanken.

Darüber hinaus gebührt mein Dank dem Archiv von BMW Classic. Ein besonderes Dankeschön widme ich meinem Vater Jean-Marie Reisser, der das Manuskript mit seinen guten Wünschen begleitete.

Abschließend darf ein Dankeswort an Véronique Crouzy nicht fehlen, die mich mit diesem Buch – fünf Jahre nach dem Werk „BMW - 100 ans d'innovations" – beauftragt hat. Und last but not least geht mein spezieller Dank an Lise Chantelauze, die die Umsetzung dieses Werks mit Ruhe, Geradlinigkeit und Professionalität begleitet hat, für die sie größte Bewunderung verdient.

Sylvain Reisser

Mein erster Dank gilt Sylvain Reisser. Er hat mit unglaublicher Akribie die Basis für dieses Werk gelegt, das ich zum 50. Jubiläum der M GmbH aktualisieren und komplettieren darf. Dank geht aber auch an die BMW M GmbH, namentlich besonders M-Sprecher Martin Schleypen, die mir tolle Einblicke in die aktuelle Produktion und die Denkweise der M GmbH ermöglicht hat.

Erwähnen möchte ich auch den HEEL Verlag und seine Mitarbeiter, die dieses Werk fit für den deutschen Markt gemacht und es zu einem würdigen Gesamtwerk zum M-Jubiläum finalisiert haben - allen voran Jürgen Schlegelmilch. Und schließlich muss ich mich endlich auch mal bei meiner portugiesischen Wasserhündin bedanken – sie hat dafür gesorgt, dass ich mich trotz aller Recherche und Schreibfreude ab und zu auch mal bewegt habe ...

Roland Löwisch

M Power
M PERFORMANCE PARTS
M PERFORMANCE PARTS
M4
Hankook
Hankook
BMW Driving Experience
MAHLE

M ZN 4385